AF610370

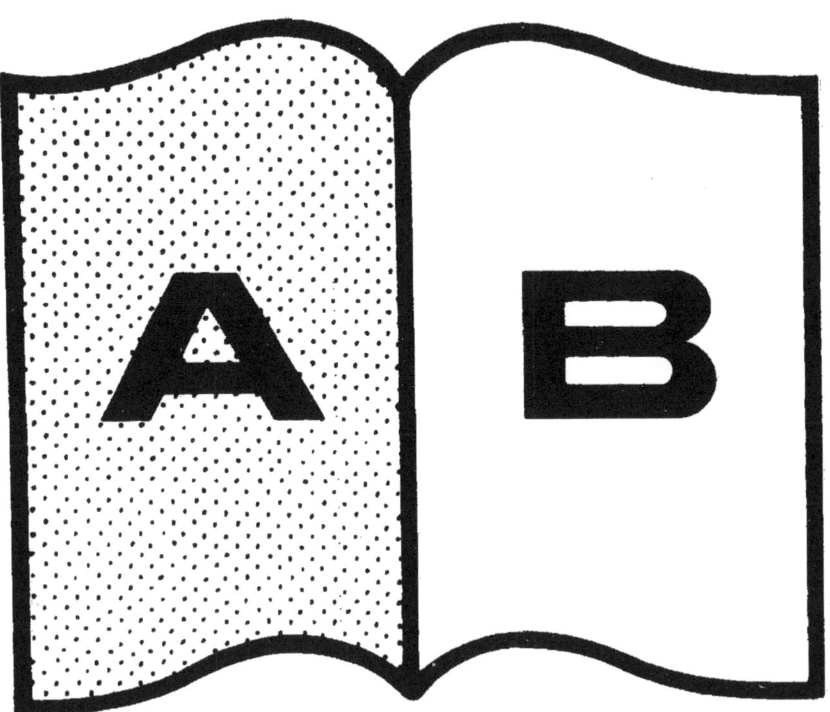
A
B

LA COUTELLERIE

DEPUIS L'ORIGINE JUSQU'A NOS JOURS

LA FABRICATION ANCIENNE & MODERNE

PAR

CAMILLE PAGÉ

OFFICIER D'ACADÉMIE

Illustrations de MM. Jules PAGÉ, Eugène BRAGUIER et PHILIPPE

Gravées par M. Victor ROSE et par MM. DUCOURTIOUX et HUILLARD.

OUVRAGE COURONNÉ PAR LA SOCIÉTÉ NATIONALE D'ENCOURAGEMENT AU BIEN

ET HONORÉ D'UNE SOUSCRIPTION DE M. LE MINISTRE DU COMMERCE ET DE L'INDUSTRIE

TOME III

QUATRIÈME PARTIE

LA FABRICATION DE LA COUTELLERIE

102 Planches et un Frontispice

CHATELLERAULT

Imprimerie H. RIVIÈRE, Rue Bourbon, 58.

1898

LA COUTELLERIE

DEPUIS L'ORIGINE JUSQU'A NOS JOURS

LA FABRICATION ANCIENNE & MODERNE

DIVISION DE L'OUVRAGE

TOME I. — Ire ET IIe PARTIE

LA COUTELLERIE ANCIENNE

TOME II. — IIIe PARTIE

LA COUTELLERIE MODERNE

TOME III. — IVe PARTIE

LA FABRICATION DE LA COUTELLERIE

TOME IV. — Ve PARTIE

LA COUTELLERIE ÉTRANGÈRE

RÉMOULEUR DE PARIS EN 1895

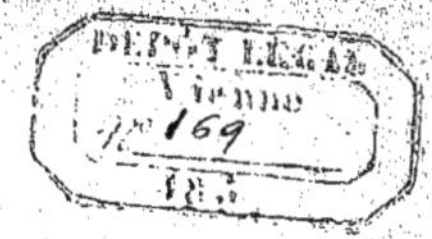

LA COUTELLERIE

DEPUIS L'ORIGINE JUSQU'A NOS JOURS

LA FABRICATION ANCIENNE & MODERNE

PAR

CAMILLE PAGÉ

OFFICIER D'ACADÉMIE

Illustrations de MM. Jules PAGÉ, Eugène BRAGUIER et PHILIPPE
Gravées par M. VICTOR ROSE et par MM. DUCOURTIOUX et HUILLARD.

OUVRAGE COURONNÉ PAR LA SOCIÉTÉ NATIONALE D'ENCOURAGEMENT AU BIEN
ET HONORÉ D'UNE SOUSCRIPTION DE M. LE MINISTRE DU COMMERCE ET DE L'INDUSTRIE

TOME III

QUATRIÈME PARTIE

LA FABRICATION DE LA COUTELLERIE

PLANCHES ET UN FRONTISPICE

CHATELLERAULT
IMPRIMERIE H. RIVIÈRE, RUE BOURBON, 58.

1898

QUATRIÈME PARTIE

LA FABRICATION DE LA COUTELLERIE

CHAPITRE VIII

MATIÈRES ET OUTILS

SERVANT A LA FABRICATION DE LA COUTELLERIE

La houille. — Le charbon. — Les marques. — Les limes. — L'huile. — Les meules. — Les polissoires. — L'émeri. — Les brosses. — La ponce. — La teinture. — L'eau oxygénée. — La soudure. — Les pierres à affiler.

On emploie en coutellerie une quantité considérable de matières et d'outils, que nous allons étudier suivant leur ordre d'emploi dans la fabrication, et que nous classons ainsi :

La *houille* . . . . . Le *coke*. . . . . . Le *charbon de bois*	pour le forgeage.
Les *marques*	pour le poinçonnage.
Les *limes*	pour le limage.
L'*huile de colza*	pour la trempe.
Les *meules*	pour l'aiguisage.
Les *polissoires en bois* . . . . Les *polissoires d'étain* . . . . La *peau de buffle* . . . . . La *colle forte* . . . . . La *cire, le suif* . . . . . L'*émeri* . . . . . . Le *rouge anglais* . . . . . La *potée d'étain* . . . . . Les *brosses* . . . . . . Les *brunissoirs*	pour le polissage de l'acier.
Les *scies*	pour le débitage des manches.
Les *racloirs*, les *planes* . . .	pour le façonnage des manches.

Les *polissoires en étoffe* Les *disques en feutre* La *ponce* Le *savon noir* Le *tripoli* Le *blanc de Meudon*	pour le polissage des manches.
Le *bois de campêche* Le *sulfate de fer* Le *sulfate de cuivre* La *noix de Galles*.	pour la teinture des bois.
L'*essence minérale* L'*eau oxygénée*	pour le blanchiment de l'os et de l'ivoire.
La *soudure* Le *borax*	pour souder les métaux.
L'*acide sulfurique*. L'*acide azotique* La *potasse d'Amérique*	pour décaper les métaux.
La *terre pourrie* Le *rouge*	pour polir le cuivre et l'argent.
La *gomme laque* La *résine*	pour le montage des couteaux.
Les *pierres à affiler* L'*huile d'olive*	pour l'affilage
La *graisse*	pour préserver l'acier de la rouille.
Le *cuir* L'*huile minérale* L'*huile animale*	pour l'entretien des machines.

LA HOUILLE

« Les combustibles minéraux, dit le Dr Bergeron (1), ont été découverts en Europe dès la conquête de la Grande-Bretagne par les Romains, mais ils n'ont été exploités qu'à partir de la fin du moyen-âge. D'après les chroniques belges, la houille devrait son nom à un forgeron de Plainevaux, nommé *Hullos*, qui, le premier, aurait utilisé vers 1190 le combustible minéral affleurant près de Seraing.

« Un peu plus tard, l'exploitation des mines de houille a commencé en Angleterre sous le règne de Henri III. En même temps, en Allemagne, quelques exploitations très restreintes de combustible minéral, prenaient place à côté des mines métalliques déjà prospères. Depuis cette époque, jusqu'à la fin du siècle dernier, l'exploitation des combustibles minéraux s'est assez peu développée ; mais depuis lors elle a pris un essor inouï grace à l'invention des machines à vapeur et leur application aux transports sur terre et sur mer, et surtout depuis la transformation subie par la métallurgie. »

(1) *E.-O. Lami.* — Dictionnaire de l'Industrie et des Arts Industriels.

On peut dire qu'aujourd'hui la houille est la matière fondamentale du travail industriel, et que la prospérité manufacturière d'un pays se mesure à la quantité de houille qu'il consomme.

La France possède de nombreuses mines de houille concentrées dans quelques départements privilégiés. Notre production houillère, qui augmente d'année en année, dépasse aujourd'hui 20 millions de tonnes. Notre consommation atteint 30 millions, nous avons donc un déficit de 10 millions de tonnes à combler. C'est la Belgique pour 5 millions, l'Angleterre pour 3 1/2, et l'Allemagne pour 1 1/2, qui suppléent à ce déficit.

Voici la statistique de la production pour 1891 :

Le Nord et le Pas-de-Calais	8 902 000 tonnes.
Le bassin de la Loire	3 546 000 —
Le bassin du Gard	2 053 000 —
Le bassin de Saône-et-Loire	1 552 000 —
Le bassin de l'Aveyron	1 000 000 —
Le bassin de l'Allier	960 000 —
Les mines de lignite de Provence	499 000 —
Le bassin du Tarn	306 000 —
Divers petits bassins	880 000 —

Nature de la houille. — « La *houille*, nous dit le docteur Bergeron, est la variété « moyenne et la plus abondante des combustibles minéraux. Quant on la calcine brusquement « en vase clos, ou qu'on la carbonise en grand, ses éléments fixes sont agglutinés fortement par « un principe collant, et laissent comme résidu un combustible dense et sonore désigné sous le « nom de coke.

« La classification des houilles, en France, comprend les quatre classes suivantes :

« 1° Les *houilles à courte flamme* et à coke fritté, qui donnent 75 à 85 °/₀ de coke par la calci- « nation en vase clos.

« 2° Les *houilles grasses maréchales* et à coke très boursouflé, donnent 70 °/₀ de coke par la « calcination en vase clos. Cette variété, assez rare, convient tout spécialement aux feux des « maréchaux.

« 3° Les *houilles grasses à longue flamme* et à coke un peu boursouflé, donnent 60 à 65 °/₀ de « coke par la calcination en vase clos.

« 4° Les *houilles maigres à longue flamme* et à coke toujours fritté, laissent 50 à 60 °/₀ de coke « par la calcination en vase clos.

« La houille se compose de charbon dans la proportion de 50 à 85 °/₀, associé principalement « à de l'oxygène et à de l'hydrogène. Les éléments de la houille sont toujours combinés à une « petite proportion d'azote et de soufre.

Produits de la houille. — « On extrait de la houille des produits très divers, parmi « lesquels on peut citer principalement :

« Le *coke*, pour la métallurgie et pour le chauffage domestique ;

« Le *gaz*, pour l'éclairage et le chauffage ;

« Le *sel ammoniac* ;

« Le *goudron de houille* ;

« Le *brai*, pour la fabrication des agglomérés.

« La distillation de la houille laisse dégager :

« Des gaz : *éthylène*, *formène*, *hydrogène*, *oxyde de carbone*, *acide carbonique*, *hydrogène sulfuré*, « *acétylène*, etc.

« 2° Des vapeurs : *sulfure de carbone*, *sels ammoniacaux*, *hydrogène carboné*.

« 3° Des liquides entraînés à l'état vésiculaire : *eau ammoniacale*, *goudron complexe*.

« Le résidu est composé de carbone et de matières minérales et aggloméré par un principe « collant qui se trouve surtout dans les houilles grasses.

« Les matières inorganiques qui se trouvent dans les cendres et dont la proportion varie de « 2 à 10 °/₀, sont formées des éléments suivants : *silice, acide sulfurique, potasse, soude, chaux,* « *alumine, peroxyde de fer, pyrite,* etc.

« Le goudron de houille est un liquide noir, visqueux, odorant ; il renferme une cinquantaine « de substances dont voici les principales :

« Sulfure de carbone ;
« Hydrure de caproyle ;
« Benzine ;
« Eau ;
« Toluène ;
« Acide acétique ;
« Aniline ;
« Phénol ;
« Naphtaline ;
« Paraffine ;
« Antrhacène. »

Gisements. — « La houille, dit M. Paul Poiré (1), se trouve dans les terrains de transition « et les géologues expliquent sa formation de la manière suivante : A l'époque où la croûte « terrestre était encore très mince, il se produisait à sa surface de fréquents affaissements qui « enfouissaient sous les eaux de grandes masses de végétaux. Ces végétaux subissaient alors au « milieu de l'eau un phénomène de décomposition analogue à celui que nous observons encore « de nos jours et qui donne naissance à la tourbe.

« La houille ne serait donc qu'une espèce de tourbe d'origine très ancienne ; elle ne s'est pas « formée d'une manière continue ; dans les intervalles de temps qui séparaient les affaissements, « se déposaient, au milieu des eaux, des roches sédimentaires plus tard recouvertes par de « nouvelles couches de houille. C'est ainsi que l'on explique la superposition de veines quelques « fois très nombreuses en un même lieu et séparées par des roches sédimentaires

« La compacité de la houille, et les différences qu'elle présente avec la tourbe, s'expliquent « par les actions ignées qu'elle a subies postérieurement à sa formation. C'est aussi à la diffé- « rence d'intensité de ses actions qu'est due la variété des houilles que nous rencontrons dans « le sein de la terre ; celles qui sont d'origine plus ancienne et qui étaient plus voisine du « centre, ont subi davantage l'action de la chaleur centrale et ont été modifiés dans leur compo- « sition plus que celles qui se trouvaient à des étages supérieurs.

« Ainsi l'*antrhacite*, espèce beaucoup plus compacte, plus dure que la houille ordinaire, de « formation plus ancienne, a dû être soumise à des actions ignées beaucoup plus intenses, qui « ont plus profondément modifié sa nature primitive.

« Le *lignite*, au contraire, serait un intermédiaire entre la houille et la tourbe ; d'une origine « plus récente que la houille, il a subi dans une moindre proportion l'action du feu central.

« Les couches de houille sont très souvent sinueuses ; ces accidents de stratification sont « encore dûs à des dislocations postérieures à la formation, dislocations qui ont eu pour effet de « plisser les couches à un tel point qu'un puits creusé verticalement dans le sol, rencontre « souvent plusieurs fois la même couche.

« Les débris végétaux accumulés au fond de l'eau, ont été désorganisés ; ils ont d'abord subi « une sorte de fermentation tourbeuse qui a transformé la cellulose en alcide ulmique. Celui-ci, « sous l'influence de la température et de la pression, s'est transformé en houille.

« La composition de la houille dépend de la nature des végétaux qui l'ont constituée, mais, « surtout, de la température et de la pression qui ont présidé à sa formation et des actions de « métamorphisme qu'elle a subies ultérieurement. »

Exploitation de la houille. — « Les combustibles minéraux se présentent toujours en « en couches ; mais ces couches varient singulièrement comme étage zoologique, comme puis- « sance, comme inclinaison et comme régularité.

« On a donné le nom de *charbonnage* à l'exploitation d'une mine de houille.

« Le travail à ciel ouvert pour le début de l'exploitation des couches puissantes qui affleurent

(1) *Paul Poiré.* — La France Industrielle.

« le sol, présente le grave inconvénient de compromettre l'avenir par les inondations et les « incendies auxquels il donne lieu.

« Dans le cas de l'exploitation souterraine, les travaux peuvent se classer de la façon suivante :

« 1° Les travaux d'établissement et de recherche, comprenant le percement des puits, des « galeries à travers banc prenant leur origine soit au jour, soit à partir du fond d'un puits, des « voies de fond ou galeries horizontales taillées en tout ou en partie dans une couche, des « descenderies ou voies inclinées suivant la ligne de plus grande pente d'une couche et taillées « en tout ou en partie dans la couche, et enfin des bures ou puits intérieurs.

« 2° Les travaux comprenant le percement des voies éphémères horizontales ou inclinées, et « taillées autant que possible en totalité dans la couche et le *déhouillement* proprement dit.

« 3° L'installation superficielle pour le lavage, le triage du charbon, la fabrication du coke, « la manœuvre des puits d'extraction et le transport des charbons. »

Classement.— Le cadre de notre travail ne nous permet pas de nous étendre plus longuement sur ce sujet ; il nous reste à dire que le commerce distingue en général les variétés suivantes de charbon, d'après la grosseur :

1° Les *gros* ou *gaillettes,* ne renfermant que des blocs de plusieurs décimètres cubes.

2° Les *grelassons,* morceaux ayant au moins la grosseur du poing et au plus un ou deux décimètres cubes.

3° Les *menus,* formés de morceaux plus petits que le poing.

Enfin en faisant passer les menus sur une grille de trois centimètres, on les sépare en *menus criblés* et en *fines.*

Le charbon qui sort de la mine, porte le nom de *tout venant ;* il conserve ce nom quand on en retire seulement les *gaillettes* et les *fines.*

Les engins les plus habituellement employés pour obtenir le classement par grosseur, sont : les *grilles* pour la séparation des *gros* et des *grelassons,* les *trommels* pour le classement des *menus* et la séparation des *fines,* les *spitzkasten* pour le classement des *fines.*

L'Angleterre a une grande supériorité sur la France pour le prix de revient de la houille ; le prix moyen de la houille sur les carreaux des houillères de la Grande-Bretagne est de 5 à 6 francs la tonne, tandis qu'il s'élève à 10 francs sur les carreaux des houillères de France et de la Belgique.

La houille sert à chauffer à la forge une grande partie des pièces de coutellerie en fer et en acier.

LE COKE

Le *coke* est le produit de la carbonisation de la houille.

M. Riche en a fait une étude très complète dans le *Dictionnaire de l'Industrie et des Arts Industriels ;* nous allons lui emprunter quelques extraits :

« Le coke, dit-il, n'est autre chose que de la houille épurée, c'est-à-dire privé des matières

« volatiles qu'elle renfermait, ainsi que des matières terreuses que l'on trouve dans certaines « variétés. Sa combustion ne donne naissance qu'à de l'acide carbonique et à de l'oxyde de « carbone. Le but principal de la fabrication du coke est donc l'expulsion de la houille des « matières étrangères qu'elle renferme, soit qu'on les recueille comme dans la fabrication du gaz « d'éclairage ou du goudron, soit qu'on ne cherche pas à en faire profit.

« Ces deux modes distincts de fabrication, qu'on pourrait différencier en leur appliquant des « noms distincts de distillation et de carbonisation, donnent lieu d'ailleurs à des cokes de nature « spéciale et réservés à des usages différents et déterminés.

Préparation de la houille. — « Ce travail préliminaire s'effectue par un classement « méthodique des produits extraits de la mine, suivi d'un broyage et d'un lavage d'une partie « d'entre eux.

« Un premier triage effectué à la main sur les fronts de taille de la mine même, permet de « retirer les grosses parties de schistes entraînés par l'abattage.

« La houille remontée au jour est alors soumise à un procédé de classement accompagné d'un « triage pour continuer à enlever les schistes et les parties les plus apparentes des pyrites.

« La fabrication du coke permet aux houillères de tirer parti des masses considérables de menus « de houille qu'on ne peut utiliser dans cet état, et c'est la sorte de charbon qui exige le plus de « travail pour l'amener à l'état de pureté nécessaire pour la fabrication d'un coke de bonne qualité.

« Le traitement qu'on lui fait subir consiste en un lavage méthodique des différentes catégories « du menu, obtenues par un classement mécanique indispensable pour la bonne exécution du « travail ; puis en un broyage poussé aussi loin que possible, et un mélange bien intime des « diverses catégories de charbon ainsi lavé.

« Les divers appareils employés pour ce traitement sont assez nombreux, il est facile de les « classer en trois catégories d'après le mode d'action de l'eau :

« 1° Les *bacs à piston*, à soulèvement intermittent sans entraînement ;

« 2° Les *lavoirs à eau courante, caisses allemandes, lavoir mécanique Lombart*, à soulèvement « continu avec entraînement ;

« 3° Les *machines Bérard, Meynier, Marsay-Robert-Girard*, etc., à soulèvement intermittent « avec entraînement. (Nous n'entrerons pas dans le détail de ces appareils). »

Fabrication du coke. — « Elle comprend la série d'opérations suivantes :

« 1° *Chargement du four* ;

« 2° *Carbonisation* ;

« 3° *Défournement* ;

« 4° *Extinction*.

« Le mode de *chargement* dépend de la forme du four ; celui qui est préférable consiste à « verser directement la houille par une, ou ce qui vaut mieux, par deux ouvertures ménagées « au sommet de la voûte, à l'aide de wagonnets circulant sur le massif, puis d'étendre cette « couche uniformément par les portes à l'aide de rables.

« La *carbonisation* se trouve réglée par la nature du système employé elle peut se faire par « divers procédés :

« 1° A l'*air libre*, en *meules* ou en *fours ouverts* ;

« 2° En *fours clos*.

« Le procédé de carbonisation à l'air libre tend de plus en plus à disparaître.

« Le système de carbonisation en four peut se diviser en trois systèmes :

« 1° Système à admission d'air ;

« 2° Système en vase complètement clos ;

« 3° Système mixte.

« La carbonisation en vase clos présente, sur tous les autres procédés, cet avantage, de pro- « duire le minimum de perte de matière première en évitant la combustion même de la houille ; « toute la chaleur nécessaire pour la transformation en coke provenant de la combustion des gaz « qui se dégagent au contact des parois échauffées et de la houille. Cet échauffement des parois « du four étant produit à son tour par cette combustion des gaz que l'on fait circuler conve- « nablement autour du four.

« D'autre part, le système à admission d'air ne convient qu'aux houilles grasses ; il est donc « d'un emploi relativement limité

« Quant au système mixte, il tend de plus en plus à disparaître.

« Le *défournement* a lieu, soit à la main, à la pelle ou au crochet, soit mécaniquement.

« Le premier cas correspond aux fours où la largeur de la porte est est plus petite que celle « de la sole et également aux fours à sole ovale ou circulaire. Outre les dépenses qu'il entraîne, « la longueur de l'opération occasionne toujours une perte de chaleur, d'autre part le coke est « plus ou moins bien brisé

« Dans les fours à sole rectangulaire, le défournement peut s'opérer mécaniquement. Lors-« qu'il n'y a qu'une porte, on emploie une sorte de *rateau à long manche*, qu'on dispose dans le « four avant le chargement.

« Si le four présente deux portes, on peut défourner au *repoussoir*, sorte de bouclier porté par « une longue tige à crémaillère, que l'on fait avancer à bras d'homme à l'aide d'engrenages ou « qui est mue par une petite locomobile.

« L'*extinction* proprement dite, qui s'opère une fois le coke extrait du four, est toujours précé-« dée, avant le défournement, d'une première période de refroidissement dans l'intérieur même « du four et dite *étouffement*.

« Lorsque la houille ne laisse plus dégager de matières volatiles, si on suspend toute arrivée « d'air, la combustion s'arrête. Généralement, l'étouffement est arrêté lorsque la masse est des-« cendue au rouge sombre ; quelques fois il est prolongé jusqu'à extinction complète ; d'autres « fois on l'active par une injection d'eau dans le four même.

« L'extinction au dehors s'obtient, soit par arrosage, soit en recouvrant la masse de coke « d'une couverture de frasil. »

Dans les fabriques de coutellerie, on emploie aujourd'hui le coke de préférence à la houille pour le chauffage de l'acier.

On se sert à cet effet de fours activés par un ventilateur ; et comme le coke ne dégage en brûlant que de l'acide carbonique et de l'oxyde de carbone, on obtient ainsi une chaleur exempte des gaz qui attaquent cette matière et la dénaturent dans les forges ordinaires chauffées au moyen de la houille.

LE CHARBON DE BOIS

L'usage du *charbon de bois* date de la plus haute antiquité. Théophraste a écrit quelques pages curieuses sur le charbon de bois ; les meilleurs qu'on employait de son temps étaient ceux du chêne et de l'arbousier. Il dit que les forgerons d'argent préféraient, pour leur travail, le charbon provenant du pin et des autres arbres résineux, et que les forgerons de fer ne faisaient usage que du charbon de noyer, auquel ils avaient reconnu la propriété de rendre le métal plus doux et plus liant.

Pline le Naturaliste donne aussi quelques détails sur le même objet ; selon lui, le bois jeune et vert produit le meilleur charbon ; il décrit même la manière dont s'opérait la carbonisation. Il dit : « *On dresse un bûcher où l'on entasse les tronçons de jeunes bois, en forme de pyramides ; on couvre ce bûcher avec de l'argile et après y avoir mis le feu, l'on en perce le haut pour lui donner de l'air et en faire sortir les vapeurs et la fumée.* »

C'est encore à peu près ce que l'on fait aujourd'hui.

Le charbon de bois a été longtemps considéré en France comme une denrée de première nécessité, et comme tel soumis à une réglementation très sévère.

Les corps de métiers qui employaient ce combustible, s'attribuaient un privilège qui faisait passer leur approvisionnement avant celui des particuliers.

L'article 18 des statuts des couteliers de Châtellerault disait :

« Seront faictes déffenses à tous marchans et aultres d'achepter tout le charbon de quelques char- « bonniers et marchands de bruière ou autre bois sans en avoir premièrement fourni les dicts « maistres coustelliers et autres gens de forge de la ville et banlieue pour prendre leurs marchés si « faire et veullent, les dicts marchans seront tenus de se contenter de gain honneste et modéré pour « la revente, le tout sur peine de confiscation des dit charbon et d'amande arbitraire. »

A Paris, *défense était faite à tous de porter du charbon dans les rues, autrement que dans un sac et sur la tête*, et encore fallait-il, pour user de cet étrange liberté, être membre d'une corporation d'ouvriers privilégiés, lesquels *ne devaient jamais porter deux sacs à la fois et ne jamais s'arrêter dans les rues lorsqu'ils avaient le sac sur la tête* (1).

Ce n'est qu'en 1834 que cet état de choses fut modifié par l'ordonnance royale du 5 juillet de la même année, et que les charbonniers purent jouir de la liberté accordée depuis longtemps aux autres commerçants.

Propriétés du charbon de bois. — « Le bois chauffé à l'abri de l'air, à une température « d'environ 350°, dit M. J. Clouet (2), se décompose en donnant des produits divers qui se « condensent et il reste un résidu qui est le *charbon de bois*.

« Le bois naturel contient presque la moitié de son poids d'oxygène, ce qui diminue la quantité « de chaleur qu'il peut fournir. On comprend dès, lors que cet oxygène se dégageant pendant la « carbonisation d'une manière à peu près complète, le résidu que l'on recueille soit susceptible « de produire ensuite par une combustion ultérieure, un degré de chaleur notablement plus « élevé que le combustible primitif ; d'un autre côté, l'eau que renferme le bois réduit la chaleur « de combustion. Aussi ces raisons ont-elles motivé la substitution du charbon de bois au bois « combustible toutes les fois qu'il s'agit de produire un foyer de chaleur intense comme dans « les forges.

« Le charbon de bonne qualité conserve la forme du bois qui l'a produit ; il est noir, sonore, « ne s'écrase pas facilement, ne tache pas les doigts ; il flotte sur l'eau à cause des nombreux « pores qu'il contient et brûle sans grande flamme ; c'est un mauvais conducteur de la chaleur « et de l'électricité.

« Le bois desséché à l'air et carbonisé, donne comme rendement moyen :

« Charbon	25
« Acide pyroligneux, goudron et eau.	53
« Gaz combustible	22

« La composition du charbon de bois de chêne, analysé sur les lieux de production, est la « suivante, d'après Werther :

« Carbone	88,20
« Hydrogène	2,80
« Oxygène	7,40
« Azote.	1,60

« La densité du charbon de peuplier est 1,45, celle du charbon de chêne 1,53.

(1) *Mac-Culloch.* — Dictionnaire du Commerce et des Marchandises.
(2) *E.-O. Lamy.* — Dictionnaire de l'Industrie et des Arts Industriels. — Art. *charbon*.

« Le charbon de bois est très hygrométrique ; il peut absorber jusqu'à 12 % de son poids de « vapeur d'eau et de gaz de toutes sortes. »

Fabrication du charbon de bois. — Les diverses méthodes peuvent se diviser en trois classes : 1° carbonisation en meules ; 2° carbonisation en fours ; 3° carbonisation en vase clos.

Ces deux derniers procédés ne sont employés que lorsqu'il s'agit de préparer des charbons spéciaux et de recueillir les produits secondaires de la distillation du bois, le goudron et l'acide pyroligneux.

Nous ne nous occuperons donc que de la *carbonisation en meules* ou *procédé des forêts* dont nous allons emprunter la description au *Dictionnaire de l'Industrie et des Arts Industriels* :

« Le meilleur charbon est fourni par le bois abattu en hiver, quand la sève est descendue, et « carbonisé ensuite dans la belle saison. En général, pour réduire la dépense des transports, on « transforme le bois en charbon dans les forêts mêmes

« On prépare sur un emplacement sec et à l'abri du vent, une aire circulaire appelée *faulde ;* « le terrain ne doit être ni léger ni sablonneux, car l'air filtrerait à travers le sol ; d'un autre côté « il ne doit être ni argileux ni compacte, car les liquides ne pourraient pas être absorbés.

« Quand on le peut, on se sert d'une faulde ayant déjà servi, le rendement est plus considérable.

« L'ouvrier chargé de la *construction de la meule* doit veiller à empiler le bois de façon à ce que « la masse soit le plus compacte possible et aussi à bien établir le revêtement. Les meules « doivent avoir le plus grand volume possible et se rapprocher de la demi sphère.

« On plante au centre, trois perches formant une sorte de cheminée. Ceci une fois fait, on « range les bûches en les faisant rayonner autour du point central, les unes contre les autres, « de manière à former plusieurs étages.

« La meule une fois élevée, on fait le revêtement ou *couverte ;* on place pour cela des bran- « chages sur le dessus et on recouvre de mottes de gazon et de terre que l'on bat de manière à « former une enveloppe imperméable à l'air et aux gaz. On a soin de laisser une ouverture au « sommet ; enfin au bas, on ménage une ceinture libre pour permettre aux gaz de s'échapper, « car ils pourraient faire éclater la meule ; pour plus de sécurité, on dispose le plus souvent tout « autour de la meule, à la partie inférieure, une murette en pierres sèches de 15 à 20 centimètres « de hauteur, sur laquelle on place en travers des morceaux de bois ; c'est sur cette espèce de « fondation que repose la couverte.

« L'ouvrier introduit alors dans la cheminée des matières incandescentes. Lorsqu'on n'a plus « à craindre que le feu s'éteigne, on bouche l'orifice de la cheminée et alors commence la *suée* « du bois. Sous l'influence de la chaleur, la vapeur d'eau se dégage et vient se condenser à « l'intérieur de la couverte. Cette eau vient couler le long de la couverte. Les ouvriers rebouchent « les crevasses qui se produisent et remédient aux affaissements. La suée est finie quand la « couverte se dessèche et que la fumée devient claire à la base, alors l'ouvrier gazonne la partie « inférieure de la meule et la cuisson du noyau commence.

« Après quelques jours de cette cuisson intérieure, commence la cuisson à l'extérieur ; l'ou- « vrier conduit le feu en perçant avec une perche quelques trous appelés *évents*, à la partie supé- « rieure, puis quand il ne sort plus qu'une fumée bleuâtre, il bouche ces évents, perce une « couronne au-dessous et ainsi de suite jusqu'au bas de la meule. La carbonisation semble « rayonner du centre à la circonférence.

« Quand la fumée a disparu, l'ouvrier met une couverte fraîche au fur et à mesure qu'elle « s'affaisse, il la rafraîchit, mais quelque tassée qu'elle soit, elle n'est jamais absolument « imperméable à l'air, et si l'on voulait attendre que le charbon s'éteigne par le fait même du « refroidissement, il faudrait un temps excessif.

« Au bout de six semaines et deux mois, les meules sont encore assez chaudes à l'intérieur pour « que le feu s'y mette dès qu'on les ouvre. On se borne donc à étouffer le charbon.

« On ouvre à cet effet le tas d'un seul côté et on retire, à l'aide d'un crochet en fer, un certain

« volume de charbon , puis on rebouche l'ouverture, et on en prélève d'autre part une nouvelle « quantité et ainsi de suite. Quand le charbon est encore allumé, on l'éteint immédiatement « dans l'eau ou on l'étouffe avec de la poussière. »

Usages du charbon. — Le charbon est employé dans les usages domestiques, dans les sciences et dans l'industrie. Il sert à la fabrication de la poudre.

On utilise son pouvoir désinfectant dans la fabrication des fontaines filtrantes pour purifier l'eau.

Nous avons vu son emploi dans la transformation du fer en acier.

En coutellerie, on s'en sert pour le chauffage du maillechord, du cuivre, de l'argent, de l'or et de l'acier fin dans les diverses manipulations qu'on leur fait subir.

Le charbon de bois de chêne vaut 9 francs les 100 kilogr. dans les environs de l'endroit où on le fabrique.

LES LIMES

A quelle époque la lime a-t-elle été imaginée?

Son emploi, dit le docteur Lardner [1], a dû précéder les premiers pas faits dans l'art de finir les objets de fer ou d'acier. Certains textes anciens, ajoute-t-il, nous permettent de supposer que la lime fut connue des Hébreux.

La *lime* telle qu'on l'emploie aujourd'hui, est un outil en acier de forme très variable portant des aspérités régulièrement disposées qui rendent sa surface rugueuse et lui permettent d'attaquer les métaux, les bois, la corne, l'ivoire, la nacre et l'écaille.

On distingue trois sortes de limes :

1° La *lime proprement dite*, en latin *lima* [2] ;

2° L'*écouenne* ;

3° La *râpe*, ou lime à bois, *scobina* [3].

Les limes proprement dites. — Les *limes* sont plus spécialement destinées à dresser ou creuser les métaux, elles présentent à cet effet une série de rainures parallèles très rapprochées, taillées plus ou moins profondément en travers de l'instrument, lesquelles sont croisées par une autre série de rainures semblables tracées obliquement; de sorte que la surface de la lime présente une infinité de pointes d'acier qui doivent avoir chacune une qualité et une disposition parfaite pour résister au rude contact des métaux.

Cet ensemble d'aspérités forme ce qu'on appelle la *taille* de la lime.

(1) *Docteur Lardner* — Manuel complet du travail des Métaux.

(2) *Lima*, de *limus*, oblique, sans doute à cause de l'obliquité de la taille.

(3) *Scobina*, de scobis, limaille, sciure, râclure.

« Les *limes*, dit M. de Valicourt (1), affectent un grand nombre de formes, suivant les usages « auxquels elles sont destinées ; on les distingue aussi suivant le plus ou moins de profondeur « et l'écartement de leurs tailles, en : *rudes*, *bâtardes*, *demi-douces* et *douces*.

« Passons maintenant en revue les différentes espèces de limes considérées sous le rapport de « leurs formes ; cet examen nous apprendra les divers usages auxquels elles sont le mieux « appropriées.

« Les *limes à dégrossir*, ainsi que cette dénomination l'indique, servent à ébaucher les ouvrages. « Ces limes, taillées sur leurs quatre faces, ont une forme pyramidale, renflée vers le milieu de « leur longueur ; elles sont très mordantes et doivent être employées toutes les fois qu'il s'agit « d'enlever la croûte d'oxyde occasionnée par le feu de la forge ou lorsqu'on veut emporter « beaucoup de matière.

« Il existe une autre espèce de limes à dégrossir, que leur forme quandrangulaire a fait nommer « *carreaux* ; elles pèsent jusqu'à 2 et 3 kilogrammes ; elles servent pour les ouvrages les plus « grossiers.

« Les limes dites *à main* ont une forme plus aplatie que les précédentes, elles conservent la « même largeur d'un bout à l'autre, et ne sont taillées que sur trois de leurs côtés ; la quatrième « face ordinairement un des champs de la lime, est réservée lisse pour ne point entamer les par- « ties de l'ouvrage qu'on veut ménager.

« Les limes à main sont les plus utiles de toutes, elles sont applicables dans presque tous les « cas. Il existe de ces limes de toutes les dimensions et de toutes les finesses de taille, depuis les « bâtardes jusqu'aux plus douces.

« On les emploie en général à terminer les ouvrages après qu'ils ont été ébauchés à l'aide de « limes à dégrossir.

« Les *demi rondes* ont un de leurs côtés plat, l'autre est formé d'un arc de cercle plus ou moins « prononcé ; elles se terminent en pointe et présentent presque toujours la forme d'un segment « de cône très allongé qu'on aurait coupé parallèlement à sa longueur

« Il y a cependant une exception à cette règle pour les petites limes dites *barboches*, employées « à affûter certaines lames de scies Ces dernières conservent leur grosseur d'un bout à l'autre « et forment parconséquent une section de cylindre.

« L'usage des *demi rondes* ordinaires est très fréquent lorsqu'on a à faire des dégagements, des « moulures, etc. Il en existe de toutes les grosseurs.

« Les limes *feuilles de sauge* présentent la plus grande analogie de formes avec les précédentes « car elles semblent résulter de la réunion de deux limes demi rondes qu'on aurait réunies par « leur côté plat. On a rarement l'occasion de les employer.

« Il n'en est pas de même des limes *queues de rats* qui sont d'un usage journalier. Leur forme « conique leur permet de pénétrer dans les trous qu'on a besoin d'élargir, tout en conservant « leur forme circulaire. On doit se servir de ces limes avec beaucoup de ménagement, parce « qu'elles sont très sujettes à casser.

« Les limes *carrées* servent à agrandir les trous de même forme et à dégager les angles « rentrants.

« On appelle lime d'*entrée*, celles dont la forme plate et effilée leur permet de pénétrer dans « les cavités que l on veut élargir. Elles servent principalement à faire les entrées des serrures « et à une infinité d'autres usages.

« Le *tiers points*, ou limes triangulaires, forment un triangle équilatérial. Elles servent surtout « à réparer la denture des scies. On peut encore les employer à couper des morceaux de fer, « leur forme angulaire se prêtant à creuser un trait profond et peu large. De toutes les « espèces de limes, les tiers points sont celles qu'on doit s'appliquer à choisir de la meilleure « qualité.

« On comprend qu'elles doivent fatiguer beaucoup plus que les autres puisque tout l'effort a « lieu sur la partie la plus mince.

« La lime *à fendre* sert à faire un trait profond et étroit, par exemple à fendre les têtes des vis. »

Telles sont les principales sortes de limes ; il s'en fait d'autres sortes appropriées

(1) *E. de Valicourt.* — Nouveau Manuel complet du Tourneur.

aux travaux spéciaux des divers corps de métiers.

Ainsi on se sert pour limer les lames de couteaux de table de deux sortes spéciales qui n'ont d'emploi que pour ce genre de travail ; ce sont les *limes creuses* et les *dos ronds*.

La lime *creuse* est une lime plate qui n'est taillée que sur la tranche, laquelle est disposée en forme de gorge. Cette lime sert à arrondir le jonc qui fait saillie sur le dos et sous le mentonnet de la lame de certains couteaux de table.

Le *dos rond* est une lime plate un peu épaisse taillée sur les quatre faces et dont les angles sont arrondis de manière à prendre la forme du quart de cercle qui se trouve produit à la jonction de la lame et de la bascule ou embase de la lame du couteau de table.

Fabrication des limes. — Les limes sont d'abord forgées pour leur donner la forme et la dimension qu'elles doivent avoir, puis on les fait recuire afin de donner à l'acier la malléabilité nécessaire pour la taille.

On les blanchit ensuite à la meule pour bien dresser leurs surfaces et débarrasser le métal de toute oxydation.

Les limes ainsi préparées sont portées à la taille.

L'ouvrier opère de la manière suivante dont la description nous est donnée par le docteur Lardner (1) :

« Assis les jambes ouvertes, sur le banc ou chevalet de son enclume, il place la lime qu'il « doit tailler sur un morceau de plomb et, à l'aide d'une courroie semblable au tire-pied d'un « cordonnier, il la maintient sur l'enclume avec son pied.

« Il prend alors son marteau et un petit ciseau fait du meilleur acier, bien aiguisé et affûté, et « commençant par la pointe, il procède par une succession de coups vifs et égaux, à faire des « tailles parallèles en travers, avec une grande exactitude, faisant à la fois marcher le ciseau et « le marteau avec beaucoup de promptitude et de dextérité ; l'habitude de la main plus encore « que celle des yeux, lui fait maintenir l'uniformité de la taille, en profondeur, en parallélisme, « à distance égale. »

La simplicité apparente du procédé de la taille, la régularité mécanique du mouvement du ciseau et du coup de marteau, ont fait naitre l'idée d'appliquer le mécanisme d'une machine à cette opération. Malgré cela les machines que l'on a imaginées n'ont pu remplacer le travail à la main et la presque totalité des limes continuent d'être taillées par ce dernier procédé.

Après la taille vient la trempe. Voici la manière dont M. Landrin (2) l'a vu pratiquer sous ses yeux en Angleterre :

« On a plongé, dit-il, deux limes dans un baquet rempli de lie de bière ; on les a ensuite « saupoudrées de sel marin grossièrement écrasé ; puis on les a fait promptement sécher sur les

(1) *Le docteur Lardner.* — Manuel complet du travail des Métaux.

(2) *H. Landrin.* — Manuel du Coutelier.

« charbons de la forge. Ensuite on les a fait rougir en les plaçant au milieu du foyer composé « de morceaux de coke. Bientôt on en a retiré une parvenue au premier degré de rouge, et on l'a « saucée de nouveau dans du sel qui se trouvait répandu sur une planche à proximité du foyer.

« Peu après, l'homme l'a retirée et s'apercevant que la pression des charbons l'avait un peu « courbée, il l'a redressée avec un marteau de bois sur une enclume de la même matière. Cette « opération a été si rapide que la pièce n'a pas sensiblement changé de couleur ; ensuite il l'a « *trempée* en la tenant verticalement par la queue et la plongeant lentement dans l'eau.

« Enfin il l'a lavée dans un baquet contenant de l'eau acidulée et après quelques coups de « brosse, elle était parfaitement décapée. »

Les écouennes. — Les *écouennes*, ou *écouanes*, sont des limes qui servent à limer le bois, la corne et l'ivoire; elles diffèrent des limes proprement dites, en ce qu'elles ne sont taillées que d'un côté, de larges sillons parallèles entre eux et perpendiculaires à la longueur de la lime.

Ces sillons sont pratiqués à l'aide d'une lime et l'écouenne n'est généralement pas trempée, de sorte qu'on peut en raviver très rapidement la taille.

Les écouennes agissent à la façon d'un rabot.

Ces limes ne se font point en fabrique, les ouvriers qui s'en servent les font eux-mêmes et les disposent suivant leur genre de travail; elles rendent de grands services pour le façonnage des manches de couteaux de table.

Les râpes. — Comme les écouennes, les *râpes* sont destinées à limer le bois et les matières d'une dureté moyenne comme la corne et l'ivoire.

Au lieu d'une taille pleine, occupant toute la largeur de la lime, on relève sur l'acier avec un ciseau pointu, de petites dents triangulaires plus ou moins nombreuses, plus ou moins profondes, suivant que la lime sera destinée à une besogne plus ou moins rude.

Les râpes se forgent, se recuisent, se blanchissent et se trempent absolument comme les limes proprement dites.

De l'emploi des limes. — Les limes demandent peut-être plus de soins que les autres outils pour les conserver en bon état et leur assurer la plus longue durée possible.

Les ouvriers ont la mauvaise habitude de ne pas ranger leurs limes aussitôt qu'ils ont fini de s'en servir. Il arrive qu'elles frottent souvent les unes contre les autres et s'émoussent rapidement.

Il ne faut pas donner aux limes plus de fatigue que ne le comportent leurs dimensions et la finesse de leur taille.

Les commençants ont l'habitude d'appuyer à outrance sur la lime et de limer à coups précipités. Le but qu'on se propose d'atteindre en limant est d'obtenir des surfaces parfaitement nettes présentant des lignes pures. On ne peut arriver à ce résultat qu'en procédant avec calme et attention et en vérifiant soigneusement l'effet produit par chaque coup de lime.

Il faut donc appuyer modérément sur la lime, la maintenir toujours bien parallèle à la surface de l'ouvrage et limer lentement et à grands traits de manière que toute la longueur de la lime parcoure à chaque fois l'étendue de la surface à limer.

On acquiert assez facilement la fermeté nécessaire si on a le soin d'empoigner solidement le manche de l'outil de la main droite, de maintenir l'extrémité opposée avec la main gauche et de diriger chaque coup de lime avec lenteur et précision.

Des diverses provenances des limes. — L'Allemagne et l'Angleterre se disputaient autrefois la supériorité pour la fabrication des limes.

Les *limes d'Allemagne*, fabriquées avec l'acier naturel des fontes spathiques du Rhin, étaient réputées sous le rapport de l'usage et de la qualité et aussi parce que lorsqu'elles étaient usées, elles pouvaient servir à l'aciérage des outils de taillanderie.

Ces limes étaient généralement livrées au commerce en paquets sous paille ce qui leur avait fait donner le nom de *limes au paquet*.

Les *limes anglaises* devaient leur réputation à l'acier fondu que les Anglais ont été pendant longtemps seuls à employer pour la fabrication des limes.

Elles étaient vendues par douzaine.

Ces deux pays avaient en outre l'avantage d'être organisés pour ce genre de travail et d'avoir un personnel parfaitement exercé.

Les fabricants français avaient donc à lutter avec l'Allemagne pour les limes communes ou au paquet et avec l'Angleterre pour les limes fines ou en douzaines. Par suite du peu d'importance donné à cette industrie, en France, la fabrication des limes s'y est trouvée pendant longtemps dans un état d'infériorité.

Aujourd'hui cette situation a changé, les perfectionnements apportés à la fabrication des aciers ont permis d'améliorer la fabrication des limes, de grands éta-établissements se sont fondés, qui ont formé une population ouvrière très expérimentée et qui peuvent fournir des produits qui ne le cèdent en rien, ni pour la qualité de l'acier, ni pour la beauté et la perfection de la taille, ni pour l'excellence de la trempe, aux meilleures limes anglaises.

Les limes fabriquées à Paris sont très estimées, mais le prix élevé de la main-d'œuvre dans la capitale ne permet pas de les produire à bon marché.

Il faut citer les localités suivantes pour l'importance de leur fabrication : *Valentigney* et *Montbéliard* dans le Doubs, *Saint-Etienne* et *le Chambon* dans la Loire, *Tours*, *Orléans*, *Toulouse*, *Saint-Maur* près Paris, *Milourd* et *Maubeuge* dans le Nord, *Breuvannes* dans la Haute-Marne, *Lahutte* dans les Vosges.

Les limes et râpes françaises *au paquet* valent :

En acier corroyé, de 1 fr. 50 à 2 fr. »	le paquet	suivant le nombre et le poids des limes contenues dans le paquet.
En acier fondu, de 2 fr. » à 2 fr. 50	—	

Celles en douzaines, *plates à main*, *demi-rondes*, *rondes*, *plates pointues*, ne se font qu'en acier fondu, elles valent :

Taille	depuis	la douzaine	celles de	pouces	jusqu'à	celles de	pouces
Taille *bâtarde*	depuis 2 fr. 50	la douzaine	celles de 4	pouces	jusqu'à 60 fr.	celles de 18	pouces
— *demi-douce*	— 3 fr. »	—	— 4	—	— 65 fr.	— 18	—
— *douce*	— 4 fr. »	—	— 4	—	— 80 fr.	— 18	—
— *très douce*	— 5 fr. »	—	— 4	—	— 95 fr.	— 18	—

Les prix des tiers-points sont les suivants :

Taille	depuis	la douzaine	ceux de	pouces	jusqu'à	ceux de	pouces
Taille *demi-douce*	depuis 4 fr.	la douzaine	ceux de 4	pouces	jusqu'à 9 fr.	ceux de 8	pouces
— *douce*	— 5 fr.	—	— 4	—	— 13 fr.	— 8	—
— *très douce*	— 6 fr.	—	— 4	—	— 16 fr.	— 8	—

LES MARQUES

Nous avons vu, dans la IIe partie de notre travail (1), que les couteliers romains frappaient quelquefois sur leurs ouvrages, l'empreinte de leur nom.

Plus tard jusqu'au XVIIIe siècle, un simple attribut était adopté par chaque coutelier pour marquer ses ouvrages ; nous avons donné la nomenclature d'un certain nombre de marques de couteliers de Paris (2), de Thiers (3), de Langres (4), de Châtellerault (5), de Lyon (6) et de Moulins (7).

Plusieurs de ces marques avaient acquis une grande réputation.

Aujourd'hui les fabricants mettent sur les lames le nom et l'adresse du commerçant qui les leur commande. C'est une réclame pour ce dernier ; aussi la profusion avec laquelle les marques sont répandues, leur enlève beaucoup de leur valeur.

Cependant elles restent une garantie pour l'acheteur, si le vendeur est un coutelier.

D'une part l'acheteur aime mieux s'adresser à quelqu'un qui lui offre des garanties par ses connaissances spéciales et auquel il pourra adresser ses réclamations puisque tous ses articles portent sa signature.

D'un autre côté, le coutelier qui connaît à fond son métier, sait apprécier la qualité des produits qu'il achète et par ses indications, oblige le fabricant à lui faire des articles qui diffèrent absolument au point de vue de la qualité des produits similaires vendus par les maisons qui ne peuvent garantir comme lui la qualité des nombreux articles qu'ils mettent en vente.

Enfin, quoique ses articles ne soient pas marqués à son nom, le fabricant sérieux

(1) *IIe partie*, chapitre VIII, page 155.
(2) *IIe partie*, chapitre II pages 57, 58, 59 et 60.
(3) *IIe partie*, chapitre III, page 75. — *IIIe partie*, chapitre III, pages 266, 267, 268, 269 et 270.
(4) *IIe partie*, chapitre III, page 82.
(5) *IIe partie*, chapitre IV, pages 117 et 118.
(6) *IIe partie*, chapitre III, page 97.
(7) *IIe partie*, chapitre III, page 86.

ne reste pas moins responsable de la qualité de ses produits s'il veut maintenir sa réputation et s'assurer la fidélité de ses clients.

Aussi nous ne voyons pas pourquoi certains praticiens attachent une si grande importance à ce que les produits portent la marque du fabricant; l'acheteur sait bien où il doit s'adresser pour avoir des articles de bonne qualité.

Nous trouvons au contraire très ingénieuse la méthode des fabricants de coutellerie français, de marquer leurs produits au nom de leurs clients. En dehors de ce qu'elle flatte ces derniers, ceux-ci s'intéressent davantage aux articles qui portent leur nom; ils cherchent à leur assurer une supériorité sur ceux de leurs concurrents et c'est peut-être l'une des causes qui ont rendu la coutellerie française si supérieure à la coutellerie étrangère, au point de vue de la variété et de l'élégance des formes.

Arrivons maintenant à la pratique de l'application de la marque.

C'est lorsque les lames sont préparées pour la trempe qu'on se livre à cette opération.

Confection du poinçon. — On se sert à cet effet d'un morceau d'acier proportionné à la grandeur de l'empreinte que l'on veut obtenir.

Ce morceau d'acier porte le nom de *poinçon*; pour le faire, on choisit la meilleure qualité d'acier fondu; on allonge légèrement à la forge la partie qui doit recevoir la frappe, c'est-à-dire le coup de marteau, et l'on dispose l'extrémité opposée de façon à pouvoir y graver les lettres qui composent l'empreinte.

Ces lettres qui sont détachées au burin, doivent être très finement faites et cependant offrir assez de résistance pour pénétrer dans l'acier. Elles sont disposées à la façon des caractères d'imprimerie, c'est-à-dire à l'envers.

La disposition des lettres est d'une grande importance pour obtenir une marque bien nette. Notre avis est qu'une marque simple remplit mieux le but qu'on se propose, elle se lit plus facilement et s'imprime mieux. Nous conseillons de rejeter absolument les filets qui entourent l'inscription, ils ôtent au graveur la possibilité de détacher les lettres, de sorte qu'elles s'impriment mal et s'usent beaucoup plus vite.

Les poinçons employés en coutellerie exigent un soin tout particulier; c'est un travail spécial que peu de graveurs comprennent bien.

Le prix de la gravure des lettres varie de 25 à 50 cent., et il faut ajouter à cela le prix du poinçon. Les marques qui comportent des filets ou des ornements ou des dispositions particulières, atteignent souvent le prix de 25 à 30 francs.

Lorsque l'empreinte est gravée, on trempe le poinçon, mais on ne le trempe pas entièrement car il casserait au premier coup de marteau. On en chauffe à peu près la moitié, du côté où se trouve la gravure, puis on plonge dans l'eau le poinçon jusqu'à moitié de la partie chauffée; on le retire avant qu'il soit refroidi et la cha-

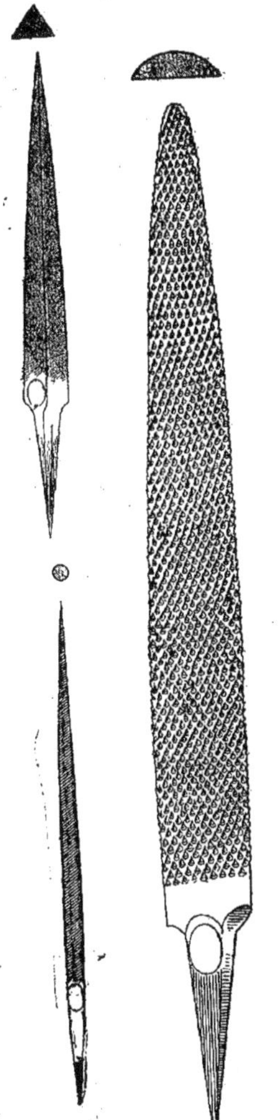

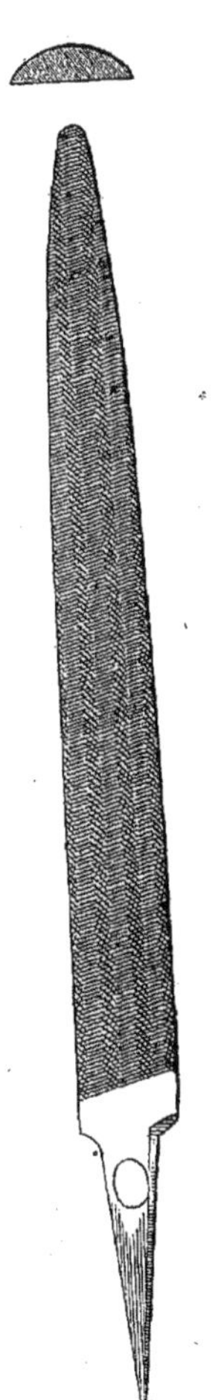

TIERS-POINT *et queue de rat*

RAPE

LIME *demi ronde*

LIMES *au paquet*

LIME *plate à main*

leur de la partie chauffée qui n'a pas été plongée dans l'eau recuit celle que l'on a trempée; on l'examine avec attention et lorsqu'elle a atteint la couleur jaune paille, on plonge le poinçon tout entier dans l'eau où on le laisse refroidir. De cette façon, il n'y a que la partie qui avoisine la gravure qui se trouve trempée.

Application de la marque. — On peut appliquer l'empreinte du poinçon soit au marteau, soit au balancier.

Dans les fabriques de coutellerie, le balancier offre peu d'avantages, car il faut changer souvent de poinçon; cela arrive jusqu'à dix fois à l'heure, et avec le balancier, on passe plus de temps à régler l'outil qu'à faire le travail.

C'est le marteau qui sert le plus; l'ouvrier tient le poinçon de la main gauche et le place à l'endroit le plus convenable, la partie gravée est posée sur la lame; de la main droite, il applique un coup de marteau assez vigoureux sur l'autre extrémité du poinçon.

Avec un peu d'habitude l'ouvrier fait ce travail très vite et très régulièrement. Un seul ouvrier peut marquer 250 à 300 douzaines de lames dans sa journée.

Marques gravées à l'eau-forte. — Lorsque l'on veut mettre une marque sur certaines parties qui sont fragiles, comme la lame du rasoir par exemple, ou qu'on veut des empreintes trop grandes pour les appliquer avec un poinçon, on a recours à la gravure à l'eau-forte, nous en parlerons dans l'un des chapitres suivants.

Les Anglais emploient beaucoup ce procédé, mais ils ont une manière d'opérer que nous étudierons en parlant de la coutellerie anglaise.

L'HUILE DE COLZA

En coutellerie, l'huile que l'on emploie le plus, c'est l'*huile de colza* qui sert pour la trempe et pour le polissage.

Les huiles peuvent être classées de la manière suivante : *huiles végétales, huiles animales, huiles minérales, huiles essentielles, huiles de distillation.*

Les *huiles végétales* se rencontrent plus particulièrement dans les graines des végétaux, ce qui a fait donner à certaines d'entre elles le nom d'*huiles de graines*; d'autres sont extraites de la pulpe, comme l'*huile d'olive*.

Nous aurons à nous occuper un peu plus loin des *huiles animales* et des *huiles minérales*; nous laisserons de côté les autres sortes qui ne sont point utilisées dans la fabrication de la coutellerie.

L'huile de colza est extraite de la graine du colza, *brassica campestris oleifera*, que l'on cultive en France. Cette plante est une variété du chou champêtre, elle est annuelle ou bisannuelle à fleurs jaunes.

On en distingue de deux sortes :

1° Le *colza d'hiver* que l'on sème du 15 juillet au 15 août si on veut le laisser en place, et en juin lorsqu'il doit être repiqué en septembre, on le récolte vers le commencement de juillet de l'année suivante ;

2° Le *colza d'été* auquel on a recours lorsqu'un accident a détruit la récolte ; on le sème en mai et on récolte la graine à l'automne.

La culture du colza réussit bien en Allemagne, en Belgique et dans le nord de la France, où la fabrication de l'huile a pris une grande importance.

Fabrication de l'huile. — Nous empruntons la description de cette industrie à l'ouvrage de M. Poiré, la *France Industrielle* :

« Autrefois, cette fabrication se faisait aux environs de Lille, dans des moulins à vents, qui « mettaient en mouvement des pilons chargés de concasser les graines, et des meules qui en « exprimaient l'huile. Ce genre de fabrication tend à disparaître ; il est remplacé par celui que « nous allons décrire.

« La première opération est le concassage, qui réduit les graines en petits fragments, afin « d'éviter qu'elle ne roulent sous les meules à l'action desquelles elles seront soumises. Elle « s'exécute dans une espèce de laminoir en fonte ou concasseur, alimenté par une trémie de « bois au fond de laquelle tourne un petit cylindre cannelé dont la vitesse de rotation est réglée « de manière à ne laisser passer qu'une quantité de graines proportionnée à l'action des grands « cylindres. Ceux-ci tournent très lentement et les graines en passant dans l'intervalle qui existe « entre eux, se trouvent concassées ; de là elles sont portées sous des meules verticales de « granit ou de grès

« Ces meules roulent sur le fond d'une grande auge ordinairement en fonte. La paire pèse de « 7 000 à 8 000 kilogr. ; on peut se les figurer comme deux roues montées sur le même essieu, « fixé lui-même à un arbre vertical qui reçoit le mouvement du moteur de l'usine. Il est évident « que si cet arbre se met à tourner, les meules tourneront autour de lui en roulant elles-mêmes « sur leur axe et écrasant les graines oléagineuses placées dans l'auge en fonte ; mais elles n'at- « teindraient certainement que celles qui sont placées sur leur passage si l'on ne prenait soin de « ramener continuellement devant elles, celles qui se trouvent en dehors.

« Pour cela, deux lames courbes, appelées rabats, et fixées à l'arbre, tournent avec lui en « glissant sur le fond de l'auge et remuent les graines en les amenant sous les meules.

« De temps en temps, une trappe située vers la circonférence de l'auge, s'ouvre pour laisser « tomber la graine écrasée qui forme une pâte dont l'huile est la partie liquide.

« Quelquefois on soumet immédiatement cette pâte à une forte pression pour en faire sortir « l'huile qui est alors une *huile vierge* d'un goût agréable et très propre à l'assaisonnement de « nos aliments ; mais cette manière d'opérer donne un rendement trop faible que l'on augmente « en soumettant les graines à l'action de la chaleur dans des appareils nommés *chauffoirs*, dont « le feu est chauffé soit à feu nu, soit à la vapeur.

« Le chauffoir à feu nu consiste en une plaque de fonte placée sur un foyer et sur laquelle « repose un cylindre de tôle sans fond, appelé *payelle*, destiné à circonscrire l'espace réservé à « la farine. On jette celle-ci sur la plaque de fonte et dans la payelle ; un agitateur remue la « masse ; lorsque la farine est suffisamment chaude, on remonte l'agitateur, on attire la payelle à « soi et l'on fait tomber ce qu'elle contient dans des entonnoirs aux-dessous desquels sont accro- « chés des sacs

« A la sortie des chauffoirs, la farine est mise dans des sacs que l'ouvrier enveloppe dans une « *étreindelle*, c'est-à-dire dans une pièce d'étoffe de crin doublée de cuir et fermée de trois par- « ties pouvant se replier l'une sur l'autre.

« Toutes les étreindelles garnies de sacs sont soumises à l'action d'une presse qui peut exercer « une force équivalente à celle d'un poids de 6 000 kilogr. L'huile s'écoule au dehors et tombe « dans des conduits qui la mènent aux réservoirs où elle doit être plus tard épurée.

« Après avoir subi cette pression, la farine se trouve agglomérée et forme une espèce de plaque

« appelée *tourteau*, qui est livrée à l'agriculture qui l'emploie comme engrais et pour la nourri-
« ture des bestiaux.

« En sortant des presses, les huiles entraînent avec elles des mucilages et d'autres matières « étrangères ; un repos prolongé les clarifie en partie, mais ne les sépare point des matières « qui les rendent impropres à bien des usages et ne peuvent être enlevées que par un procédé « chimique consistant à agiter les huiles en présence de 1,50 à 1,75 % d'acide sulfurique. Cette « opération dure trois quarts d'heure environ et se fait dans un réservoir où se meut, au milieu « du mélange d'huile et d'acide, un arbre armé de palettes.

« Après quarante-cinq minutes de battage, on ajoute 3 ou 4 % d'eau et l'on recommence à battre « pendant cinq minutes ; l'eau s empare de l'acide. On laisse reposer pendant un temps suffisant ; « l'eau, l'acide et les matières qu'il a carbonisées vont au fond du réservoir former une couche « noire. L'huile surnage, on la décante et on la reçoit d'abord dans des caisses où on l'abandonne « pendant sept à huit jours pour qu'elle se clarifie en partie ; puis on la soumet à une filtration « à travers de la sciure de bois placée entre deux planches percées de trous ; ceux de la planche « inférieure sont garnis de petits tampons de coton qui complètent la filtration.

« Ce premier filtre est appelé *dégraisseur* ; son action est complétée par un second appareil « nommé *filtre*, semblable au premier, mais dans lequel la planche supérieure est remplacée « par une toile. »

Propriétés de l'huile de colza. — On donne le nom d'*huile* de colza épurée, à celle qui a subi la clarification que nous venons d'indiquer ; alors elle est jaune, limpide, d'une odeur forte et caractéristique ; elle blanchit à l'air ; sa densité est 0,913.

Usages. — L'huile de colza est d'un emploi considérable pour l'éclairage et pour beaucoup d'industries ; aussi son prix est-il sujet à de grandes variations. Elle a beaucoup diminué de valeur à cause de la concurrence que lui fait le pétrole ; son prix moyen est de 60 à 70 francs les 100 kilogrammes.

On évalue la surface ensemencée de colza, en France, à 150,000 hectares ainsi répartis : Calvados, 32,500 ; Seine-Inférieure, 17,300 ; Saône-et-Loire, 14,000 ; Eure, 10,500 ; Lot-et-Garonne, 7,300 ; Nord, 4,000 ; Somme, 3,000.

Le colza se cultive aussi en Belgique, en Hollande, en Russie, en Autriche-Hongrie, en Angleterre et dans l'Inde.

LES MEULES

L'aiguisage, cette opération d'affûter un outil ou une arme, s'était déjà imposé à l'homme de l'époque de la *pierre polie*.

C'était certainement pour *amincir et dresser le tranchant* de ses instruments de pierre qu'il les frottait sur une autre pierre plus dure ou plus mordante ; il en est résulté que la pierre entière s'est trouvée polie.

Cette manière de faire a été ensuite employée pour les métaux et est restée pendant longtemps en usage avant d'avoir été remplacée par l'emploi de la meule tournante.

Les Romains paraissent avoir connu la *meule tournante, mola* (1) *versatilis*, Pline en parle dans son *Histoire Naturelle* (Liv. XXXVI); Anthony Rich, dans son *Dictionnaire des Antiquités Romaines et Grecques*, reproduit le dessin d'un camée antique représentant : *L'amour aiguisant ses flèches à l'aide d'une meule montée sur un chevalet muni d'un levier qu'il manœuvre avec le pied.*

Les rémouleurs emploient encore ce système de nos jours.

Les meules affectent la forme d'un cylindre percé, suivant leur axe, pour recevoir un arbre en fer sur lequel on les fixe solidement.

L'arbre repose à ses extrémités sur deux supports assez élevés pour que la meule puisse tourner autour de l'arbre qu'elle entraîne avec elle.

Pour mettre les meules en mouvement, on s'est servi de différents moyens afin de leur donner une plus grande vitesse et en même temps leur faire produire plus de travail.

Le tournage à la main ou au pied, ne donnant pas une force suffisante, on imagina de faire actionner la meule par une roue d'un grand diamètre tournée à bras d'homme. C'était un travail fatigant que l'on faisait faire par quelque manœuvre le plus souvent aveugle ou idiot.

Plus tard, on substitua à la roue, un énorme tambour en bois dans lequel on enfermait un chien dressé à cet effet, qui le faisait tourner et communiquait le mouvement à la meule.

Enfin aujourd'hui l'on se sert de moteurs à vapeur ou à eau ou à gaz ; c'est ce dernier système qui est généralement préféré par les couteliers.

Autrefois les couteliers étaient presque seuls à se servir de meules, mais leur emploi s'est beaucoup répandu de nos jours.

Tous ceux qui s'occupent d'industrie savent qu'on est dans la nécessité de chercher les moyens de fabriquer avec rapidité et économie.

C'est par l'emploi des machines que l'on arrive à combattre l'augmentation du prix de la main-d'œuvre et, de tous les procédés de travail mis en œuvre dans l'industrie des métaux, il n'en est pas qui donnent de meilleurs résultats que les meules lorsque l'on peut les employer.

La lime et le burin sont des outils qui s'usent très rapidement ; leur action est lente, et le prix actuel de la main-d'œuvre tend chaque jour à restreindre l'emploi de ces outils tandis que celui des meules se généralise.

La meule est un des plus puissants instruments de travail ; elle offre un avantage considérable pour l'*ébarbage*, le *dégrossissage* et le *dressage* des métaux, surtout lorsqu'il s'agit de pièces en acier fondu.

(1) Le nom de *mola* vient du grec μυλή, qui tient lui-même du radical sanscrit *mal*, broyer (Littré) ; il était appliqué à la meule employée pour broyer les grains et a été donné par analogie de forme à la meule dont on se sert pour l'aiguisage des couteaux.

On en distingue de deux sortes, les *meules naturelles* et les *meules artificielles.*

Meules naturelles. — Les meules naturelles sont en grès (1).

« Le grès (2) est une roche formée de menus grains de quartz *(acide silicique)* réunis intime-
« ment par un ciment à peine visible. Son premier état a été évidemment celui de sables très
« fins, comme ceux qui couvrent encore beaucoup de nos plages maritimes ; puis les eaux qui
« imbibaient sans cesse ces masses pulvérisées, y ont apporté en dissolution et déposé peu à
« peu le ciment qui les a rendues cohérentes. Ce ciment est calcaire, siliceux ou marneux,
« suivant les variétés de grès. »

Les carrières de grès que l'on exploite en France pour les meules à aiguiser, sont situées dans les départements des *Vosges,* de la *Haute-Saône* et de la *Haute-Marne.*

Haute-Marne. — Les carrières de meules qui se trouvent dans la Haute-Marne, et particulièrement dans l'arrondissement de Langres, ont beaucoup aidé au développement de la coutellerie dans cette contrée, car le transport dans les autres pays en double et en triple le prix, suivant la distance. Elles conviennent surtout pour les rasoirs, la coutellerie fine et les instruments de chirurgie.

Ces carrières de grès étaient déjà connues au XIIIe siècle, dit M. Daguin (3). Foulques de Choiseul, qui possédait entre autres, les villages de Celles, Marcilly et Provenchères, donna aux moines de Clairvaux le droit de prendre chaque année, sur les terres de sa seigneurie, dix meules à émoudre : *decem molares lapideas ad ferramenta acuendo, ubicum que per terram suam effodere voluerunt.*

Les principales carrières exploitées aujourd'hui, sont :

Dans le canton de *Varennes-sur-Amance :*

A *Marcilly,* à 19 kilomètres de Langres ;

A *Celles,* à 20 kilomètres de Langres ;

A *Champigny-sous-Varennes,* à 28 kilomètres de Langres.

Dans le canton de *Montigny-le-Roi :*

A *Provenchères,* à 27 kilomètres de Langres.

Dans le canton de *Longeais :*

A *Chalindrey,* à 11 kilomètres de Langres.

Le prix de ces meules est de 56 francs la tonne (poids réel) à la carrière.

Haute-Saône et Vosges. — On exploite aussi dans les départements de la Haute-Saône et des Vosges des carrières de grès qui servent à faire des meules à aiguiser la coutellerie de table et la taillanderie.

Les carrières des Vosges sont à *Forge-Kaïtel, Bonvillet, Monthureux-sur-Saône, Belrupt* ; celles de la Haute-Saône sont à *Aubrevillers* et à *Pont-du-Bois.*

(1) De *Gressius, Gresum.* — Basse latinité — Littré.

(2) *Privat-Deschanel et Focillon.* — Dictionnaire général des Sciences théoriques et appliquées.

(3) *Arthur Daguin.* — Nogent et la Coutellerie dans la Haute-Marne.

L'extraction se fait à ciel ouvert ; les couches successives s'enlèvent au moyen de coins, après avoir fait des tranchées de l'épaisseur du bloc à enlever, qui l'ont rendu libre de toute attache.

Les meules des Vosges valent 38 francs la tonne (poids réel), pris à la carrière.

Les meules naturelles ont l'inconvénient de manquer d'homogénéité et de dureté. Le quartz dont elles sont formées est en grains plus ou moins arrondis, et qui sont réunis par un ciment souvent à base calcaire ; ces grains tendent à se détacher dès que l'on a dépassé la résistance de la matière qui les lie.

Pour suppléer à l'insuffisance de dureté ou de résistance à l'usure, on augmente la vitesse de rotation de ces meules, et souvent la force centrifuge amène, par son excès, la rupture subite de ces masses en tuant et brisant tout sur le passage de leurs débris.

Meules artificielles. — Comme dans la nature il n'existe pas, en masse compacte, de corps d'une dureté plus grande que le quartz, il était naturel que l'on cherchât une plus grande dureté dans un produit artificiel.

Il y a, dans une *meule artificielle,* deux choses à distinguer, le *mordant* et l'*agglomérant* (1).

Les *mordants* sont au nombre de trois : le *grès,* le *silex* et l'*émeri.*

Le *grès* est formé, comme nous l'avons dit plus haut, de grains de quartz plus ou moins arrondis puisqu'ils proviennent généralement de dépôts marins formés par la consolidation des sables de la mer et produits eux-mêmes par le roulement des galets quartzeux.

Le *silex,* de nature siliceuse également, a l'avantage de pouvoir présenter des fragments plus anguleux que les grains de sable.

L'*émeri* est un *corindon,* c'est-à-dire le corps qui a le plus de dureté après le diamant, qui seul peut le rayer. Chaque grain d'émeri présente une quantité d'angles et de pointes aigues qui ne s'usent pas par le frottement, et coupent comme des lames tranchantes.

L'*agglomérant* ne constitue que la dixième partie environ de la masse des meules artificielles ; mais c'est l'élément le plus important, puisque c'est grâce à lui que chaque particule du mordant doit de rester en place jusqu'à ce qu'elle soit usée.

La *gomme laque* a été le premier agglomérant employé. C'est une résine qui provient d'une exsudation de certains arbres de l'Inde. On fait un mélange de gomme laque en fils préalablement fondue et du mordant employé, quartz, grès ou émeri.

Quand la pâte est devenue onctueuse, on la verse dans un moule en fer forgé que l'on ferme par un couvercle épais en fonte tournée. Le moule est conduit sous

(1) *E.-O. Lami.* — **Dictionnaire de l'Industrie et des Arts Industriels.**

une presse hydraulique pour réduire la pâte à l'épaisseur déterminée ; après refroidissement, les produits sont prêts à être employés. L'inconvénient que présente la gomme laque, c'est de fondre à une température relativement basse (130°) ; de plus elle présente une certaine fragilité et demande à n'être pas soumise à des chocs transversaux.

C'est en 1842 que M. Malbec eut l'idée de confectionner une *meule artificielle* en agglomérant du quartz avec de la gomme laque.

En 1843, le gouvernement français se rendit acquéreur de l'invention de M. Malbec, et chargea l'inventeur d'installer à la manufacture d'armes de Châtellerault, une usine sur le modèle de celle qu'il venait de créer à Vaugirard.

En 1857, M. Desplanques employa le *caoutchouc* comme agglomérant avec vulcanisation de la meule terminée. On mélange le mordant avec le caoutchouc liquide et on soumet le tout à la pression. Les produits obtenus sont plus coûteux que ceux à base de gomme laque, mais les meules sont d'une grande solidité.

En 1865, M. Sorel découvrit le ciment à l'*oxychlorure de magnésium* ; c'est un mélange de magnésie et de chlorure de magnésium, qui a la propriété de durcir très rapidement. L'opération est des plus simples ; on mélange le mordant au ciment d'oxychlorure et on laisse sécher. Les meules que l'on obtient ainsi sont infusibles.

Enfin les Américains ont imaginé un genre de meule, dite *tanite*, qui occupe le premier rang comme dureté ; elle est en émeri aggloméré avec de la *colle forte* et du *tannin*.

Les Américains vendent aussi une meule à laquelle ils donnent le nom de meule en *corindon*, c'est, paraît-il, une meule en émeri sans aucun agglomérant, les grains d'émeri sont soudés par vitrification au four. Ces meules sont très dures, mais elles sont d'un prix excessivement élevé.

Les meules artificielles ont l'avantage de pouvoir fonctionner à une vitesse bien supérieure à celle à laquelle il est prudent de faire tourner les meules naturelles en grès. Ceci a une grande importance, car la vitesse produit le même effet qu'une plus grande dureté.

Les meules en grès ne peuvent travailler sans être mouillées, parce que leur peu de vitesse amène un échauffement rapide du métal.

Les meules artificielles, au contraire peuvent être employées à sec, et elles peuvent être variées de grains suivant le travail que l'on veut obtenir.

Précautions à prendre pour le meulage. — « Les meules de grès et les meules artificielles, dit M. Bocca (1), occasionnent, lorsqu'elles viennent à se rompre, des accidents fort « graves, quelques fois mortels. Nous allons résumer les précautions à prendre et les essais « préalables qu'il convient de faire avant d'utiliser une meule pour se mettre, autant que possible, à l'abri de ces accidents.

(1) *E.-O. Lami.* — Dictionnaire de l'Industrie et des Arts Industriels. — Art. *meulage.*

« La vitesse et les dimensions des meules sont des points importants ; elles sont variables avec « la nature des meules, mais comme celle-ci est assez difficile à connaître et est assez variable, « même dans une carrière déterminée, il est prudent de s'en tenir aux chiffres que la pratique « indique.

« Les *dimensions* des meules en diamètre et en épaisseur dépendent du genre de travail que « l'on veut obtenir. Les meules en grès doivent avoir en général comme épaisseur le *septième* (1) « du diamètre ; pour celles en émeri, il convient de ne pas descendre au-dessous du *seizième* du « diamètre lorsque celui-ci est supérieur à 0m50.

« Les meules en grès ne doivent pas dépasser, à la circonférence, *une vitesse de 16 mètres à la « seconde* (2).

« La mise en mouvement doit se faire progressivement, sans secousse, et la vitesse de régime « doit être régulière ; il y a lieu, à cet égard, de s'entourer de certaines précautions dans les « usines où le moteur peut prendre, dans certains cas, une vitesse exagérée. Une vitesse dispro- « portionnée à la puissance de cohésion de la matière dont est formée la meule, soit naturelle- « ment, soit artificiellement, amène sa rupture sous l'action de la force centrifuge.

« Un point de la plus grande importance est de s'assurer de l'homogénéité de la meule.

« Lorsqu'elle est montée sur son axe, un sondage au marteau par une personne expérimentée, « indique assez exactement, par le son qu'il produit, s'il n'y a pas de solution de continuité. « Cette précaution est aussi nécessaire pour les meules agglomérées dont on a des exemples de « rupture résultant d'un manque d'homogénéité, que pour les meules en grès qui, en outre des « défauts inhérents à leur nature, peuvent encore présenter des solutions de continuité acciden- « telle : par exemple les meules qui ont supporté l'action de la gelée, peuvent présenter des « fissures produites par la congélation de leur eau de carrière. Il est donc très important de s'as- « surer au moment du montage qu'elles n'ont pas été extraites récemment.

« Les précautions que nous venons d'indiquer, doivent atténuer les chances d'accidents. Il « nous reste à examiner les précautions à prendre dans le montage.

« Les meules sont fixées sur leurs axes au moyen de deux plateaux serrés par des écrous ; « pour que ces plateaux donnent un serrage bien régulier, il est nécessaire que leurs faces « internes soient dressées normalement à l'axe ainsi que les faces des meules.

« Les *plateaux* doivent avoir environ la moitié du diamètre des meules ; leur serrage doit être « modéré ; pour avoir une pression régulière, il faut interposer entre les plateaux et la meule « des disques de carton, de cuir ou de bois.

« L'*œillard* doit avoir exactement le diamètre de l'arbre qui doit y entrer sans forcer.

« La meule montée, on doit vérifier son centrage, s'assurer qu'elle tourne bien rond et qu'elle « est en équilibre. Les bâtis doivent être très rigides et exempts de toute vibration.

« Il est prudent avant de mettre la meule en service, de lui faire subir un essai ; on n'est pas « bien fixé, ni même d'accord sur la façon dont cette opération doit être conduite. Dans quelques « ateliers on fait cet essai à une vitesse double de la vitesse normale ; dans d'autres on se con- « tente de faire tourner la meule à sa vitesse normale.

« La vitesse double semble exagérée, elle fait en effet supporter à la meule un effort quadruple « de celui qu'elle doit subir normalement, ce qui risque d'amener la désagrégation. Par contre, « c'est passer d'un extrême à l'autre que de ne faire supporter aucune surcharge.

« Il paraît donc préférable de s'en tenir à une juste moyenne et de faire l'essai avec un excédant « de vitesse de 1/8 ou 1/10, pendant un temps assez long, une heure ou deux par exemple.

« La meule peut alors être définitivement employée si elle a bien bien résisté à cette épreuve. »

---

(1) Il n'y a pas, croyons-nous, de proportion à fixer entre le diamètre et l'épaisseur pour les meules en grès ; ces proportions varient avec la grandeur.

Dans les usines de coutellerie des environs de Châtellerault, on emploie pour aiguiser les couteaux de table, des meules en grès ayant 1m33 de diamètre et 0m13 d'épaisseur (soit 1/10) et pour l'aiguisage des rasoirs, on se sert de meules également en grès ayant 0m25 de diamètre sur 0m05 d'épaisseur (soit 1/5). On comprend facilement que si ces dernières meules n'avaient que 0m035 (soit 1/7) d'épaisseur, elles n'auraient pas assez de consistance.

(2) Ce qui représente 240 tours à la minute pour une meule de 1m33 de diamètre et 1250 tours à la minute pour une meule de 0m25 de diamètre.

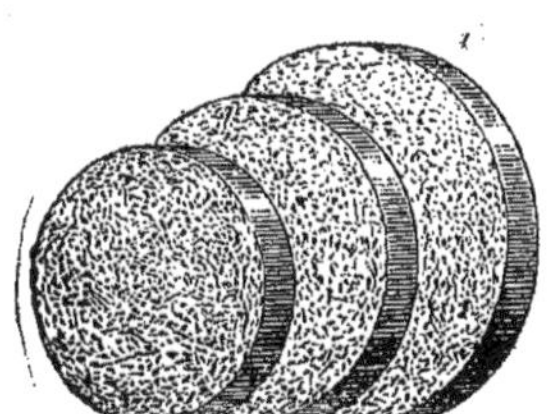

MEULES EN GRÈS

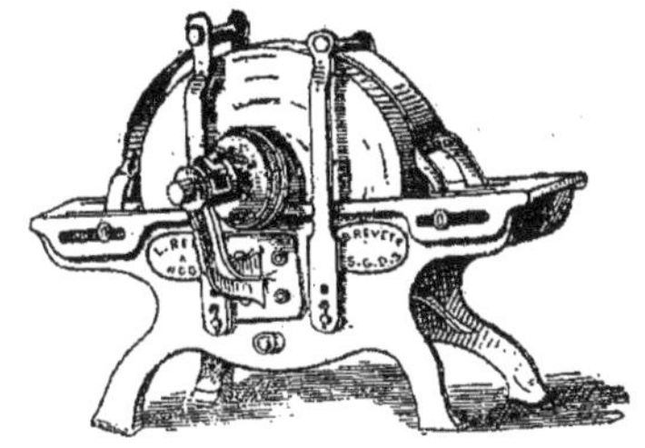

AUGE PARE-MEULE

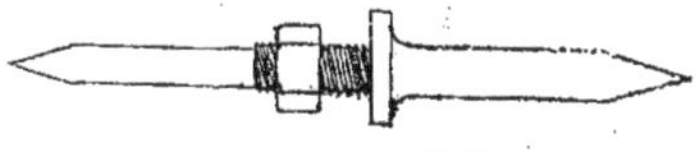

ARBRE A POINTES

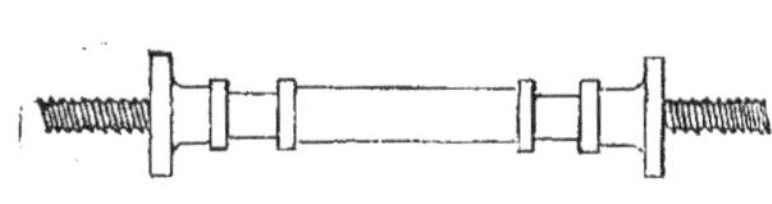

ARBRE A TOURILLONS
pour deux meules en dehors des supports

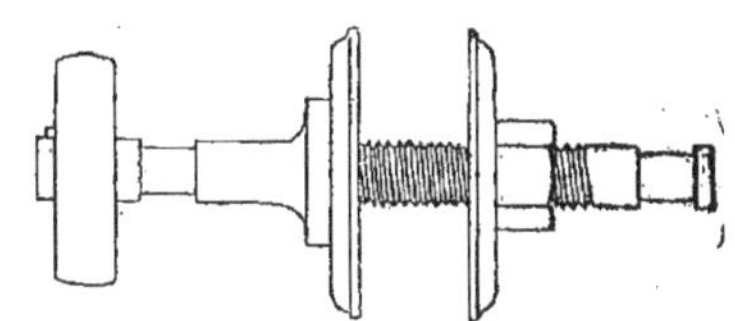

ARBRE A TOURILLONS
pour une seule meule entre les supports

MEULE ARTIFICIELLE

Nous ajouterons à ces recommandations qu'il est très important de tenir les meules parfaitement rondes afin qu'elles soient bien équilibrées et, que certaines parties ne produisent pas ce qu'on appelle *un balourd* ou excès de poids, susceptible de favoriser les effets de la force centrifuge.

Dans les fabriques de coutellerie, on arrive à ce résultat sans avoir besoin de tourner les meules à nouveau lorsqu'elles ont été bien tournées et centrées au moment du montage.

Pour que les grandes meules en grès, que l'on emploie généralement, aient plus de mordant et atteignent mieux toutes les parties de la lame du couteau, qui est plate, on les pique avec une pioche, c'est ce qu'on appelle *battre la meule.* On a soin de marquer préalablement la meule avec une pointe d'acier que l'on appuie sur un point solide pendant qu'elle tourne. La pointe marque plus ou moins profondément le pourtour ou même n'atteint que les parties les plus usées, de sorte qu'en battant la meule on ménage les parties les plus basses et l'on force le piquage sur les parties les plus hautes. Or comme l'ouvrier renouvelle cette opération deux ou trois fois par jour, il entretient sa meule parfaitement ronde.

Moyens préservatifs. — On a essayé en garnissant la meule d'une enveloppe protectrice en fonte ou en fer, de préserver l'ouvrier aiguiseur des terribles accidents qui peuvent résulter de la *rupture* de cette énorme masse.

Malheureusement on ne peut arriver à ce résultat sans gêner l'ouvrier dans son travail, ce qui a rendu inutiles diverses inventions imaginées dans ce but. De plus, pour les grandes meules, cette protection est pour ainsi dire inefficace.

Cependant, pour les meules dont se servent les couteliers en boutique, meules qui sont d'un petit diamètre, nous devons citer l'*auge pare-meule,* de M. Renard fils, de Nogent. Elle est bien comprise et nous paraît offrir une assez grande sécurité.

La tranche de la meule est garnie de plaques de fer qui ne la laissent à découvert que dans la partie qui sert pour le travail. Ces plaques sont reliées solidement au bâti à l'aide de boulons qui peuvent se déplacer au fur et mesure que le diamètre de la meule diminue.

Outre les accidents auxquels l'aiguiseur est exposé par la rupture de la meule, il a à redouter les effets pernicieux de la *poussière de grès,* qui est très nuisible à la santé.

Dans certains ateliers où l'on travaille de grosses pièces, surtout lorsque l'on emploie des meules en grès et qu'il y en a beaucoup dans le même atelier, ou bien lorsque l'on travaille à sec, les ouvriers se trouvent dans une atmosphère complètement remplie de poussière de grès.

Ceci se produit aussi dans les fabriques d'armes blanches, parce que les ouvriers sont obligés de tourner très souvent leurs meules pour faire les gouttières qui sont sur les lames de sabres.

Le docteur Lardner, dans son ouvrage sur *Le Travail des Métaux,* publié en 1835, signale l'invention imaginée par un industriel anglais, M. Elliot, pour obvier à cet inconvénient :

« L'appareil, dit-il, consiste simplement en une grande boîte ou cheminée de bois, placée en « face de la meule et la recouvrant en partie tandis que son autre extrémité passe à travers « une ouverture du mur. On a trouvé que le courant d'air déterminé par la rotation de la meule « était suffisant pour chasser, par ce moyen, la poussière qui s'échappait visiblement par le « tuyau de la cheminée. »

Aujourd'hui l'on a perfectionné ce système et l'on active le tirage en amenant autour de la meule le courant d'air d'un ventilateur.

Cette précaution est à peu près inutile dans les ateliers où l'on travaille de petites pièces comme les lames de couteaux et de rasoirs, car les meules n'ont besoin d'être tournées que lorsqu'elles viennent d'être montées, ce qui permet aux ouvriers de se boucher la bouche pour ne pas respirer la poussière. De plus, comme elles sont constamment imprégnées d'eau, elles ne laissent point échapper la poussière qui tombe dans l'auge placée sous la meule.

Manière de se servir des meules. — On utilise les meules de différentes façons suivant le genre de travail qu'on leur demande.

Le plus souvent, c'est la tranche de la meule dont on se sert, mais on emploie aussi les côtés pour le dressage des surfaces plates.

Dans ce dernier cas, les meules sont fixées sur un plateau en fonte, fixé lui-même au bout de l'arbre qui lui donne le mouvement. Lorsque la meule est disposée de cette façon, on lui donne le nom de *lapidaire*, et elle se présente tantôt horizontalement, tantôt verticalement.

Nous ne nous arrêterons point à ce genre de meules, qui n'est point utilisé en coutellerie ; nous nous bornerons à examiner les différentes manières dont les couteliers opèrent pour aiguiser les divers objets qui sortent de leurs mains.

Dans la seconde partie de notre travail (1), nous avons montré comment les couteliers se plaçaient pour travailler sur leurs meules ; puis nous avons indiqué (2) comment les ouvriers de *Saint-Etienne*, au XVIIIe siècle, pratiquaient l'aiguisage *couchés* sur une planche placée au-dessus de la meule.

Les aiguiseurs de *Thiers* et des environs emploient encore ce système de nos jours, et ils maintiennent leurs lames à l'aide d'une sorte de *pince en bois*, dont l'un des côtés est beaucoup plus long que l'autre et reçoit la lame qui s'y applique parfaitement. De cette façon ils appuient *des deux mains* et avec beaucoup plus de force. La meule tourne d'avant en arrière.

A *Nogent* et dans la Haute-Marne, la plupart des ouvriers travaillent *assis* devant

(1) 2e Partie. — Chapitre IX, page 176.
(2) 2e Partie. — Chapitre X, page 209.

la meule, qui tourne d'arrière en avant ; ils appuient avec *leurs mains* sur la meule, la pièce à aiguiser qu'ils examinent à chaque instant pour se rendre compte du degré d'avancement du travail. Presque toutes les pièces de coutellerie sont présentées en travers de la meule.

Aux environs de *Châtellerault,* les aiguiseurs travaillent *debout* devant leurs meules, qui tournent d'avant en arrière. Pour l'aiguisage, on opère comme à Nogent en tenant les lames avec les mains; c'est d'ailleurs la meilleure manière de travailler, mais pour le blanchissage avant la trempe, comme il n'y a qu'un fort coup de meule à donner, on se sert d'un *outil* du genre de la pince en bois des ouvriers thiernois afin d'avoir plus de force pour bien planer la lame qu'ils présentent par le travers.

Pour faire les gouttières qui se trouvent sur les lames de sabre, de même que pour blanchir les tranchets, l'ouvrier se tient *debout sur le côté* de la meule et tenant la lame à chaque extrémité l'applique sur la carmelure qu'il a préalablement pratiquée sur l'épaisseur de la meule.

Enfin pour aiguiser les couperets et les gros couteaux de cuisine, l'aiguiseur est *assis* devant la meule qui tourne d'arrière en avant, et maintient contre la meule avec *les genoux* une planchette sur laquelle sont fixées les pièces à mettre en tranchant.

Les ouvriers qui aiguisent la *coutellerie de table,* les *couteaux de cuisine* et de *boucherie* et les *ciseaux de tailleurs,* emploient des meules d'un grand diamètre pour avoir à la circonférence de la meule une partie aussi plate que possible.

Ce sont principaement des meules des Vosges et de la Haute-Saône ; les plus grandes ont 1m33 de diamètre ; on les réduit par l'usage à 0m66 environ, après quoi étant devenues d'un trop petit diamètre, elles sont vendues aux maréchaux et aux fermiers pour l'aiguisage de divers outils.

Au contraire, pour les *rasoirs* et les *instruments de chirurgie,* on se sert de meules d'un très petit diamètre parce que l'on a besoin d'*évider* le rasoir, et il faut que la circonférence de la meule ait exactement le même rayon que l'*évidement* ou *concavité* de la lame du rasoir.

Les meules qui servent à l'*évidage* des rasoirs ont 25 centimètres de diamètre, et l'on s'en sert pour les rasoirs très évidés jusqu'à ce qu'elles soient réduites à 6 centimètres de diamètre.

On n'emploie à cet usage que les meules en grès de la Haute-Marne.

Voici la vitesse qu'il faut donner aux meules en grès pour obtenir un bon travail sans crainte d'accidents :

Diamètres des meules	Nombre de tours à la minute
130 centimètres.	240 tours
120 —	300 —
110 —	360 —
100 —	400 —
90 —	450 —

Diamètres des meules	Nombre de tours à la minute
80 centimètres.	500 tours
70 —	600 —
60 —	700 —
50 —	900 —
40 —	1 000 —
30 —	1 200 —
25 —	1 400 —
20 —	1 800 —
10 —	2 500 —

Différents systèmes de montage des meules. — Les arbres employés au montage des meules comportent deux parties essentielles :

1° L'*embase*, qui est destinée à maintenir un côté de la meule et doit être proportionnée comme grandeur, et comme force, au diamètre de cette dernière;

2° La *partie filetée*, qui doit recevoir un écrou pour serrer la meule contre l'embase.

Il y a plusieurs genres d'arbres : les *arbres à pointes* et les *arbres à tourillons*.

Les *arbres à pointes* servent au montage des petites meules ; c'est le système le plus simple et le plus économique. Les pointes sont en acier pour leur donner plus de résistance à l'usure ; elles pénètrent dans un morceau de bois fixé dans la tête de chacune des deux poupées qui servent de support à la meule.

Les *arbres à tourillons*. — Ces arbres reposent sur deux supports à coussinets ; on peut les disposer de deux manières pour recevoir les meules :

1° Les *meules sont en dehors des supports* ; on emploie ce système pour les meules de moyenne grandeur. Entre les coussinets se trouvent deux poulies, l'une fixe, l'autre folle ; les deux bouts de l'arbre sont filetés et portent une embase, de cette façon l'on peut monter une meule à chacune des extrémités de l'arbre en dehors des supports ;

2° Les *meules sont entre les supports* ; c'est cette disposition qui offre le plus de solidité et que l'on adopte de préférence pour les grosses meules.

LES POLISSOIRES EN BOIS

L'art de *polir*, comme nous l'avons vu dans l'article précédent, a pris naissance à l'époque de la pierre polie, c'est sa première manifestation.

On a trouvé en divers endroits, notamment à Preuilly, dans l'Indre-et-Loire, à côté des instruments de pierre, les blocs que l'on utilisait pour le polissage, et que pour cela on a appelé *polissoirs*.

« La forme de ces pierres, dit M. N. Joly (1), est ordinairement celle d'un polyèdre oblong,

(1) *N. Joly.* — L'homme avant les métaux.

« rétréci vers le milieu, renflé à ses extrémités. L'une de leurs faces, tantôt concave, tantôt « convexe, tantôt plane, est le plus souvent sillonnée d'encoches qui indiquent l'usure produite « par le frottement répété d'un instrument de plus petite dimension (gouge, hache, ciseau, etc.). « Les plus gros polissoirs, ceux dont le poids considérable empêchait ou gênait le transport, « sont restés à la place qu'ils occupaient jadis. Telle est la *pierre cochée* de Chauvigny (Loir-et-« Cher, encore marquée aujourd'hui de 25 entailles ou coches indiquant clairement l'usage « auquel elle a servi. Tel est encore le polissoir trouvé à Cérilly (Yonne) qui offre à sa surface « onze entailles aussi distinctes que celles de la pierre cochée. »

On effectuait probablement le polissage des silex avec du sable fin humecté d'eau que l'on interposait entre les polissoirs et la pierre que l'on voulait polir. Des frottements répétés par un mouvement de va-et-vient donnaient aux divers instruments le fil et le poli convenable, et finissaient à la longue par creuser des rainures dans la pierre qui servait de polissoir.

Cet usage de frotter les pierres sur une autre pour les polir, a été ensuite appliqué aux métaux, et l'art de polir a été longtemps sans se perfectionner.

Lorsque la lime a été connue, on l'a employée pour adoucir la surface des métaux.

Les Romains connaissaient le *grattoir (radula)*, pour enlever les traits de lime, et l'*émeri (naxium)* (1), qu'ils employaient pour polir les métaux.

Polissoires en bois. — Les *polissoires* employées par les couteliers pour polir les lames de couteaux, les branches de ciseaux, les rasoirs, etc., ne doivent pas remonter au-delà du XIe ou du XIIe siècle.

La première mention que nous en connaissions se trouve dans les statuts des couteliers de Paris, du mois de septembre 1565, où il est dit : *Aucun remouleur ne peut se servir de polissoir à l'émeril ou autrement.*

Les moyens de mettre ces outils en mouvement sont les mêmes que ceux qui ont été employés pour les meules, c'est-à-dire la grande roue tournée à bras ou le tambour mû par les chiens, enfin les moteurs à vapeur, à eau ou à gaz, aujourd'hui en usage.

Le polissage des métaux consiste à frotter la surface d'un corps avec un autre corps très dur, réduit en poudre très fine, pour enlever les traits laissés par la lime ou par la meule.

Pour polir les divers objets en acier qu'ils fabriquent, les couteliers se servent d'un outil spécial qu'ils appellent *polissoire*.

Les *polissoires* sont des disques de bois fixés solidement sur un arbre en fer qui passe par leur axe et qui supporte également une poulie en bois destinée à leur donner le mouvement.

On ne se sert pour ainsi dire, pour monter les polissoires, que d'arbres à pointes du genre de ceux que nous avons décrits à propos des meules.

(1) C'est sans doute de ce nom qu'est venu celui de Naxos donné à l'île qui possède les plus belles mines d'émeri.

On distingue deux sortes de polissoires en bois :

1° Les polissoires en *bois de noyer* ;

2° Les polissoires en *bois blanc*, dont la circonférence est garnie de cuir ou de peau de buffle.

Polissoires en noyer. — Lorsque la polissoire en noyer est montée sur son arbre on la tourne avec soin, puis pour s'en servir, on met sur la tranche une couche d'émeri délayé avec de l'huile que l'on renouvelle de temps en temps.

Ces polissoires servent de préférence pour le polissage des rasoirs parce que le tranchant de ces objets étant très mince, et la polissoire ayant exactement le même rayon que la courbure de la lame du rasoir, la surface de cette dernière se polit sans qu'on ait besoin d'exercer aucun effort sur le tranchant qui n'est pas déformé.

L'ouvrier est assis devant sa polissoire qui tourne d'avant en arrière.

Le diamètre des polissoires pour les rasoirs varie de 4 cent. 1/2 à 23 centimètres et de 2 centimètres à 2 cent. 1/2 d'épaisseur.

Les plus petites, celles de 4 cent. 1/2 de diamètre qui servent pour les rasoirs très évidés, font 3,000 tours à la minute ; les moyennes font 2,300 tours et les plus grandes 1,800 tours.

Polissoires en bois blanc. — Voici comment on opère pour les polissoires :

Après les avoir montées et tournées, on applique sur la tranche, une bande de peau de buffle que l'on colle solidement avec de la colle forte, puis on laisse sécher.

On tourne de nouveau légèrement pour que la polissoire soit bien ronde. Alors on enduit la peau de buffle d'une couche d'émeri délayé dans de la colle forte ; on laisse sécher et la polissoire est prête à servir.

Ces polissoires sont principalement employées pour le polissage des lames de couteaux de table ; il en faut pour cela de plusieurs formes.

Polissage des lames de couteaux de table. — On commence par polir la *bascule* ou *embase* de la lame, qui forme à la rencontre de la lame proprement dite une partie courbée à angle droit. La polissoire dont on se sert à cet effet présente *un angle très arrondi* à sa circonférence qui est garnie d'une bande de peau de buffle.

On polit ensuite le *dos* de la lame en long avec une polissoire dont la circonférence est *un peu large* pour permettre de ne pas toujours présenter la lame au même endroit, ce qui couperait rapidement la bande de peau de buffle qui garnit la polissoire.

Avec la même polissoire on polit également le *tour de la bascule.*

Les polissoires dont nous venons de parler sont enduites d'un mélange de colle et d'*émeri gros* (1).

(1) Nous verrons plus loin en parlant de l'émeri, ce qu'il faut entendre par *émeri fin* et *émeri gros*.

On répète la même opération avec une série de polissoires enduites d'un mélange de cire et d'*émeri fin*.

Le dessous de la bascule ne subit qu'une seule opération avec une polissoire enduite d'un mélange de colle et d'*émeri gros* sur un de ses côtés contre lequel l'ouvrier présente cette partie de la lame.

Ces diverses polissoires ont 0m45 de diamètre et font environ 1,600 tours à la minute; l'ouvrier est assis devant sa polissoire qui tourne d'avant en arrière.

Pour polir la *partie plate de la lame* du couteau de table, on se sert de polissoires ayant environ 0m60 de diamètre et 0m03 d'épaisseur.

L'ouvrier, tenant la lame de la main droite à l'aide d'un manche en bois où elle entre en forçant, la présente en travers sur la polissoire et parallèlement à son axe ; il commence auprès de la bascule pour finir à la pointe ; puis il la tourne sans dessus dessus pour polir la face opposée.

Dans cette manœuvre, il n'a guère poli plus de la moitié de la largeur de la lame de chaque côté ; alors il recommence en tenant la lame de la main gauche, puis il termine en donnant un coup de chaque côté par le milieu pour rassembler les traits du polissage.

Pendant ce travail, de la main qui n'est pas occupée à tenir le manche, l'ouvrier tient l'extrémité de la lame et, pour éviter de se brûler les doigts au contact de la chaleur développée par le frottement de la polissoire sur la lame, il interpose entre cette dernière et sa main un morceau de peau de buffle que l'on appelle *curé*.

L'ouvrier a soin d'arroser de temps en temps sa polissoire avec un mélange d'huile et d'émeri.

Le polissage de la lame exige trois opérations.

Pour la *première opération*, on se sert d'une polissoire enduite d'un mélange de colle et d'*émeri gros*.

Pour la *seconde opération*, la polissoire est enduite d'un mélange de colle et d'*émeri fin*.

Ces deux opérations ont pour but de préparer la lame à recevoir le poli définitif ou *lustre* donné par la *troisième opération*.

La polissoire dont on se sert pour cette dernière phase du polissage, diffère des précédentes, les ouvriers l'appellent *lustrade*.

La tranche est creusée d'une rainure en queue d'aronde, et l'on y insère, en les collant avec de la colle forte, des morceaux de peau de buffle découpés à l'emporte-pièce de manière qu'ils aient exactement la forme de la section de cette rainure.

On arrive aussi à former une polissoire garnie d'une série de morceaux de peau de buffle qui, se présentant en bout, donnent une très grande épaisseur et une grande souplesse à la couronne de peau de buffle qui enveloppe la polissoire, car les morceaux de peau de buffle qui se touchent dans le fond de la rainure laissent entre eux, à la circonférence extérieure, un écartement obligé par sa plus grande dimension.

De cette façon, la surface de la couronne de peau de buffle cédant un peu sous la pression exercée par la main de l'ouvrier, offre une partie presque plate à l'endroit où s'appuie la lame, et l'ouvrier peut la polir d'un seul coup dans toute sa largeur.

Cette polissoire est enduite d'un mélange de cire fondu avec de l'*éméri fin.*

Pour ces diverses préparations, l'ouvrier est à cheval sur un chevalet qui couvre en partie la polissoire et le préserve de l'huile et de l'émeri qu'elle projette car elle tourne d'arrière en avant en venant sur lui.

La vitesse de rotation de ces polissoires est d'environ 2,200 tours à la minute, soit une vitesse de près de 70 mètres à la seconde.

Il est utile d'observer qu'il faut du bois très sec pour la confection des polissoires de manière qu'elles prennent bien la colle et ne se déforment pas.

Nous avons pris comme exemple le polissage de la lame du couteau de table ; on polit de la même façon les branches des ciseaux, ainsi que les lames de couteaux fermants, de couteaux de cuisine, de canifs, d'instruments de chirurgie, etc. Il suffit d'approprier les polissoires à l'usage que l'on veut en faire.

Polissage au rouge ou au noir. — Le polissage à l'émeri donne un poli blanchâtre composé de traits très fins et très rapprochés.

Lorsque l'on veut donner aux objets d'acier un plus beau poli on emploie la *potée d'étain* ou le *rouge à polir l'acier.*

Il faut d'abord que les objets soient parfaitement polis à l'émeri.

La polissoire dont on se sert ressemble à celles que nous avons décrites pour le polissage à l'émeri, mais la bande de peau de buffle doit être très épaisse et très souple.

Lorsque la peau de buffle est collée et tournée, on en adoucit la surface avec une pierre ponce très fine pendant que la polissoire tourne puis on l'enduit de potée d'étain ou de rouge délayé dans l'eau et on laisse sécher.

Puisque nous avons déjà pris pour exemple la lame du couteau de table, nous allons continuer.

On pose d'abord légèrement la lame en travers sur la polissoire, parallèlement à son axe pour polir la partie qui est auprès de la bascule, puis on la présente en long, c'est-à-dire perpendiculairement à l'axe de la polissoire pour polir le reste de la lame. On la polit en la promenant bien d'aplomb sur la polissoire et l'on renou-

OUVRIER POLISSANT LE DOS D'UNE LAME

OUVRIER POLISSANT LE PLAT D'UNE LAME

velle souvent la potée ou le rouge délayés dans l'eau pour empêcher l'acier de s'échauffer.

Le poli que l'on obtient ainsi est exempt de traits, il ressemble tout à fait au poli des glaces, il est d'un beau noir avec une teinte rouge; c'est ce qu'on appelle le *poli rouge* ou le *poli noir*.

LES POLISSOIRES D'ÉTAIN

Les *polissoires d'étain* servent à faire sur l'acier des entailles qui se trouvent en même temps polies.

Ce sont des disques de 25 centimètres de diamètre et d'épaisseurs différentes, avec lesquels on détache sur les lames de rasoirs l'*entablure* et les *stries* qui en ornent assez souvent le talon. On dit alors que les rasoirs sont *taillés à l'étain*.

Ces polissoires sont formées d'un mélange de plomb et d'étain, on les monte sur un arbre à pointes semblable à celui des autres polissoires ; elles tournent d'arrière en avant.

Les poupées qui les supportent sont placées sur un établi et l'ouvrier qui est assis s'appuie sur l'établi pour présenter la pièce en dessous, sur l'angle de la polissoire que l'on enduit d'émeri déloyé dans l'huile.

LA PEAU DE BUFFLE

On donne le nom de *buffle* à un gros cuir chamoisé très employé autrefois dans l'équipement français, et dont l'usage est encore très répandu à l'étranger.

Ce cuir, dit M. E.-O. Lami (1), n'est pas fait aujourd'hui comme il l'a été au début de sa fabrication, avec la peau du buffle qui nous venait de la Côte Occidentale de l'Afrique ; aujourd'hui le buffle est entièrement fabriqué avec de grosses peaux provenant de Buénos-Ayres et de Montevideo, bœufs et vaches élevés librement dans les Pampas de l'Amérique du Sud.

Nous allons donner, d'après le Dictionnaire de M. E.-O. Lami, une idée de la façon dont on opère le chamoisage du buffle :

Fabrication du buffle. — « Le *reverdissage* des peaux toujours sèches s'opère par une « trempe qui varie suivant la température, de quinze à vingt jours, cette opération se nomme « *plamage*.

« Les peaux sont mises en pile dans une espèce d'auge et une première huile se donne géné-

(1) *E.-O. Lami.* — Dictionnaire de l'Industrie et des Arts Industriels.

« lement avec l'huile de morue très pure, puis après on ne se sert plus que d'huile de baleine « également très pure. L'huile se donne par *foulée*, c'est-à-dire qu'on étend les peaux sur une « table, que l'on jette de l'huile dessus avec la main et qu'on l'étale sur la peau, puis on passe « la peau sous les maillets de foulons qui opèrent le foulage en frappant verticalement.

« Il faut au moins cinq à six huiles et autant de foulages qui ne durent pas moins de cinq à « six heures chacun. Chaque foulage demande deux vents et le tout s'opère dans l'espace de trois « semaines.

« Pour donner du *vent* à la peau, on étend les peaux sur des cordes et bien exposées à l'air « afin qu'à son action l'eau qui a pu rester dans les peaux s'évapore et laisse l'huile prendre « peu à peu la place qu'occupait l'eau disparue. Il est nécessaire de suivre attentivement l'action « de l'air sur ces peaux que l'on remue et change de côté suivant que l'action de l'air agit.

« On doit ensuite *dégraisser* les peaux, c'est-à-dire en extraire le *dégras* (1) qu'elles contiennent.

« Dans les fabriques outillées mécaniquement, on a une grande cuve en fonte que l'on emplit « à moitié d'eau chauffée environ à 45 degrés. On remplit le tout de peaux étalées l'une sur « l'autre et à l'aide d'une presse hydraulique, on fait sortir comme d'un pressoir le premier « dégras appelé *moellon* ; le peu d'eau qui reste dans ce moellon s'en sépare au repos.

« On prépare ensuite une lessive à la potasse ou à la soude ; on laisse les peaux quelques « heures dans cette lessive maintenue à 45 degrés environ ; puis, après un foulage à la main « d'environ deux heures, on sort les peaux des cuves et on les soumet de nouveau à la pression « de la presse hydraulique.

« Lorsque les peaux ont donné tout le dégras qu'elles contiennent et qu'on a enlevé les chairs « à l'aide d'un instrument qu'on nomme *estrek* et que l'on a passé le fer avec vigueur sur les « peaux, on les cadre sur des châssis afin de faire disparaître les plis et de sécher entièrement « les cuirs.

« Un travail très délicat est le *remaillage*, car ces peaux doivent être effleurées avec un soin « tout particulier. Il faut en effet enlever la *fleur* de façon à laisser les veines à découvert et « donner à la peau un velouté qui constitue la beauté de ce cuir, lequel obtient sa blancheur « naturelle comme la toile par l'action de l'air et du soleil. »

Usages. — La peau de buffle est employée par un grand nombre d'industries ; on en fait des frottoirs pour les filatures de laine et de soie.

On utilise la tête de la peau de buffle pour le polissage des métaux, de la corne et diverses autres matières. Avec les débris de peau de buffle, on garnit les *planches* dont on se sert pour le nettoyage des couteaux en les saupoudrant de brique réduite en poudre très fine.

LA COLLE FORTE

La *colle forte* est une colle de matières animales.

Lorsque l'on soumet les os et les tissus des animaux, tels que peaux, cartilages, etc. à l'action de l'eau bouillante, on en extrait une série de substances diverses parmi lesquelles on distingue principalement la gélatine, qui jouissent de la propriété de prendre en une gelée par le refroidissement.

Les débris divers que l'on emploie pour faire la colle forte, sont soumis à une

(1) Le *dégras* est une émulsion ou une saponification des huiles de poisson par la potasse ou la soude et elle trouve un emploi très étendu dans les opérations du corroyage.

préparation préliminaire pour en faciliter la conservation et le transport.

Cette préparation préliminaire consiste à les passer à la chaux dans des fosses, puis à les faire sécher à l'air.

Il y a plusieurs variétés de colles dans le commerce ; nous ne nous occuperons que de celle que l'on prépare avec les débris de peaux d'animaux, parce qu'on l'emploie en coutellerie pour le collage de la peau de buffle sur les polissoires en bois.

Fabrication de la colle forte. — « Les matières livrées aux fabriques de colle forte, « dit M. Romain (1), sont généralement soumises à un second traitement par la chaux, afin de « favoriser la dissolution de la gélatine, l'extraction des matières grasses, de faire gonfler les « matières pour les débarrasser plus complètement ensuite par des lavages des matières solubles « et de l'excès de chaux qu'elles renferment.

« La fabrication de la colle comprend les opérations suivantes : *cuisson de la solution gélati- « tineuse, clarification des colles, moulage, dessication et mise en plaques, lustrage de la colle.*

« La *cuisson* de la solution gélatineuse s'opère dans une chaudière à fond bombé et à double « fond, remplie de matières. Cette chaudière est placée au-dessus d'un foyer et alimentée d'eau « par une autre chaudière placée un peu au-dessus, chauffée par les gaz perdus du même foyer.

« Un robinet, placé entre les fonds de la première chaudière, sert à faire écouler la solution « gélatineuse dans une troisième chaudière où on en fait la concentration. Il faut conduire le « feu pour opérer rapidement sans cependant altérer la solution gélatineuse.

« On suit deux méthodes dans ce traitement.

« Dans la première, qui donne les produits les plus tenaces et de meilleure qualité, on sous- « trait par dex soutirages successifs la gélatine dissoute à l'action de la chaleur.

« Une même cuvée donne lieu à trois productions de solution. Les deux premières se clarifient « d'elles-mêmes et fournissent les bonnes *colles de Flandre* ; la troisième, beaucoup moins « riche, doit être concentrée et clarifiée à l'alun, elle donne une colle de moins bonne qualité. « On ajoute, à la troisième cuite, les liquides obtenus en pressant les matières retirées de la « chaudière, Les colles de deux premières cuites ne diffèrent guère que par la coloration plus « foncée pour la deuxième.

« Dans la seconde méthode, on poursuit la cuite jusqu'à l'épuisement complet des matières. « La colle ainsi obtenue, dite *de Givet*, est très colorée et inférieure à la précédente, il faut la « clarifier.

« Lorsque la colle est soutirée dans la troisième chaudière, on en prend un peu entre deux « lames de verre et on examine si, au bout d'un certain temps de repos, elle s'est clarifiée natu- « rellement, si non il faut procéder à cette opération.

« L'agent de *clarification* dépend de la nature de la colle. Si celle-ci est alcaline, il faut « employer un sel acide, l'*alun* ; si elle est neutre, l'*albumine*. L'alun est employé à la dose d'en- « viron 50 grammes par hectolitre de colle, ajouté à la dissolution bouillante La clarification par « l'albumine est plus difficile parce qu'elle exige plus de fluidité dans la colle. Les cuves où « s'opère la clarification sont généralement en bois ; chauffées extérieurement à l'eau chaude et « sur les parois verticales seulement.

« Le *moulage* des colles se fait dans des moules en bois de sapin bien joints, un peu en « dépouille, les parois sont lisses ou striées. Ils doivent être toujours tenus dans un état de « propreté irréprochable afin d'éviter toutes les causes de fermentation. L'atelier de moulage, « appelé *rafraîchissoir*, doit être distinct de celui de la cuisson afin d'y maintenir toujours une « température fraîche. Le remplissage des moules se fait avec un entonnoir de forme appropriée, « pourvu au fond d'un tamis en crin pour retenir les particules solides qui peuvent rester en « suspension dans la colle.

« La prise dans les moules demande environ de douze à dix-huit heures. Les pains de colle,

(1) *E.-O. Lami.* — Dictionnaire de l'Industrie et des Arts Industriels.

« suffisamment raffermis, sont portés au *séchoir*, analogue aux séchoirs à linge des blanchisseuses.

« Le *découpage* des pains se fait avec une petite scie à lame de cuivre ; pour le faciliter, on « place le pain dans une sorte de boîte incomplète dont les parois verticales portent des rainures « qui servent de guide à la scie pour régler l'épaisseur des feuilles.

« Les feuilles minces sont mises à *sécher* sur des filets tendus sur des chassis, c'est de là que « vient cette apparence de stries que présentent les tablettes qu'il faut retourner plusieurs sur le « chassis.

« La *dessication* s'obtient dans des séchoirs à parois pleines; la ventilation se produit à l'aide « d'ouvertures pratiquées dans le plancher et le toit ; ces ouvertures sont munies de tirettes qui « permettent de régler la ventilation suivant l'état de l'atmosphère ; enfin un chauffage à la « vapeur ou à circulation d'eau chaude, permet d'opérer en toute saison.

« La colle au sortir de l'étuve a un aspect terne et se recouvre au séchoir, d'une poussière « blanche. Avant de la livrer au commerce, on lui donne un *lustre* avec une brosse en la trem- « pant dans l'eau tiède puis la repassant 24 heures au séchoir. »

Emploi de la colle. — Pour employer la colle, on la met en contact avec l'eau pendant quelques heures et on la chauffe au bain-marie. Lorsqu'elle est devenue bien liquide, il faut s'en servir pendant qu'elle est bouillante.

LA CIRE

La cire que l'on emploie en coutellerie est celle que donne l'*abeille domestique (apis mellifica)*, insecte de la famille des mellifères, ordre des hyménoptères.

La cire est la substance qui compose les alvéoles ou rayons dans lesquels l'insecte dépose ses œufs et le miel qui servira à la nourriture de la jeune larve.

Formation. — « Bien des plantes offrant sur diverses parties de leur organisme, des ma- « tières cireuses, dit M. J. Clouet, on a cru pendant longtemps que l'abeille récoltait ce produit « tout formé pour en construire sa demeure. D'après les travaux de Hunter, de Huber et surtout « ceux de Gundlach (1842) et de Milne-Edwards et Dumas (1843), on sait aujourd'hui que la « cire résulte d'une transformation faite par la digestion, dans le corps de l'insecte, aux dépens « des matières sucrées. Elle suinte en minces lamelles, entre les demi-anneaux de l'abdomen des « abeilles ouvrières et est secrétée dans de petites glandes spéciales situées sous le ventre.

« L'ouvrière dont les lames de matière à cire sont bonnes à être employées, d'après le récit de « M. Huber, fend la presse de ses camarades et les force à se retirer ; et se suspend par les « pattes antérieures au centre de l'endroit qu'elle a déblayé. Alors elle malaxe cette cire avec ses « mandibules et ses pattes, puis la dépose contre la voûte de la rûche ; enfin elle se retire lors- « qu'elle a fini son travail et une autre lui succède

« Comme les abeilles déposent leur cire au même endroit, il ne tarde pas à s'y former une « masse irrégulière qui sert à creuser les cellules. Chaque cellule est sculptée dans le bloc pri- « mitif par les ouvrières ; pendant ce temps, d'autres apportent de nouvelle cire et elles ont « formé rapidement ce qu'on appelle un *gâteau*.

« Les gâteaux, dit M. Léon Fairmaire (1), se composent d'un grand nombre de cellules ayant « la forme d'un prisme à six pans, terminé par un fond pyramidal résultant de la réunion de « trois losanges égaux également inclinés qui coupent les faces du prisme obliquement à leurs « arêtes.

---

(1) *Privat-Deschanel et Focillon.* — Dictionnaire Général des Sciences Théoriques et Appliquées. — Art. *Abeille.*

« Les gâteaux étant formés par une double couche de cellules adossées, il en résulte que le « fond des cellules de l'une des couches, constitue en même temps le fond de celles de la couche « adossée ; mais ces cellules ne sont pas vis-à-vis l'une de l'autre ; chacune d'elles est par son « fond contiguë à trois cellules de la couche opposée. L'adossement des cellules par des pointe- « ments à trois faces, est la meilleure disposition géométrique pour ménager le temps, la cire « employée et la place disponible. »

Extraction. — Pour extraire la cire, après avoir transporté l'essaim dans une autre ruche vide, on laisse d'abord écouler spontanément le miel des rayons, puis on soumet ceux-ci à la presse afin d'en extraire tout le miel.

On jette alors le gâteau de cire dans des vases en cuivre contenant de l'eau bouillante ; on agite bien, puis on laisse refroidir.

La cire, en raison de sa légèreté spécifique, vient à la surface où elle se refroidit ; on enlève la couche solide pour lui faire subir une seconde fusion et la couler dans des vases où elle prend la forme de pains circulaires aplatis et à bords obliques. On obtient ainsi la cire brute ou *cire jaune*.

Blanchiment. — « Suivant l'usage auquel on la destine, dit M. J Clouet (1), on emploie la « cire *brute* ou *blanchie*. Pour décolorer la cire, on la divise d'abord en petits fragments, puis on « la fond dans des chaudières en cuivre étamé. On met environ 50 kilogrammes de cire à la « fois, et on ajoute en même temps 5 à 6 litres d'eau et quand la masse est en fusion, on agite « bien avec une spatule de bois, puis on y mélange 25 grammes de crême de tartre par 100 kilo- « grammes de cire.

« Après quelque temps de brassage, on laisse reposer en ayant soin de maintenir une certaine « chaleur, alors au moyen de robinets inférieurs, après le départ de l'eau, on fait écouler la cire « liquide dans des cuves en bois contenant de l'eau jusqu'au tiers environ de leur capacité. On « l'abandonne quelque temps au repos, puis on la fait tomber dans un petit réservoir métallique « dont le fond est criblé de trous disposés en lignes régulières.

« La cire, en traversant ce vase, se divise et tombe sur un cylindre de bois à moitié plongé « dans l'eau froide d'un vaste réservoir et animé par l'aide d'une manivelle à bras d'un mouve- « ment régulier de rotation. La matière déjà pâteuse et divisée, se durcit alors et reste dans « l'eau sous forme de rubans étroits. Cette opération dite *grélage*, rend la cire propre au blan- « chiment en lui faisant présenter une large surface.

« Les rubans de cire sont ensuite placés sur de grands chassis en toile que l'on pose en plein « air à 0m65 du sol, de façon à ce que le produit puisse être alternativement exposé aux rayons « solaires et à la rosée des nuits. Après huit à dix jours d'exposition, en ayant soin de remuer de « temps à autre les rubans, les bonnes cires sont déjà notablement blanchies.

« On recueille la cire, on la met en sac et on la garde en magasin pendant quarante jours « environ. La masse se tasse, se durcit et elle est prête à subir une nouvelle fusion et un nou- « veau grélage. Il faut renouveler ces opérations jusqu'à ce que l'on obtienne un blanc conve- « nable ; par les temps humides, cette décoloration est souvent difficile à obtenir. »

Propriétés de la cire. — La *cire brute* est un corps solide, de coloration jaune plus ou moins foncée et uniforme, d'odeur aromatique comme celle du miel, de saveur faible et douce, sa consistance est sèche, tenace ; elle se brise assez facilement, et sa cassure offre une surface grenue. Sous l'influence de la chaleur elle se ramollit à 35°, fond vers 64° à 65° et se solidifie entre 62° et 63°. Sa densité est

(1) *E.-O. Lami.* -- Dictionnaire de l'Industrie et des Arts Industriels.

de 0,975 ; elle est inflammable et brûle sans résidu. Elle est insoluble dans l'eau, soluble dans les huiles fixes, les graisses, l'essence de térébenthine, la benzine, le sulfure de carbone, partiellement dans l'alcool et l'éther bouillants.

La *cire blanchie* ou *cire vierge*, est diaphane, dure, cassante, sans saveur et presque inodore. Sa densité est de 0,966 ; elle se ramollit à 30° et fond entre 69° et 70°. Elle brûle avec une flamme blanche très éclairante et est livrée sous la forme de petites rondelles de un décimètre de diamètre et du poids de 30 à 60 grammes dans lesquelles on fait entrer un peu de suif pour la rendre plus malléable.

Les principales variétés de cire sont :

En Europe : les cires de *France* (cires de Bretagne, de Normandie, des Landes, du Gatinais et de Bourgogne), les cires d'*Italie*, de *Russie* et de *Hambourg* ;

En Afrique : celles d'*Abyssinie* et du *Sénégal* ;

En Amérique : celles des *Antilles* et des *États-Unis* ;

En Asie : celles de l'*Archipel Asiatique*, de la *Chine*, de l'*Inde* et du *Levant*.

Le prix de la cire n'a pas beaucoup varié depuis longtemps ; le *Dictionnaire du Commerce et des Marchandises*, publié en 1836, donne comme prix de la cire jaune, 1 fr. 60 à 2 fr. 30 le demi kilogramme, et 3 fr. pour le demi-klogr. de cire vierge, c'est à peu près le prix qu'elle vaut aujourd'hui.

Emploi de la cire. — La cire sert principalement à la fabrication des bouiges ; on l'emploie aussi au moulage d'objets délicats ; enfin en médecine on s'en sert pour faire des onguents, des cérats, des pommades.

En coutellerie, on fait avec de la cire et de l'émeri fin un mélange que l'on emploie pour donner le dernier coup de poli aux lames.

On fait fondre la cire dans laquelle on jette l'émeri, et l'on remue le mélange avec une spatule pour le rendre bien homogène ; puis on le coule dans des tubes en papier fort. On obtient ainsi des bâtons qui servent à entretenir la polissoire constamment imprégnée de ce mélange.

LE SUIF

Le *suif* est le nom qui sert à désigner la graisse que l'on retire du corps des animaux de boucherie ; c'est la matière grasse contenue dans des cellules de tissu adipeux. Ces cellules sont des petits sacs membraneux à parois minces parcourues par des vaisseaux sanguins.

L'extraction du suif se fait par la chaleur.

Extraction du suif. — « Le suif tel que les bouchers et les équarrisseurs le retirent du

« corps des animaux, dit M. Ad. Focillon (1), se nomme *suif en branches*. Les fondeurs l'achètent « en cet état, le hachent en petits morceaux et le fondent dans des chaudières en cuivre chauf- « fées à feu nu. La disposition des chaudières permet de chauffer le suif à mesure qu'il fond ; il « coule sur des tamis destinés à retenir les corps étrangers qu'il renferme et il est recueilli dans « un récipient maintenu chaud où il repose sans se figer pendant quelques heures.

« On y introduit alors 4 à 5 millièmes de son poids d'alun pour achever d'en séparer les débris « membraneux putrescibles ; puis avec des cuillers, on le verse dans les *jalots*, grands baquets « coniques où il se fige et se prend en pains.

Propriétés du suif. — « Le *suif* du commerce est un mélange de suifs de mouton, de « bœuf, de vache et de veau. Le suif du pays ou *suif de France* et surtout celui de Paris occupe « le premier rang dans la consommation ; mais chaque année la France tire plusieurs millions « de kilogrammes de suif de la Russie, de l'Italie, de l'Angleterre, de l'Amérique du Sud.

« Le suif est solide à la température ordinaire, blanc ou blanc jaunâtre ; il a une odeur parti- « culière, il fond à environ 38° ; soumis à l'action des corps basiques tels que la potasse, la « soude, la chaux, il se *saponifie*, c'est-à-dire donne naissance à un *savon* et à un corps neutre, « la *glycérine*. Quant au savon qui s'est produit, il est constitué par trois sels, *stéarate*, *oléate*, « *margarate* de la base qui a servi à saponifier le suif.

« Le suif s'est donc dédoublé en acides gras et en glycérine ; mais cette réaction n'a eu lieu « qu'à l'aide d'une absorption d'eau. On regarde par conséquent le suif comme formé de trois « principes immédiats : la *margarine*, l'*oléine* et la *stéarine* ».

Emploi du suif. — Le *suif* sert à la fabrication des chandelles ; c'est du suif que l'on extrait la *stéarine*, que l'on emploie à la fabrication des bougies.

On l'utilise en coutellerie pour faire des mélanges avec l'émeri pour le polissage des lames de couteaux, de ciseaux et de rasoirs ; on opère de la même façon qu'avec la cire.

L'ÉMERI

Les Grecs connaissaient l'*émeri* qu'ils appelaient σμυρις ou σμιρις et qu'ils croyaient de même nature que la pierre à aiguiser (2).

Les Romains l'employaient pour polir les statues de marbre et les métaux ; ils lui donnaient le nom de *naxium* (3).

Comment l'employaient-ils ? Etait-il réduit en poudre ou bien s'en servaient-ils en pierres ? Cette dernière hypothèse est la plus probable.

Toujours est-il que jusqu'à la fin du XVIIIe siècle ceux qui l'employaient étaient obligés de le pulvériser eux-mêmes et de le préparer comme l'indique Perret (4).

Propriétés de l'émeri. — L'*émeri* se présente sous l'apparence d'une roche

(1) *Privat-Deschanel et Ad. Focillon.* — Dictionnaire Général des Sciences Théoriques et Appliquées.

(2) *Théophraste.* — Des Pierres. — Chapitre VII.

(3) *Pline.* — Histoire Naturelle. — Liv. XXXVI.

(4) Voir IIe *Partie.* — Chapitre IX, page 178.

à texture grenue, de couleur noirâtre, comme certains minerais de fer, avec une nuance bleuâtre ou rougeâtre.

Tennant (1) est le premier qui ait fait remarquer que l'émeri n'était pas un minerai de fer, mais un corindon. Haüy (2) l'a classé sous le nom de *corindon granulaire*.

Au point de vue chimique, l'émeri est de l'alumine mêlée d'oxyde de fer et de silice.

Au point de vue géologique, c'est une roche dans laquelle sont disséminés de petits corindons ; la dureté est son caractère principal ; il raye le quartz avec la plus grande facilité. Sa densité est de 4. C'est le corps le plus dur après le diamant.

Gisements. — On trouve l'émeri en Perse, dans l'île de Naxos, à Smyrne, en Pologne, à Jersey, à Guernesey, en Suède, en Saxe, aux Indes, en Espagne, dans le duché de Parme, etc.

Le plus réputé est celui de Naxos (Archipel), dont voici la composition :

Alumine	83,82
Silice	7,82
Oxyde de fer	7,73
Eau et perte	0,63

Ce gisement appartient au gouvernement grec qui en a concédé l'exploitation à une compagnie fermière, à la condition de livrer annuellement un certain minimum d'émeri au commerce.

L'émeri est très précieux pour les arts à cause de sa dureté qui le rend propre à user les métaux et les pierres ; mais, pour s'en servir, il faut le réduire en poudre.

Pulvérisation de l'émeri. — Voici la description du travail que nécessite la pulvérisation de l'émeri.

L'émeri sort de la mine en morceaux d'un assez fort volume que l'on transporte dans les usines qui s'occupent de cette manipulation.

Nous allons décrire les diverses opérations que l'on pratique dans les usines de la maison Fortin, à Paris :

D'abord les roches, à l'aide d'un *mouton* en fonte pesant de 5 à 600 kilogrammes, sont concassées de la grosseur d'un œuf de poule.

Puis on broie ces morceaux sous une *meule verticale* ayant 2 mètres 50 de diamètres et environ 40 centimètres d'épaisseur. Cette meule est entourée d'un manchon en fonte ayant une épaisseur de 14 centimètres ; le tout pèse environ 8 000 kilogrammes. Les morceaux d'émeri sortent de dessous la meule de la

(1) *Tennant Smithson*, chimiste anglais né dans le comté d'York en 1761, professeur à Cambridge, mort en 1815.

(2) L'abbé *René-Just Haüy*, célèbre minéralogiste né en 1843 à Saint-Just (Oise), mort en 1822.

ATELIER DE PULVÉRISATION DE L'ÉMERI

Usine FORTIN, à Paris

grosseur d'une noix. Enfin un *concasseur* d'une force de 50 000 kilogrammes réduit ces derniers à la moitié de la grosseur d'une noisette.

Alors des *moulins* de 1 mètre 20 de diamètre se chargent de rendre l'émeri à l'état de grains, qui sont passés dans des *bluteries* où s'effectue la séparation des numéros.

Nous donnons ci-dessous un aperçu approximatif de la grosseur des grains des divers numéros :

0 1 2 3

4 5 6 7

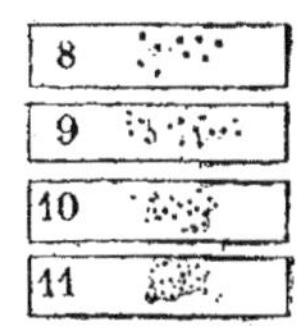

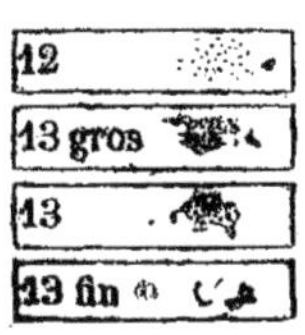

Minutage de l'émeri. — Lorsqu'elle a passé cette dernière grosseur, la poudre d'émeri n'offre plus de grain ; c'est ce que l'on appelle l'*émeri gros*.

On reprend cette poudre et on la lave dans des tonneaux pleins d'eau en l'agitant fortement. On laisse alors couler le liquide qui entraîne avec lui la poudre d'émeri que l'on recueille à part de minute en minute. On obtient ainsi de la poudre de plus en plus fine.

Au lieu de donner des numéros aux divers degrés de finesse de la poudre, on l'indique par le nombre de minutes de coulage qu'elle a mis à descendre dans l'eau, ainsi l'émeri obtenu après une minute de coulage est appelé *émeri 1 minute* ; après deux minutes, émeri 2 minutes, et ainsi de suite jusqu'à *120 minutes*.

L'émeri appelé en coutellerie *émeri fin*, est l'*émeri 60 minutes* ; après ce minutage, la poudre ne coupe plus assez l'acier ; les autres degrés de minutage sont employés pour polir les glaces et les métaux moins durs que l'acier.

Lorsque l'émeri sort des tonneaux, on le recueille à part, mais il entraîne toujours une certaine quantité d'eau qu'il faut faire évaporer, soit en le passant au four, soit en l'exposant à l'air. Ce dernier système est préférable parce qu'il ne modifie pas la nature de la poudre qui durcit toujours un peu dans le four.

Emploi de l'émeri. — L'émeri s'emploie de différentes manières :

Collé sur le papier ou la toile, on s'en sert en frottant à la main pour préparer les métaux et les matières dures telles que la nacre, à recevoir le polissage ;

Délayé dans l'huile, on l'emploie pour imprégner la surface des polissoires et des brosses qui servent à polir les métaux ;

Mélangé avec de la cire, on l'utilise en coutellerie pour donner à l'acier un poli plus brillant ;

Enfin il sert à tailler les pierres précieuses et à fabriquer des *meules artificielles*.

L'émeri donne un poli blanc.

La meilleure provenance est celle de Naxos, dans l'Archipel ; le prix est de 70 à 80 francs les 100 kilogrammes lorsqu'il est réduit en poudre.

Les procédés mécaniques employés pour le pulvériser en ont considérablement abaissé la valeur, car M. Landrin, dans son *Manuel du Coutelier*, publié en 1835, dit que l'émeri en poudre fine valait jusqu'à *4 francs 50 la livre.*

LA POTÉE D'ÉTAIN

Dans l'ordre de dureté, dit M. Landrin [1], auquel nous empruntons cet article, la *potée* [2] *d'étain* vient après l'émeri.

« C'est un deutoxide d'étain mêlé à l'oxide de plomb, qu'on peut obtenir avec une grande « facilité.

« On mélange ensemble une certaine quantité de plomb et d'étain puis on les expose sur la « sole d'un fourneau à réverbère dont le pont est peu élevé afin de donner entrée à une grande « quantité d'air. L'alliage des deux métaux étant d'une grande fusibilité et d'une oxidation « facile, on obtient en peu d'heures une grande quantité d'oxide.

« Certains fabricants se servent exclusivement d'étain pour la préparation de la potée ; c'est à « tort car l'oxidation de l'étain seul présente de grandes difficultés, il en est de même du plomb. « Cependant l'alliage des deux métaux s'oxide assez vite.

« A mesure que l'oxide se forme, on doit le réunir avec une palette de fer et remuer en l'éten- « dant, la masse des deux métaux, d'une manière analogue au travail du pudleur dans l'affinage « du fer par la méthode anglaise. Ce procédé a pour but d'exposer le plus possible le métal « au contact de l'air atmosphérique en lui faisant déployer le plus de surface. Quant toute la « masse est oxydée, on réunit la potée dans un vase et on lave dans plusieurs eaux jusqu'à ce « qu'elle soit devenue d'un beau gris blanc Après ce premier lavage, on passe à l'eau-de-vie « puis à l'esprit-de-vin. »

La potée d'étain, pour employer un terme plus en rapport avec les données de la science actuelle, est un *bioxyde d'étain.*

La potée d'étain donne à l'acier un poli blanchâtre très brillant ; il faut la mélanger avec du rouge pour obtenir un beau poli noir.

Son prix varie de 3 à 10 francs le kilogramme.

LE ROUGE A POLIR L'ACIER

Le *rouge* que l'on emploie pour polir l'acier, est *du peroxyde de fer ;* il porte aussi le nom de *Colcotar* qui paraît lui avoir été donné au XVIe siècle par Paracelse.

---

(1) *Landrin.* — Manuel du Coutelier.

(2) Le mot *potée* vient de l'obligation où l'on était de mettre ces diverses substances dans un pot pour les délayer avec l'huile ou un autre liquide pour s'en servir. On disait la *potée d'émeri*, la *potée d'étain*, la *potée d'acier*.

Cet oxyde est très répandu dans la nature ; on le trouve :

1° à l'état natif, *fer spéculaire, fer oligiste ;*

2° à l'état d'hydrate, *fer limoneux* ou *granulaire ;*

3° à l'état d'hydrate combiné avec l'argile ; ces combinaisons portent le nom d'*ocre* (jaune) et de *sanguine* (rouge).

La *rouille* est un hydrate de peroxyde de fer.

On a longtemps donné à ce produit le nom de *rouge anglais,* parce qu'il venait d'Angleterre où on le retirait des mines de Mendip Hills ou des fabriques de produits chimiques de Sommersetshire ; mais aujourd'hui on le prépare très bien en France.

Préparation du colcotar. — On a cherché à obtenir le colcotar de différentes matières :

« F. Cuvier (1), dit M. Landrin (2), a indiqué un moyen assez simple ; ce procédé consiste à mettre « dans une terrine très évasée, une couche de limaille de fer que l'on recouvre avec une « légère couche d'eau ; celle-ci se décompose assez rapidement et le fer s'oxyde ; si l'eau était « plus abondante, l'oxidation se ferait plus lentement.

« Si on laisse dessécher ce mélange, toutes les parties s'agglutinent et l'on ne parvient pas à « son but ; mais si l'on a soin d'entretenir constamment le même degré d'humidité, le fer ne « tarde pas de passer, en partie, à l'état d'oxide noir, surtout si l'on sépare de temps à autre, « par des lavages successifs, l'oxide qui s'est formé. »

Guyton de Morveau (3) donnait un moyen très original de se procurer le rouge le plus fin :

« Le feutre des chapeaux, disait-il, est coloré en noir par le sulfate de fer. Si on le plonge « quelques minutes dans de l'acide sulfurique étendu d'eau, le fer est précipité en rouge en « parties impalpables ; on n'a donc après cela qu'à le faire tremper dans l'eau pour enlever « l'acide ; on l'imbibe d'huile et on a pour lors des pièces toutes préparées telles qu'on les « emploie pour finir le polissage du cristal, des glaces et des corps durs. Il y a, comme on le « voit, économie entière du rouge à polir, puisqu'il se trouve dans les pièces mêmes de vieux « chapeaux sur lesquelles il faudrait l'appliquer. »

Le moyen le plus simple et actuellement en usage est de calciner le *protosulfate de fer* dans des fours.

Le sel se décompose, l'acide se dégage en partie et cède une portion de son oxygène qui se suroxyde de telle sorte que l'on trouve sur la sole du four, du *peroxyde de fer rouge* ou *colcotar.*

On le pulvérise ensuite et on le lave comme l'émeri pour obtenir une poudre excessivement fine.

(1) *Frédéric Cuvier,* frère de Georges Cuvier, naturaliste, né à Montbéliard en 1773, mort à Strasbourg en 1838.

(2) *H. Landrin.* — Manuel du Coutelier.

(3) *Guyton de Morveau Louis-Bernard,* célèbre chimiste, né à Dijon en 1737, mort en 1816.

On le mélange avec de l'eau pour l'employer et on en imprègne fréquemment la bande de peau de buffle qui enveloppe la polissoire.

Le rouge de bonne qualité doit avoir une *couleur violette.*

Le prix du rouge à polir l'acier varie de 50 à 80 francs les 100 kilogr.

LES BROSSES

Les polissoires que nous avons décrites, ne peuvent servir qu'au polissage des surfaces planes ou des surfaces concaves lorsque ces dernières ont une courbure régulière qui en permette l'emploi.

Mais lorsque les surfaces à polir sont convexes ou qu'elles ont des cavités ou des reliefs, on les polit avec des *brosses.*

Pour les métaux précieux, on se sert de brosses à main que l'on manœuvre avec plus de précaution; mais pour polir le fer et l'acier, on se sert de brosses circulaires qui reçoivent le mouvement d'un moteur quelconque.

Ces brosses sont montées sur un moyeu en bois ou en fer au milieu duquel passe un arbre à pointes sur lequel on les fixe au moyen d'un écrou comme cela se pratique pour les polissoires en bois.

On en fait de plusieurs sortes :

1° En *Tampico* (1), pour polir le fer et l'acier;

2° En *soies de porc,* dures, demi-dures et douces pour polir le cuivre et l'argent;

3° En fils de *laiton* ou d'*acier* pour grattebosser l'argent, le nickel et les autres métaux.

Fabrication des brosses circulaires. — « On commence d'abord par façonner le « moyeu, puis on perce les trous qui doivent recevoir les *loquets* ou paquets de fibres animales, « végétales ou métalliques.

« Des ouvrières réunissent les fibres animales ou végétales en paquets de même longueur, « puis l'on procède au lessivage.

« Les tiges métalliques qui sont coupées en longueurs égales, n'ont pas besoin de cette dernière « opération. »

« C'est alors qu'on procède au montage ; chaque loquet est attaché par un fil et trempé deux « fois dans le goudron de Norwège liquide, puis introduit en tournant légèrement de gauche à « droite. Le goudron est dans une poêle chauffée au charbon ou au gaz, et l'ouvrier active ou « modère la chaleur suivant les exigences de son travail. »

Usages. — Les brosses circulaires en fibres végétales ou animales servent à *polir,* celles en fils d'acier ou de laiton servent à *grattebosser* (2).

(1) On donne ce nom à une variété de fibres d'aloès extraite de l'*agave mexicana*, et que l'on exporte du port de *Tampico*, au Mexique.

(2) Mot qui vient de *gratter* et de *boesse*, nom d'un outil qui sert à nettoyer les ouvrages de ciselure ou de sculpture.

Polissage. — Pour le polissage, on imbibe les fibres d'émeri plus ou moins fin délayé dans l'huile, lorsqu'il s'agit de polir le fer et l'acier, et de terre pourrie également délayée dans l'huile pour polir le cuivre et l'argent.

On appuie légèrement la pièce sur la brosse et on la tourne dans tous les sens, de manière que les fibres pénètrent bien dans toutes les cavités et que toute la surface de l'objet soit bien polie.

On peut aussi donner avec la brosse, un poli noir en se servant de colcotar.

Il est bon de remarquer qu'il faut changer de brosse chaque fois que l'on change de substance pour polir, et bien essuyer la pièce pour enlever ce qui peut rester de matière provenant de la brosse dont on vient de se servir.

Grattebossage. — Cette opération consiste à faire disparaître le ton mat des objets argentés ou dorés, par une friction suffisamment prolongée, avec une sorte de brosse ou pinceau de fils métalliques.

« Le *gratte-bosse à main*, dit M. Jouanne (1), est formé d'un faisceau de fils de laiton bien « récrouis et dressés qu'on attache en forme de pinceau au moyen d'une ficelle solidement « serrée. Le pinceau de fil métallique est attaché à un manche en bois, après que l'extrémité « qu'on doit tenir dans la main a été consolidée par une soudure à l'étain qui réunit tous les « fils en un seul paquet.

« On fait encore d'autres genres de *gratte-bosses* en recourbant en deux un faisceau de fils de « laiton et rapprochant les deux extrémités, pour en former un pinceau, qu'on attache sur un « manche en bois

« Les pièces très fouillées nécessitent l'emploi de petits grattes-bosses capables de pénétrer « dans toutes les cavités ; on les nomme *gratillons* et *violons*.

« Le gratte-bossage ne se pratique généralement que sur des pièces préalablement mouillées « par une solution qui, ordinairement, n'a d'autre but que d'adoucir la fonction de l'outil, mais « qui quelquefois a aussi pour effet de déterminer une réaction chimique. C'est ainsi que « lorsque les pièces ont été sulfurées, c'est-à-dire noircies par l'action de l'air impur, on peut « faire intervenir pour le grattebossage, une solution de potasse bouillante ou un bain de « cyanure à 4 %

« Pour certaines pièces, le gratte bossage s'exécute au moyen d'une *brosse métallique circulaire* « montée sur un tour. Cette brosse tourne de façon que l'extrémité supérieure de son diamètre « vertical revienne sur l'opérateur de manière que les pièces présentées en dessous reçoivent « l'action du faisceau métallique.

« Le grattebossage est une opération d'autant plus importante qu'elle constitue souvent à elle « seule le finissage des pièces avant leur livraison au commerce. »

Le prix des brosses varie à l'infini, suivant le nombre des rangs et la nature des fibres.

---

(1) *E.-O. Lami.* — Dictionnaire de l'Industrie et des Arts Industriels.

LES BRUNISSOIRS

Le *brunissoir* (1) est un outil que l'on emploie comme la brosse pour polir les objets dont la surface est convexe ou offre des cavités et des saillies que l'on ne peut atteindre avec les polissoires.

On donne le nom de *brunissoirs*, dit M. E. de Valicourt (2), à plusieurs outils de matières différentes, mais qui sont destinés au même usage. Leurs formes sont excessivement variées pour qu'ils puissent pénétrer dans toutes les cavités ; il y en a de taillés en *olive*, en *demi-sphère*, en *langue de chien*, en *patte de biche*, en *couteau*, etc.

Les brunissoirs pour l'*acier*, le *fer* et la *fonte*, sont des outils en acier trempé très dur, et qui ont été eux-mêmes parfaitement polis.

Les brunissoirs dont on se sert pour l'*or*, l'*argent*, le *cuivre* et ses *alliages*, et les autres métaux moins durs, sont composés d'une *hématite* ou pierre *sanguine* parfaitement polie.

Ces brunissoirs sont emmanchés solidement et enchassés dans une virole de cuivre de forme convenable.

On en fait avec de petits manches qui servent pour brunir à *la main* ; ce sont de petits brunissoirs pour les objets délicats. D'autres ont de longs manches qui permettent d'appuyer l'une des extrémités sur le *bras* ou même sur l'*épaule* pour donner plus de force à l'ouvrier.

Brunissage. — Le *brunissage* consiste à frotter et faire disparaître au moyen des brunissoirs les aspérités laissées sur les objets par les opérations précédentes, de manière à rendre leur surface parfaitement unie et brillante. Pour brunir l'acier, le fer et la fonte, il faut que ces objets aient d'abord été préparés à la lime.

L'opération du brunissage se divise en deux parties distinctes ; la première a pour but d'*ébaucher* et se pratique avec des outils à arêtes presque vives, dits *trancheurs ;* la seconde a pour but de *finir* et s'effectue avec des outils appelés *lisseurs*, à arêtes plus ou moins arrondies.

On mouille les outils et les objets à brunir avec certaines solutions savonneuses, l'eau de savon noir est généralement la plus employée.

Le *bruni* diffère du *poli* en ce que ce dernier nivelle la surface par l'enlèvement des aspérités tandis que l'autre les écrase et les aplatit pour unir cette surface.

On voit de suite l'avantage que le brunissage offre pour l'argenture ou la dorure

(1) Le mot *brunissoir* vient de brunir qui, lui-même, vient de l'ancien allemand *brûn*, qui signifie *brun* et *brillant*, et de l'ancien scandinave *bruni*, qui veut dire *incendie, feu*. On conçoit comment le même radical a pu donner *brun*, ce qui est noirci par le feu, et *brunir*, rendre brillant comme le feu, d'où *polir*. — LITTRÉ.

(2) *E. de Valicourt.* — Nouveau manuel complet du tourneur.

par la résistance qu'elles acquièrent grâce à l'écrouissage dû au frottement qui augmente la cohésion moléculaire.

Les brunissoirs en acier valent de 1 fr. 50 à 3 fr. 50 ; ceux en sanguine de 5 fr. à 15 et 20 fr.

LES SCIES

En examinant comment étaient façonnés les instruments de silex de l'époque de la pierre taillée, on remarque que les tranchants de ces outils étaient tous plus ou moins dentelés, et l'on est facilement porté à croire que les hommes primitifs ont dû essayer de s'en servir à la manière d'une scie, ce qui leur aura certainement suggéré l'idée d'augmenter le nombre de leurs outils en créant un instrument spécial armé de dents plus saillantes et plus nombreuses.

On a trouvé, dit M. Joly (1), dans les ruines des palafittes des lacs Suisses, des scies en silex de petites dimensions (6 à 8 centimètres) fixées dans des lames de bois creusées de rainures où elles sont enchassées et retenues solidement par un mastic.

Les Grecs attribuaient l'invention de la scie à *Dédale*, célèbre architecte athénien; voici comment on raconte l'histoire de cette découverte :

Talus, fils de la sœur de Dédale avait été placé par sa mère sous la direction de son oncle qui devait lui apprendre son art. Ayant trouvé un jour l'os de la machoire d'un serpent, il l'employa à couper un petit morceau de bois, et cela lui donna l'idée de faire un outil semblable en fer ; il avait imaginé la *scie*. Cette invention facilitait tellement son travail qu'elle excita la jalousie de Dédale qui tua son neveu.

Vitruve (2) parle de la scie à lame de fer dentée qui sert pour couper le bois.

Anthony Rich, dans son *Dictionnaire des Antiquités Romaines et Grecques*, dit que les scies des anciens étaient faites comme les nôtres et aussi variées de formes et dimensions suivant les différents usages auxquels on les appliquait.

Nous pouvons citer la *scie (serra)* pour débiter le bois, c'est elle que nous appelons scie allemande ; la *petite scie (serrula)*, qui, au dire de Columelle (3), servait aux bûcherons ; enfin la *scie à main (serrula manubriata)*, dont parle Palladius (4) ; la lame était fixée au bout d'un manche court.

(1) *N. Joly* — L'homme avant les métaux.

(2) *Vitruve Marcus-Vitrivius-Pollio.* — Architecte latin du siècle d'Auguste, né à Vérone ou à Formies.

(3) *Columelle Lucius-Junius-Modératus*, agronome latin du premier siècle, naquit à Gadès.

(4) *Palladius Rutilius-Taurus-Æmilianus*, agronome romain. Les uns prétendent qu'il vécut au commencement du IIe siècle, d'autres à la fin du IVe.

Toutes ces formes de scies ont été figurées sur des bas-reliefs.

C'est au XIVe siècle qu'apparurent les scies à mouvement alternatif avec l'eau comme moteur.

Beckmann (1) affirme qu'il y avait en 1322 des scieries à eau à Augsbourg.

Vers 1427, la cité de Breslau possédait une scierie, et en 1490 les magistrats d'Erfurth achetèrent une forêt dans laquelle ils établirent une scierie et louèrent un autre moulin à scie dans le voisinage. En Norwège la première scierie fut construite en 1530.

En 1555, il y avait un moulin à scie dans les environs de Lyon, il paraît que la lame était verticale, car étant tournée avec force par l'eau, la scie *s'élevait et s'abaissait.*

Au XVIe siècle, les Hollandais établirent à Saardam des scies mécaniques à lames parallèles débitant plusieurs planches à la fois (2).

Les scies (3) se composent de lames d'acier minces munies d'un certain nombre de dents qui représentent chacune une lame tranchante, de sorte qu'en imprimant un mouvement de va et vient à cette réunion de lames on obtient un résultat d'autant plus considérable que le nombre et la dimension des dents auront été mieux proportionnés au travail à produire.

Les scies agissent en exerçant en même temps que le mouvement de va et vient une pression sur la matière à découper. La pression peut s'exercer en pressant la scie sur la pièce à scier comme dans les scies à main, ou au contraire en poussant cette pièce contre la lame de la scie comme dans les scies mécaniques.

Le mouvement peut être rectiligne dans le même sens, rectiligne alternatif ou enfin circulaire.

On peut diviser les scies en deux groupes : les *scies à main* et les *scies mécaniques.*

Les scies à main. — Les scies à main sont surtout employées par les menuisiers et les charpentiers et les scieurs de long.

On distingue les diverses sortes suivantes (4) :

« La *scie des scieurs de long*, composée d'une lame tendue entre deux bras horizontaux ou « *sommiers* réunis par deux montants ; cette lame est placée perpendiculairement à son plan. La « pièce de bois est placée sur deux tréteaux horizontalement et l'un des deux scieurs de long « monte sur la pièce tandis que l'autre se tient sur le sol ; le premier soulève la scie agissant « sur la poignée supérieure dite *chevrette*, le second la tire de haut en bas par la poignée inférieure nommée *renard* et la scie ainsi animée d'un mouvement alternatif, opère la division de « la grume en suivant le tracé.

---

(1) *Beckmann Jean*, antiquaire et physicien, né à Hoya, dans le Hanovre, en 1739, mort en 1811.

(2) *Docteur Lardner*. — Manuel complet du travail des métaux.

(3) *Scie* de *scier*, du latin *secare*, couper. — LITTRÉ.

(4) *E.-O. Lami.* — Dictionnaire de l'Industrie et des Arts Industriels.

« La *scie à refendre* ou *scie allemande*. La lame de cette scie forme avec les bras un angle qui « se rapproche de 90° ; elle est montée à chacune de ses extrémités, sur des tourillons ou chevilles rondes qui sont montés eux-mêmes sur les extrémités des bras et peuvent s'y déplacer « de façon à amener la lame sous l'angle convenable pour la manœuvre L'une des chevilles, « celle de la partie supérieure, représente une poignée à l'aide de laquelle l'ouvrier saisit la scie « de la main droite en même temps qu'il la soutient de la main gauche par l'extrémité opposée « du même bras.

« La *scie à chantourner* est du même genre que la précédente, mais comme elle a pour but « de débiter suivant des surfaces courbes, la largeur de la lame est beaucoup plus faible. Tandis « que cette largeur est de 7 à 8 centimètres pour la scie allemande, elle est comprise entre 5 et « 20 millimètres pour la scie à chantourner.

« La *scie à arraser* se compose d'une lame montée à l'extrémité de deux bras entretoisés par « un sommier et reliés au moyen d'une corde tordue en trois ou quatre brins par une clef ou « *garrot*, qui a pour effet de tendre fortement la lame. Cette scie, de grande dimension, est « ordinairement manœuvrée par deux hommes.

« La *scie à main*, dite aussi *passe-partout*, se compose d'une lame forte, courte, plus large « d'un bout que de l'autre, et n'ayant pour toute monture que la poignée en bois à l'aide de « laquelle on la tient et on la fait fonctionner.

« La plupart des scies n'opèrent que dans un sens ; aussi leur denture est non symétrique.

« Les scies des scieurs de long ont des dents crochues et inclinées dans un sens, on les fait « avec une lime ronde.

« Les scies de menuisiers et d'ébénistes, ainsi que celles destinées au sciage de l'ivoire, ont « des dents qui sont des portions de triangles équilatéraux dont l'une des faces est à peu près « perpendiculaire à la direction de la lame, et c'est celle qui se présente dans le sens de l'avancement du sciage.

« Cette figure des dents est telle, en résumé, que l'affûtage s'effectue très facilement au moyen « de la lime dite *tiers point* dont la section est un triangle équilatéral exact. Il suffit alors à « l'ouvrier, pour affûter sa scie, de passer le tiers-point entre les dents, dont un revers et une « face se trouvent attaqués simultanément, et la forme de la denture est ainsi conservée facilement depuis la denture neuve découpée mécaniquement jusqu'au dernier terme de service de « la lame.

« Le coup de tiers-point se donne perpendiculairement à l'épaisseur de la lame ; la face « coupante des dents n'offre donc aucun biseau.

« Une condition importante pour qu'une lame de scie fonctionne bien, c'est qu'elle soit parfaitement tendue et ne conserve pas le moindre gauche.

« Pour éviter qu'une lame de scie ne soit cassée dans la pièce, on oblique les dents paires « d'un côté et celles impaires de l'autre par rapport au plan de la lame ; c'est ce qu'on appelle « *donner de la voie*. En effet si les dents d'une scie étaient maintenues dans le même plan que « la lame elle-même, son épaisseur étant uniforme, il serait à peu près impossible de faire « glisser la lame dans le trait.

« Pour donner la voie on saisit la scie dans la mordache du banc d'affût et, à l'aide « d'un outil appelé *tourne à gauche*, on renverse les dents en ayant soin de se servir d'un guide « pour obtenir une régularité convenable. »

Scies mécaniques. — « Les *scies mécaniques* donnent plus de déchet que les scies à main « et exigent proportionnellement un effort moteur plus considérable.

« Mais, par contre, elles donnent plus de précision et une production bien plus grande, ce qui « diminue beaucoup le prix de revient. Cette dernière considération est d'une telle importance « qu'elle a fait adopter le sciage mécanique dans la presque totalité des scieries.

« Nous distinguerons deux classes de scies mécaniques : les *scies à mouvement alternatif* et « les *scies à mouvement continu*.

« La première classe comprend :

« 1° Les scies verticales à une seule lame ;
« 2° Les scies verticales à plusieurs lames ;
« 3° Les scies horizontales à placage ;
« 4° Les scies à découper ou *sauteuses*.

« La deuxième classe comprend :

« 1° Les scies circulaires ou *fraises ;*
« 2° Les scies à lame sans fin ou à *ruban.*

« Les *scies circulaires* étant à peu près seules employées en coutellerie, nous n'examinerons « pas les autres sortes.
« Les *scies circulaires* se composent d'un plateau circulaire en acier mince, dans la circonfé- « rence duquel sont taillées des dents. Ce plateau est fixé à un arbre horizontal porté par des « paliers placés en dessous d'une table que traverse le plateau.
« On donne à l'arbre un mouvement rapide de rotation au moyen d'une poulie fixe une « poulie folle, voisine de celle-ci permet de désembrayer. La pièce à débiter, placée sur la « table, est poussée contre la scie, soit à la main, soit au moyen d'un mécanisme d'entraînement. « Une règle posée de champ parallèlement au plateau et pouvant s'en écarter ou s'en rapprocher « plus ou moins, sert de guide.
« On effectue avec cette scie les mêmes travaux qu'avec les scies à lames droites. La force « absorbée par la scie circulaire est très considérable puisqu'elle se trouve engagée sur près de « la moitié de la surface dans le trait, d'où un grand frottement. Pour le diminuer, on donne « beaucoup de voie et comme déjà l'épaisseur doit être assez forte pour éviter le voilement, la « perte de bois est grande.
« Ce qui la fait employer malgré cela, c'est son extrême simplicité d'installation et de méca- « nisme, et aussi la grande quantité de travail qu'on en peut obtenir comparativement au peu « d'emplacement qu'elle exige, mais toujours au prix d'une quantité proportionnelle de force « motrice absorbée.
« La vitesse à donner aux scies varie suivant le diamètre ; voici les chiffres adoptés :

DIAMÈTRE DES SCIES			NOMBRE DE TOURS A LA MINUTE			VITESSE LINÉAIRE		
1 m	à	0 m 60	1 000	à	1 600	65	à	50 m
0 m 60	à	0 m 35	1 600	à	2 100	60	à	40 m
0 m 35	à	0 m 15	2 100	à	2 000	35	à	25 m

« La forme à donner aux dents des scies circulaires dépend de la nature des matières à « débiter.
« En général, les scies circulaires pour le bois ont les dents couchées lorsqu'elles sont d'un « diamètre inférieur à 0 m 35 et des dents crochues lorsqu'elles ont un diamètre supérieur « à 0 m 35 ».

Pour le débitage des bois de menuiserie ou de charpente, les bancs de sciage sont en bois, et pour remédier aux inconvénients de ce système de montage, qui s'use rapidement, on met de chaque côté de la scie, dans l'épaisseur de la table du banc de sciage, des vis horizontales qui ne laissent entre elles que l'espace nécessaire pour le passage du plateau, de façon à l'empêcher de dévier.

Mais lorsqu'il s'agit de débiter les matières employées en coutellerie, comme l'ébène, la nacre, l'ivoire, les bancs de sciages sont en fer et en fonte et leur montage offre une précision que n'ont pas les bancs en bois.

En outre, comme les morceaux que l'on débite n'ont pas de grandes dimensions, on se sert de scies excessivement minces et de petit diamètre.

Fabrication des scies circulaires. — Les aciers fondus, de première qualité, destinés à faire des scies circulaires, sont convertis en disques.

Ces disques sont laminés pour les réduire à l'épaisseur nécessaire, puis on leur donne la forme que doit avoir la scie, soit à la lime ou à la meule.

Alors on les chauffe dans un four à réverbère et on les plonge dans un bain d'huile additionnée de divers ingrédients qui varient suivant le caprice des fabricants.

Voici une composition dont on se sert en Angleterre :

20 *gallons* (75 litres 70) d'huile de spermaceti ;
20 *pounds* (9 065 grammes) du meilleur suif apprêté ;
1 *gallon* (3 litres 985) d'huile de pied de bœuf ;
1 *pound* (453 grammes) de poix ;
3 *pounds* (1 359 grammes) de résine noire.

Quand les disques sont assez refroidis pour être maniés, on les retire du bain ; ils sont durs et fragiles et couverts de la composition du bain.

En cet état, on les passe sur un feu clair de coke en les tenant avec une pince, et quand la graisse brûle sur les disques, ils ont le recuit suffisant.

Un planeur les dresse ensuite en les martelant sur un tas en acier très dur.

Après cette opération, on dente le disque à l'emporte-pièce, puis on émeule la scie que l'on vient de former sur une meule de grès et on la polit sur un lapidaire horizontal.

Le planeur la reprend alors une seconde fois pour la dresser et la tendre.

Cette opération exige de la part de l'ouvrier une dextérité qui ne peut être que le résultat d'une longue pratique ; non-seulement il aperçoit et corrige les inégalités qui échapperaient à des yeux non exercés, mais il donne une tension uniforme. C'est l'opération la plus délicate de la fabrication.

La plus petite épaisseur que l'on puisse donner aux scies circulaires est de un dixième et demi de millimètre.

Pour affûter les scies circulaires, on les maintient fixes à l'aide d'un morceau de bois que l'on place entre le guide et la scie et que l'on serre contre cette dernière à l'aide de coins en bois. On se sert de tiers-points à une seule taille comme pour les autres scies.

On a imaginé, dans ces derniers temps, des appareils à affûter les scies au moyen de lapidaires en émeri.

LE RACLOIR ET LE GRATTOIR

On donne le nom de *racloirs* aux instruments qui servent à enlever les aspérités laissées par le ciseau sur la surface des matières que l'on veut polir.

Il y en a de deux sortes : les *racloirs* proprement dits et les *grattoirs*.

Les racloirs. — Les racloirs sont des lames plates dans le genre des fers de rabot, mais qui n'ont aucune apparence de tranchant.

La partie qui, dans le fer du rabot, est en tranchant, se trouve dans le racloir plate et de toute l'épaisseur de la lame d'acier qui est coupée à angle droit. Ce sont les angles que forme cette partie plate avec les avec deux côtés de la lame qui produisent le tranchant du racloir.

Si l'on veut que le racloir coupe bien, il est indispensable qu'il soit bien affûté, et pour cela il faut que les angles du taillant soient excessivement vifs.

Affûtage. — Voici comment on procède :

On passe la tranche du racloir qui doit former le tranchant bien perpendiculairement sur un grès plat, ou bien on prend le racloir dans un étau et on lime cette même partie avec une lime très douce ; puis on la passe bien perpendiculairement et à plusieurs reprises sur une meule bien dressée. On repasse aussi sur la meule les côtés plats du racloir près du tranchant.

Alors on saisit le racloir dans une mordache de bois prise dans un étau, et l'on passe vivement d'un seul coup sur le champ du rasoir et d'une main ferme, un petit brunissoir appelé aussi *tourne-fil*, composé d'une tige d'acier poli, trempé très dur. On tourne le racloir sur l'autre face et l'on répète la même opération. Le fil du racloir se trouve ramené sur le côté et forme une espèce de bavure très légère qui coupe avec vivacité.

Lorsque le racloir ne coupe plus, il suffit souvent de ramener à nouveau le fil du racloir à l'aide d'un vigoureux coup de brunissoir pour qu'il coupe aussi bien qu'au début.

Au bout de deux ou trois opérations de ce genre, le fil étant usé, il faut le repasser sur la meule.

Le racloir se manœuvre avec une seule main ou avec les deux mains suivant que l'on veut produire plus ou moins de travail.

On s'en sert en coutellerie pour dresser les manches ronds avant de les polir.

Les grattoirs. — Les grattoirs qui sont employés au même usage que les racloirs, sont généralement formés à l'aide de vieux tiers-points dont on a enlevé la taille à la meule et rendu les arêtes coupantes.

Ils sont emmanchés comme les limes et on s'en sert d'une seule main en râclant ; leur pointe permet d'atteindre les parties les plus fouillées des ornements que l'on pratique sur les manches de couteaux.

Ils servent aussi à dresser les lames d'argent avant le poli.

LA PLANE

La *plane* est un instrument d'acier qui a deux poignées, une à chaque bout et qui comme son nom l'indique, sert à dresser et planer les bois et autres matières avant de les travailler.

Les scies ont beaucoup restreint l'emploi de la plane; aussi s'en sert-on rarement en coutellerie.

Le tranchant de cet outil est formé par le biseau que l'on produit à la meule sur l'une de ses faces, l'autre restant plane.

L'ouvrier pour s'en servir appuie plus ou moins obliquement le côté plat sur la matière à dresser et fait effort des deux mains en tirant à lui.

Le travail produit est beaucoup plus considérable que celui de la lime, mais on ne peut employer la plane que pour travailler des matières peu dures.

Le tranchant de la plane ne doit avoir aucun morfil, aussi est-on dans l'obligation, après l'avoir affûtée à la meule, de la passer à la pierre à l'huile; mais on ne peut opérer comme avec les outils dont nous venons de parler.

Pour donner le fil, on maintient la plane de la main gauche, et de la main droite on tient la pierre que l'on passe sur le tranchant en ayant soin de la poser parallèlement au biseau déjà formé.

LES MORDACHES

Les *mordaches* [1] sont des espèces de pinces en bois que l'on place entre les mâchoires d'un étau pour saisir les matières qui craignent d'être endommagées par les dents de cet outil.

Comme les mordaches employées en coutellerie ne servent qu'à serrer de petits objets, on leur donne une forme spéciale.

Elles sont composées de deux morceaux de bois larges de 12 centimètres et longs de 15 centimètres environ, reliés par une charnière et représentant absolument les mâchoires d'un étau.

On adapte en dehors de ces deux pièces, un ressort d'acier qui tend à les maintenir ouvertes, de sorte qu'en manœuvrant la vis de l'étau, elle s'ouvrent et se ferment avec les mâchoires de ce dernier dont elles suivent le mouvement.

Ces appareils ne se trouvent pas dans le commerce, ce sont les couteliers qui les font eux-mêmes suivant leurs besoins.

---

(1) *Mordaches*, étymologie *mordre*. — LITTRÉ.

LES MÈCHES ET LES FORETS

On peut considérer Dédale comme l'inventeur des mèches, puisqu'il a inventé la vrille et le vilebrequin.

L'opération qui consiste à pratiquer des trous dans les différentes matières employées par les couteliers, est une des plus importantes, car c'est elle qui permet de fixer ensemble les diverses pièces qui composent les objets de coutellerie.

On donne le nom de *mèches* aux outils qui servent à percer les trous dans les bois, l'os, l'ivoire, la corne, la nacre, etc. ; on appelle *forets,* ceux que l'on emploie pour percer les métaux.

Les mèches. — Les mèches sont des tiges d'acier rondes, qui portent à leur base un renflement rond ou carré destiné à les maintenir dans l'instrument qui doit leur donner le mouvement nécessaire à leur fonction.

Le corps de la mèche qui est rond, est plus petit que les deux extrémités pour que les copeaux formés par la partie coupante, puissent trouver place dans le trou qu'elle pratique, au fur et à mesure de la pénétration de la mèche et qu'on puisse les faire sortir plus facilement.

L'autre extrémité de la mèche est la partie qui travaille ; elle est disposée de différentes façons suivant la nature de la matière à percer.

On en distingue de plusieurs sortes :

1° Les *mèches à cuiller* qui ont la forme d'une gouge ;

2° Les *mèches à trois pointes* dont la partie travaillante comprend : un *pivot* qui se place au centre du trou ; un *traçoir* qui pénètre dans le bois et le *couteau,* partie perpendiculaire à l'axe de la mèche et qui agit à la façon d'un rabot.

Ces deux sortes de mèches conviennent très bien pour les bois tendres, mais pour les bois durs, pour l'os, l'ivoire, la nacre, on se sert de mèches mieux appropriées à la dureté de ces matières; ce sont :

1° Les *mèches à langue de carpe,* dont l'extrémité aplatie forme une espèce de losange sur les côtés opposés duquel se trouvent deux biseaux inclinés parallèlement de manière à attaquer constamment la matière, soit que la pièce remonte ou qu'elle descende ;

2° Les *mèches à fer de lance* dont le nom indique la forme et qui portent également un biseau de chaque côté.

De l'emploi des mèches. — Les mèches, quel que soit le genre, s'emploient en leur imprimant un mouvement de rotation, soit à la main au moyen d'un vilebrequin [1] ou d'un archet, soit à l'aide d'une poulie qui actionne un tour mécanique.

---

[1] *Vilebrequin*, de l'allemand *winden*, tourner, et *bohren*, percer.

Dans le premier cas comme dans le dernier, le mouvement est continu ; il est alternatif lorsqu'on se sert d'un archet.

Il est indispensable, lorsqu'on perce un objet, de retirer la mèche de temps à autre pour enlever les copeaux qui gênent le mouvement ; c'est ce qu'on appelle *débourrer*.

Les forets. — Les *forets* (1) sont des tiges d'acier carré dont l'une des extrémités est ajustée dans l'outil qui doit les faire manœuvrer.

L'autre extrémité présente la forme d'une pointe plus ou moins obtuse à biseau généralement double et quelquefois simple.

L'angle des arêtes coupantes varie de 70 à 80°, et il est plus élevé pour la fonte et l'acier en raison de leur dureté que pour le fer et le bronze.

Les forets ont, au-dessus de la pointe, un diamètre supérieur à celui du corps pour faciliter le dégagement des copeaux.

Il est nécessaire de lubrifier d'une manière continue la pointe du foret pendant qu'il travaille, afin d'empêcher l'outil de se détremper à cause de la chaleur développée par le frottement.

On ne doit pas non plus précipiter le mouvement ; il ne faut pas dépasser une vitesse de 35 à 40 tours par minutes pour des trous de 25 millimètres de diamètre et au-dessous ; lorsque le diamètre des trous augmente, il faut diminuer cette vitesse car le frottement serait trop considérable, et la chaleur qu'il développerait détremperait le foret.

Les forets sont commandés à l'aide d'un vilebrequin ou d'un archet ou par des machines à percer.

Le *vilebrequin* se manœuvre à la main et donne un mouvement de rotation continu.

L'*archet* actionne une bobine fixée sur la tige du foret ou bien la bobine d'un petit appareil appelé *chevalet* ; nous les décrirons plus loin.

Les *machines à percer* n'étant pas utilisées en coutellerie, nous nous dispenserons d'en parler.

A part les mèches à trois pointes et celles à cuiller, ce sont les ouvriers qui se servent des mèches et des forets qui les préparent, car les dimensions varient à l'infini.

Manière d'affûter. — On affûte les mèches et les forets à la meule, puis on adoucit le tranchant en le passant à la pierre à l'huile.

Seules les mèches à cuiller exigent un affûtage différent. On se sert à cet effet d'un vieux tiers-point que l'on a transformé en grattoir et dont on a arrondi l'extrémité dans la forme de la cannelure de la mèche. On avive à l'intérieur toute la

(1) *Foret*, du latin *forare*, percer.

partie de la cuiller qui forme l'extrémité de la mèche, mais il faut bien se garder de prolonger cet affûtage sur les côtés de la cannelure. Puis on passe légèrement l'extrémité de la mèche sur une pierre à l'huile.

L'ARCHET ET LE CHEVALET

Les Grecs connaissaient la *vrille à archet* (*terebra*); Pline en attribue l'invention à Dédale. On la mettait en mouvement au moyen de la corde d'un arc que l'on enroulait autour.

Les Indiens Sioux et les Indiens du Canada se servent d'un arc du même genre pour faire tourner un morceau de bois entre deux planches afin de produire du feu.

L'archet. — L'*archet* (1) dont on se sert de nos jours, se compose d'une tige de fer rigide, armée d'un manche et d'une corde à boyau attachée à ses deux extrémités. Lorsqu'on enroule cette corde autour d'une bobine et qu'on donne un mouvement de va et vient à la tige de fer, on imprime un mouvement de rotation à la bobine, tantôt dans un sens, tantôt dans un autre.

On utilise l'archet de deux manières :

1° Il actionne une bobine fixée sur la tige même du foret.

La partie travaillante du foret est placée contre le métal à l'endroit du trou à percer; l'autre extrémité est reçue dans une cavité pratiquée sur une plaque de fer appliquée contre la poitrine de l'ouvrier; c'est ce qu'on appelle *percer à la conscience*.

2° Il met en mouvement la poulie d'un *chevalet*.

Le chevalet. — Le *chevalet* (2) est formé d'un petit arbre horizontal sur lequel est fixé une poulie. Cet arbre est maintenu à l'aide de deux supports verticaux reliés à leur base par une tige de fer que l'on peut serrer dans l'étau; il tourne dans les coussinets qui se trouvent à l'extrémité supérieure des supports et est muni dans son axe d'un trou pour recevoir le foret qui y est retenu par une vis placée sur le côté de l'arbre.

Pour s'en servir, on tient l'objet à percer d'une main et l'on fait mouvoir l'archet de l'autre. On tourne en même temps l'objet afin d'empêcher le foret de dévier de la ligne droite.

C'est ce moyen que l'on emploie de préférence pour percer les manches de couteaux de table, surtout ceux en nacre.

---

(1) *Archet.* — Diminutif d'*arc*.

(2) *Chevalet* — Diminutif de *cheval*, par comparaison avec le support qu'offrent les quatre pieds d'un cheval, quoique celui-ci n'en ait que deux.

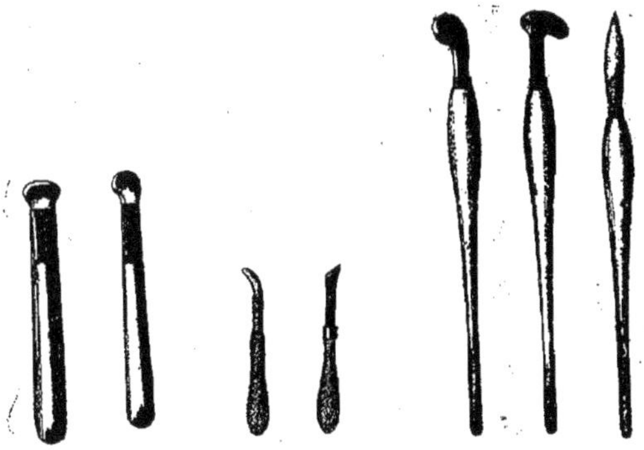

BRUNISSOIRS

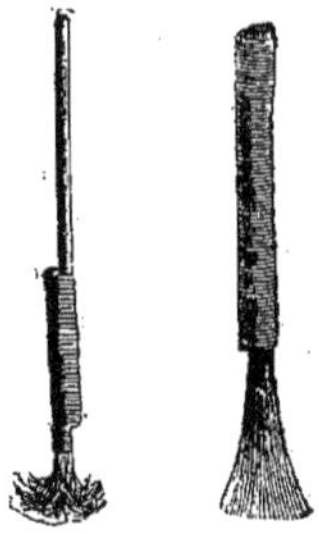

GRATTE-BOSSES

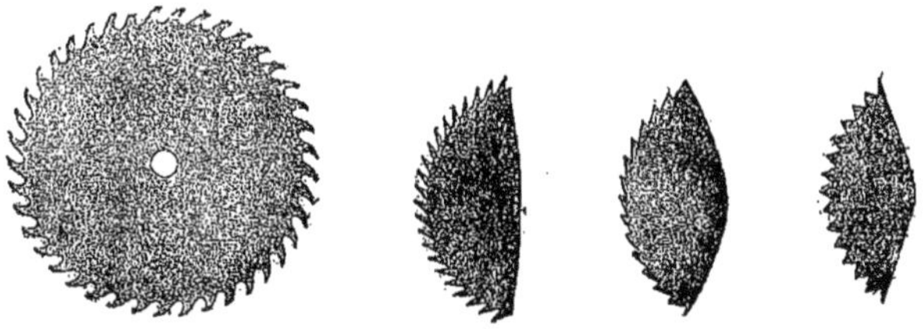

SCIES CIRCULAIRES

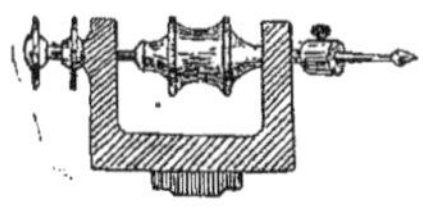

CHEVALET

PLANE

ARCHET

LES POLISSOIRES EN ÉTOFFES

Les polissoires en étoffes sont des instruments de création récente.

Les avantages procurés par les polissoires en bois et par les brosses qui servent à polir les métaux, devaient forcément conduire à essayer de moyens semblables pour polir les bois, l'os, l'ivoire, la corne, l'écaille, etc.

Le principe du polissage de ces matières consiste à les frotter d'abord à l'aide d'un tampon formé de bandes de drap enroulé que l'on imprègne de ponce délayée dans l'eau.

A la suite de cette opération, on frotte les manches noirs au charbon et à l'huile.

Enfin, on donne le brillant aux diverses matières suivant leur nature.

1° Aux manches d'ébène et de corne, en les frottant très vivement avec la paume de la main après les avoir légèrement imprégnés de savon noir liquide et saupoudrés de tripoli en poudre.

2° Aux manches d'ivoire et d'os en les frottant avec un tampon de linge imbibé de blanc de Meudon délayé dans l'eau avec un peu de poudre de savon blanc ; puis l'on essuie vivement et l'on frotte à sec avec du blanc.

On a remplacé ces diverses opérations par un *ponçage* et un *lustrage*.

Ponçage. — Le ponçage s'obtient en frottant les diverses matières contre la tranche d'une polissoire en *toile* que l'on arrose avec de la ponce délayée dans de l'eau pour polir l'os, l'ivoire, la corne et les bois de couleur, et avec une polissoire en *drap*, que l'on imprègne de ponce délayée dans l'huile, s'il s'agit de polir l'ébène et la corne de buffle.

Lustrage. — On opère le *lustrage* de la même façon, avec des polissoires en calicot, dont la tranche est imprégnée de tripoli délayé dans du vinaigre, pour toutes les sortes de manches, à l'exception de ceux en ivoire et en os dont le lustrage s'obtient facilement et plus promptement à la main.

Polissoires en étoffes. — Les *polissoires en étoffes* sont faites avec du *drap*, de la *toile* ou du *calicot*.

Quelle que soit la matière qui les compose, elles sont formées de rondelles de l'une de ces étoffes, en nombre assez considérable pour former une épaisseur de douze centimètres environ.

On les enfile sur un arbre en fer qui leur sert d'axe comme pour les polissoires en bois et qui porte une embase et un écrou au moyen duquel on serre ces rondelles entre deux plaques de bois.

Lorsque les rondelles sont bien serrées, on tourne les plaques et les rondelles pour les bien centrer et leur donner la forme que l'on désire.

L'étoffe, cédant toujours un peu sous la pression, prend la forme de l'objet que l'on polit ; lorsque le mélange dont on l'imprègne a durci l'étoffe, on la tourne à nouveau pour enlever la partie qui ne peut plus servir.

On emploie à cet usage de vieux pantalons de troupe, que l'on a réformés ; sept suffisent généralement pour faire une polissoire en drap.

L'ouvrier est assis devant sa polissoire qui tourne d'avant en arrière avec une vitesse de 1 600 tours à la minute.

Les polissoires en étoffes conviennent parfaitement pour polir les parties rondes des manches de couteaux, mais on ne peut s'en servir pour le polissage des parties plates, ni pour celui des moulures.

Pour polir les parties plates des manches noirs, on se sert de polissoires en bois sur le côté desquelles on colle un morceau de cuir à semelles ou *baudrier*.

L'ouvrier se tient sur le côté de sa polissoire et présente contre le cuir la partie plate du manche qu'il a eu soin d'imprégner de ponce délayée dans l'huile.

Quant aux moulures, on est dans l'obligation de les polir à la main, soit à l'aide d'un tampon, ou d'un bois de peuplier préparé spécialement pour cet usage.

LES DISQUES, LES CONES, LES TAMPONS

Les polissoires en étoffe et les brosses donnant un résultat avantageux, on a imaginé de créer sur le même principe des appareils ayant des dispositions appropriées aux différents objets que l'on avait besoin de polir.

D'abord, ce sont des *disques* en feutre, en coton, en cuir, puis des *cônes* également en feutre, en coton et en cuir ; enfin, des *tampons* en coton, en cuir, en soie de porc, en feutre, en fil d'acier ou de laiton.

On est arrivé ainsi à polir toutes sortes de matières, quelle qu'en soit la nature et la forme.

Tours à polir. — Ces divers appareils ont nécessité la création d'instruments destinés à leur donner le mouvement de rotation et à les maintenir dans une position favorable à leur emploi ; c'est ce but que remplissent les tours à polir.

Les *tours à polir* sont composés d'un massif en fonte que l'on fixe sur un établi si c'est un petit tour, ou sur un bloc de pierre ou de maçonnerie si c'est un tour de grande dimension.

De ce massif se détachent deux poupées, munies de coussinets, qui reçoivent un arbre sur lequel sont ajustées deux poulies, l'une fixe l'autre folle, qui se placent entre les deux poupées.

De chaque côté des coussinets l'arbre déborde et est disposé pour recevoir des mandrins sur lesquels s'adaptent les disques, les brosses, les cônes et les tampons.

Ce sont toujours les mêmes substances qui servent pour le polissage : la *ponce*, le *tripoli*, la *terre pourrie*, la *chaux de Vienne*, le *rouge*, le *blanc de Meudon*, délayés avec de l'eau ou avec de l'huile.

LE POLISSAGE AU TONNEAU

Nous devons mentionner un système de polissage des manches de couteaux communs qui réussit assez bien pour les manches ronds en ébène, c'est le *polissage au tonneau.*

Le tonneau est muni, à ses deux extrémités, de deux tourillons passant par son axe et s'appuyant sur deux supports qui les soutiennent horizontalement.

On introduit les manches avec de l'huile et de la poussière de charbon par une ouverture pratiquée sur le côté du tonneau auquel on imprime un mouvement de rotation très lent ne dépassant pas 20 à 25 tours à la minute.

Avec ce système, au bout de 10 à 12 heures, des manches sont parfaitement polis et à peu de frais.

LA PONCE

La *pierre ponce*, comme l'appellent les minéralogistes, est une roche feldspathique excessivement poreuse.

Elle parait être de l'*obsidienne* modifiée par le passage d'une multitude de bulles gazeuses qui l'ont traversée pendant qu'elle était à l'état pâteux.

Cette extrême porosité lui donne une âpreté considérable au toucher, et une pesanteur spécifique moindre que celle de l'eau, ce qui lui a fait donner, en Chine, le nom de *pierre qui nage*.

Elle contient souvent des cristaux de feldspath et se lie intimement aux roches trachytiques.

La pierre ponce employée dans le commerce vient en grande partie des *îles Ponces*, d'où elle a tiré son nom, et des îles Lipari, au nord de la Sicile. On ne la trouve point, ou peu, aux environs des volcans en activité, on la trouve plutôt autour des volcans anciens.

On emploie la pierre ponce brute ou réduite en poudre ; elle se vend de 12 à 15 francs les 100 kilogrammes.

LE SAVON NOIR

Le *savon* était connu des anciens. Certains auteurs ont voulu expliquer le mot *boritte*, trouvé dans la Bible, par le mot *savon* ; d'autres auteurs parlent du *saponion* ; mais c'est Pline qui, le premier, a décrit le savon que les Gaulois employaient pour rendre les cheveux blonds.

« *On le fait,* dit-il, *de suif et de cendres de hêtre ; il y en a de deux sortes, du dur et du* « *liquide.* »

Les Romains se servaient aussi du savon, car on a découvert une savonnerie dans les ruines de Pompéi.

On a attribué à la ville de *Savone* qui a donné son nom à cette industrie, l'honneur d'avoir fabriqué les premiers savons.

C'est à la fin du XVIIe siècle que la fabrication des savons s'implanta à Marseille où la proximité de la production de l'huile d'olive et les avantages de la situation commerciale de cette ville, donnèrent à cette industrie une supériorité qu'elle a toujours conservée depuis.

Nous ne suivrons pas les développements de la fabrication du savon ; il nous suffira de dire qu'il se fabrique des savons durs et des savons mous ; nous ne nous occuperons que de ces derniers qui seuls sont employés en coutellerie.

Fabrication du savon noir. — « Les *savons noirs,* dit M. Droux (1), sont les plus « anciens savons, ce sont ceux que les peuples primitifs, tels que les Arabes, fabriquent encore « aujourd'hui. Cela s'explique en raison de l'emploi, dans leur composition, des lessives prove- « nant de l'incinération du bois, donnant un alcali où la potasse domine.

« Les alcalis employés dans la fabrication des savons noirs étaient jadis les potasses d'Amé- « rique, de Russie, de Toscane, toutes provenant de l'incinération du bois ; c'est l'alcali naturel « le plus ancien. On emploie maintenant les potasses brutes ou raffinées des vinasses de bette- « raves, celles du suint de laine, et enfin celles obtenues par la décomposition des gisements « naturels de chlorure de potassium de Stassfürt

« On prépare d'abord la lessive en dissolvant à chaud, dans l'eau, le carbonate de potasse et « en rendant cette dissolution caustique au moyen d'environ 40 °/₀ de chaux vive. Par simple « repos, la lessive s'éclaircit et le carbonate de chaux formé et précipité au fond du bac, subit « ensuite une série de lavages méthodiques qui lui enlèvent l'alcali, entraîné. La lessive est « préparée à la densité de 18° Baumé.

« La saponification des huiles s'opère dans des chaudières en fer chauffées à feu nu et géné- « ralement placées en élévation, les bacs à lessive étant disposés près de la chaudière sur un « plancher.

« On commence par introduire dans la chaudière une petite quantité de lessives faibles, puis « on verse en une seule fois l'huile à savonifier préparée dans un bassin jaugé ; on chauffe « ensuite jusqu'à près du point d'ébullition, en évitant toutefois de le dépasser. Sans cesser de « brasser la masse, on ajoute peu à peu la lessive caustique enlevée au moyen d'une cuiller des « bassins, et lorsque toute l'huile est saturée, que le mélange est parvenu à une consistance « homogène et transparente, on active l'action du feu pour cuire le savon et en chasser l'excès « d'humidité.

« La cuite est terminée quand il n'y a plus aucune mousse à la surface de la chaudière, que « l'ébullition est régulière, lourde, avec un clapotement spécial. Il faut une assez grande habitude « pour reconnaître ce point spécial ; mais pendant la marche de la cuite, le savonnier a pris des « échantillons qu'il fait refroidir en forme de pastilles sur une lame de verre. On juge parfaite- « ment du degré de cuisson par le filet plus ou moins long que laisse le savon enlevé du verre à « l'aide du doigt. Pour bien se conserver, il doit rester en forme d'un petit cône net, sans donner « de filet qui indique qu'il renferme encore trop d'eau ».

Caractères et usages. — Ces savons sont généralement verts ou jaune

(1) *E.-O. Lami.* — Dictionnaire de l'Industrie et des Arts Industriels.

noir; verts quand ils sont formés d'huile de chanvre ou quand ils sont colorés avec l'indigo et jaune foncé quand ils ont été fabriqués avec des huiles de colza, de lin ou avec l'acide oléique. Leur composition est :

Matières grasses	45
Alcali pur	10
Eau de composition et sels neutres	45

Le savon mou qu'on connaît sous le nom de savoir noir vaut 45 fr. les 100 kilog. ; on s'en sert en coutellerie pour lustrer les manches d'ébène.

LE TRIPOLI

Le *tripoli* est une matière siliceuse, fine et terreuse que l'on emploie pour polir.

Ce nom lui vient paraît-il de la Régence de Tripoli en Afrique d'où on retirait autrefois cette substance.

On distingue trois espèces de *tripoli :*

« 1° Le tripoli constitué par des dépôts sédimentaires hydratés, formés par des couches de « silice farineuse dues à l'accumulation, dans les eaux douces, de carapaces de diatomées « microscopiques *(algues)* exclusivement siliceuses de la famille des *bacillaria*.

« Ce sont des masses blanches ou d'un gris cendré, parfois jaunâtres, tendres, friables, « solubles dans les alcalis caustiques, et dont la formation se fait encore de nos jours. On trouve « ce tripoli à Ebstorf (Hanovre), à Eger, Bilin, Franzensbad (Bohême), et en France à Ceyssat « et à Randau (Auvergne).

« 2° Le tripoli également constitué par sédimentation dans l'eau douce, mais ayant en plus « subi l'action d'une forte chaleur par suite du voisinage de volcans ou de houillères embrasées, « ce qui a changé l'état d'agrégation de la silice.

« Ce produit est souvent schisteux, rose ou rougeâtre, et hygrométrique par suite de la « présence de traces d'acide sulfurique ou de persulfate de fer. Le plus estimé de cette variété « vient de Corfou ; on en trouve encore à Ménat, près Riom (Puy-de-Dôme) ; à Walkegem près « Oudenarde (Belgique) ; en Saxe ; en Toscane, etc.

« 3° On désigne encore sous le nom de tripoli, certains dépôts tertiaires, constitués par des « calcaires crayeux pulvérulents que l'on trouve notamment dans le terrain éocène parisien « (sous-étage lutécien) comme à Nanterre par exemple, dans les caillasses sans coquilles du « calcaire grossier (1) ».

La densité du tripoli varie de 1,9 à 2,08.

Le *tripoli de Corfou* est connu dans le commerce sous le nom de *tripoli de Venise,* parce qu'il était exporté de l'île de Corfou par les Vénitiens. C'est le plus estimé, on le vend de 1 fr. 50 à 2 fr. le kilogr. en poudre et 3 fr. lorsqu'il est en *trochisques*; petits pains que l'on forme après qu'il a été lavé. (Du grec τροχίσκος, rondelle.)

Le tripoli ordinaire vaut de 18 à 20 fr. les 100 kilog.

---

(1) *E.-O. Lami.* — Dictionnaire de l'Industrie et des Arts Industriels. — Art. *tripoli.*

On emploie le tripoli mélangé avec de l'huile ou de l'eau ou du vinaigre ou enfin avec de l'acide sulfurique lorsque l'on veut polir la nacre.

LE BLANC DE MEUDON

Le *blanc de Meudon* n'est autre chose que de la *craie* ou chaux carbonatée blanche, maigre au toucher, se laissant rayer par l'ongle et happant fortement la langue.

Sa densité est 2,31 ; voici la composition de la craie naturelle :

Silice	19
Magnésie	11
Chaux	70

Lorsqu'elle a été lavée, sa composition change; elle contient :

Silice	4
Magnésie	8
Chaux	88

Gisements. — Le terrain crétacé qui fournit la craie, couvre une étendue considérable du globe; on le trouve en France, en Angleterre, en Belgique, en Hollande, en Prusse, en Westphalie, en Hanovre, en Saxe, en Bohême, en Bulgarie, en Pologne, en Suède; il forme une partie considérable du sol Asiatique et continent Américain (1).

En France on trouve la craie en Champagne, en Normandie et à Meudon, aux environs de Paris. On l'exploite par galeries et c'est par lévigation (2) qu'on obtient la finesse voulue.

Usages. — On trouve dans le commerce la craie moulée en petits pains cylindriques, sous le nom de *blanc d'Espagne* ou *blanc de Meudon;* elle sert à une foule d'usages industriels.

Elle est employée pour le nettoyage des objets domestiques, ustensiles de cuivre, glaces, etc. Elle fournit le blanc employé dans la peinture à la détrempe.

En coutellerie, on la frotte sur un morceau de feutre ou de peau de buffle tendu sur un morceau de bois, pour enlever les taches que les doigts laissent sur les

(1) *Privat-Deschanel et Focillon.* — Dictionnaire générale des Sciences théoriques et appliquées. — Art. *terrains crétacés.*

(2) Le mot *lévigation*, du mot latin *lævigare*, pulvériser, désigne une opération qui consiste à agiter dans un vase rempli d'eau, des substances en poudre. Après quelques moments de repos, lorsque les parties les plus grossières se sont précipitées au fond, on verse presque tout le liquide dans un autre vase, on laisse déposer et on décante pour obtenir les molécules les plus ténues.

lames et sur tous les objets de fer ou d'acier poli auxquels elle donne en même temps un certain brillant.

On la délaye aussi dans l'eau pour le polissage de l'os et de l'ivoire.

Son prix est de 8 francs les 100 kilogrammes en poudre et de 9 francs en pains par tonneaux de 250 kilogrammes environ.

LA CHAUX DE VIENNE

La *chaux de Vienne* employée pour le polissage, est une sorte de chaux qui vient d'Autriche et qui contient beaucoup de magnésie; en voici la composition d'après l'analyse :

Chaux	57,25
Magnésie	41,24
Silice	0,41
Eau	0,94
Argile et oxyde de fer	0,16

Elle est extraite de la *dolomie,* substance ainsi appelée du nom du minéralogiste Dolomieu (1), qui l'a découverte et étudiée.

La dolomie est un carbonate double de chaux et de magnésie qui cristallise en rhomboèdres. Elle se trouve en masses grenues saccharoïdes, cristallines et compactes ; elle est infusible, sa densité est 2,85.

On la rencontre dans le Tyrol autrichien.

Pour le polissage des métaux, on la mélange avec des corps gras; elle se vend en poudre blanche au prix de 50 francs les 100 kilogrammes.

LE FEUTRE

Le *feutre* (2) est une sorte d'étoffe non tissée, faite de poils ou de laine, que l'on soumet au foulage.

« La fabrication du feutre, dit M. A. Renouard (3), est une industrie qui remonte à la plus « haute antiquité. Pline rapporte que les anciens produisaient des feutres qui pouvaient résister « au fer et au feu. *Juste Lipse* (4), dans son livre intitulé *De re militari Romanorum,* dit que les « soldats Samniques portaient des cuirasses (*spongiæ*), faites de laines feutrées, dont

(1) *Dolomieu* (Déodat-Guy-Sylvain-Tancrède *Gratet de*), célèbre géologue né en 1750, au château de Dolomieu (Dauphiné), mort en 1801.

(2) *Feutre,* de l'anglo-saxon *felt.* — LITTRÉ.

(3) *E.-O. Lami.* — Dictionnaire de l'Industrie et des Arts Industriels. — Art. *feutre.*

(4) *Justin Lipsius,* célèbre philologue, né à Isque, près de Bruxelles, en 1547, mort en 1606.

« la confection était entendue d'après les mêmes principes que l'on a appliqués depuis à la « fabrication des chapeaux. C'est d'Asie que nous est venue cette industrie ; les Tartares, les « Mandchous, les Mongols, et autres peuplades errantes, font encore des tentes de feutres d'une « seule pièce, et on fabrique aussi dans la Mongolie et le Nord de la Chine, une assez grande « quantité de feutre.

« Le premier essai de feutrage, en France, paraît avoir été fait sous le ministère du cardinal « Fleury par le sieur Chatrain, marchand chapelier, qui s'en tint à quelques expériences.

« Antheaume, fabricant, présenta au roi Louis XV une pièce de drap feutré avec du poil de « castor, et plus tard un habit de même étoffe sans couture. A ces draps de castor, fort chers, « qui furent longtemps les seuls feutres connus, ont succédé les étoffes de laine feutrée, inven- « tées par Troussier, en 1789, et perfectionnées par Véra, fabricant, en 1790. »

Le principal usage du feutre est la confection des chapeaux et des souliers ; on l'emploie aussi pour la fabrication du papier.

Ce sont les vieux chapeaux et les vieux feutres ayant servi dans les papeteries que l'on utilise en coutellerie pour le frottage des manches de couteaux de toutes sortes. On les paye de 2 à 3 francs le kilogramme.

Les disques en feutres sont fabriqués spécialement.

LE DRAP

Le nom de *drap* (1) est généralement donné aux étoffes de laine cardée dont le tissu est dissimulé sous une sorte de duvet plus ou moins épais.

La *laine*, dit M. Paul Poiré (2) est une matière textile fournie par la toison du mouton. Le brin de laine n'est pas une fibre lisse comme la soie, le lin et le coton. Lorsqu'il a été débarrassé des corps gras qui le recouvrent et que l'on appelle *suint*, il paraît, au microscope, formé d'une série de calottes coniques qui s'emboitent l'une dans l'autre et présentent l'aspect qu'offriraient des dés à coudre qui s'emboîteraient. Le brin de laine n'est pas en général rectiligne, il est plus ou moins contourné ou vrillé ; c'est encore là un de ses caractères distinctifs quoique toutes les laines ne le possèdent pas au même degré. La longueur du brin de laine est très variable d'une espèce à l'autre ; certaines laines d'Australie donnent des brins de deux centimètres, tandis qu'on rencontre dans les laines de la Gallicie des brins de 30 centimètres.

Emploi. — « L'emploi de la laine à la confection des étoffes destinées à revêtir l'homme, « date de la plus haute antiquité. Les plus vieux documents de l'histoire renferment tous la « notion de la récolte de la laine de brebis pour la filer puis en tisser des étoffes ; mais le feutrage « de ces étoffes, qui leur donne le caractère propre du drap, n'a été imaginé que longtemps « après.

---

(1) *Drap*, de *drappnus*, basse latinité. — LITTRÉ.

(2) *Paul Poiré*. — La France Industrielle. — Art. *laine*.

TOUR A POLIR

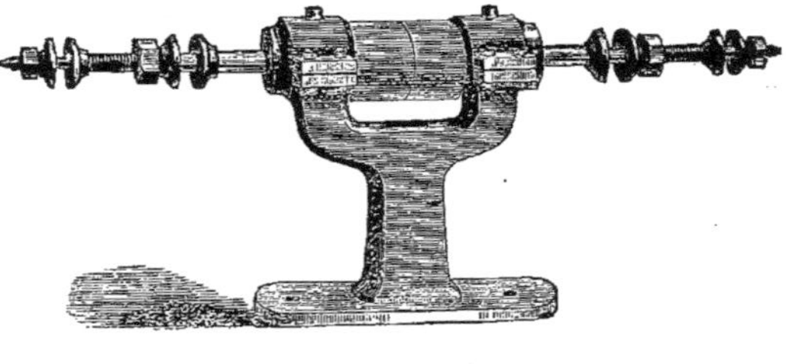

TOUR A POLIR

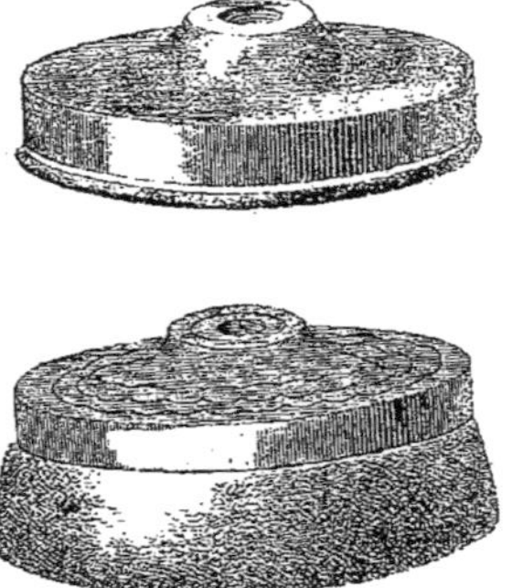

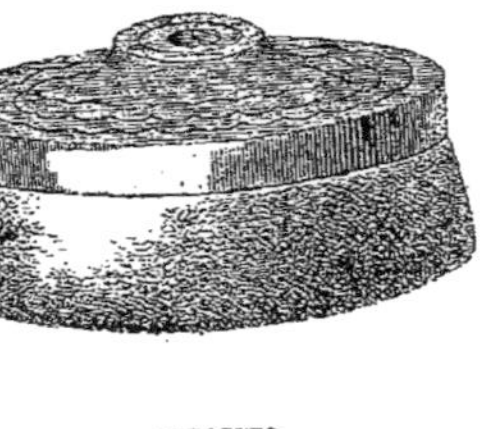

DISQUES

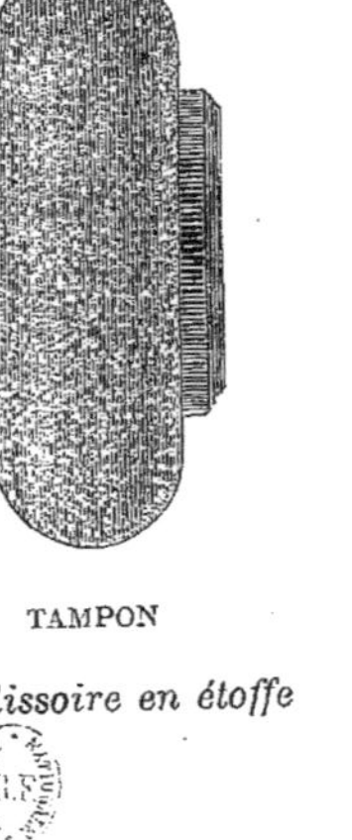

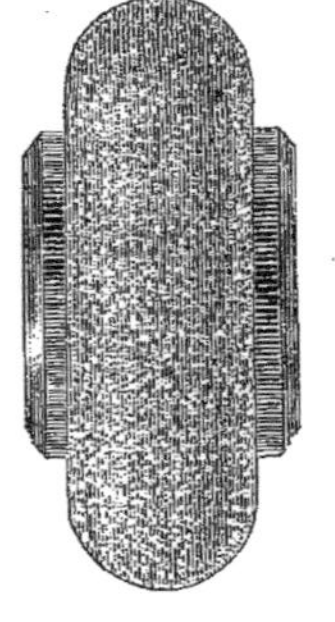

TAMPON

ou polissoire en étoffe

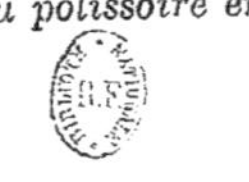

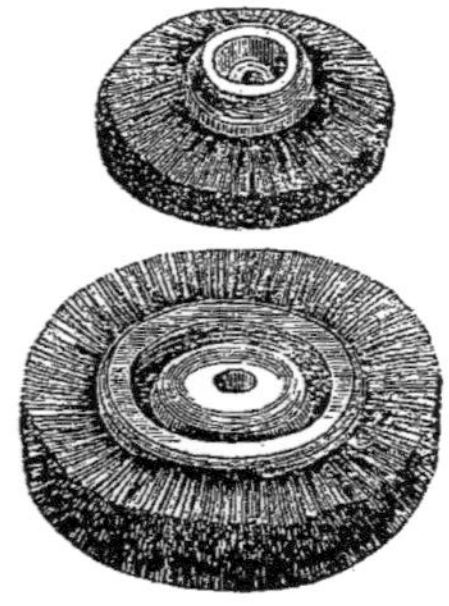

BROSSES

« Il semble que les premiers draps aient été tissés à Reims. On les trouve mentionnés dans « plusieurs manuscrits des XIIIe et XIVe siècles.

« Les premières *manufactures* de drap datent de Henri IV, mais ce fut seulement à partir du « règne de Louis XIV que cette industrie accomplit des progrès marqués.

« La manufacture d'*Abbeville* nécessita de grandes dépenses, et ce ne fut qu'au prix de conces- « sions énormes que Colbert détermina le flamand *Josse van Robais* à venir se mettre à la tête de « cet établissement.

« En 1646, Louis XIV avait accordé un privilège de 20 ans à *MM. Nicolas Cadeau, Binet et* « *Marseille*, qui avaient fondé à *Sédan* une manufacture de draps fins.

« En 1681, des lettres-patentes étaient accordées à MM. Ricard, Langlois et Cie, fondateurs « de la manufacture de *Louviers*.

« Depuis cette époque, des progrès de tous genres ont été réalisés pour transformer la fabrica- « tion, de manuelle qu'elle était, en fabrication mécanique, et les progrès de celle-ci sont tels « qu'il semble difficile de réaliser de nouveaux perfectionnements (1) ».

Nous n'avons point l'intention d'entrer dans les détails de la fabrication du drap, nous nous contenterons d'en indiquer les diverses opérations qui sont :

1° Opérations ayant pour but d'amener la laine à l'état de fil.

2° Filature et tissage.

3° Opérations qui suivent le tissage jusqu'au foulage inclusivement.

4° Opérations qui suivent le foulage et entrent dans la catégorie des apprêts.

La fabrication des draps de troupe, que l'on emploie pour ainsi dire seuls en coutellerie, est à peu près localisée entre trois centres principaux : à Romorantin Loir-et-Cher), à Châteauroux (Indre), et Lodève (Hérault).

Les couteliers se servent de préférence, à cause de leur bon marché, des pantalons de troupes qui ont été réformés. Ils coûtent 1 fr. 50 la pièce, et il suffit de sept pantalons pour faire une polissoire de 0[m]30 de diamètre et 0[m]15 d'épaisseur.

LA TOILE

On donne le nom de *toile* (2) à tous les genres de tissu de lin ou de chanvre.

Le lin. — Le *lin* (3) est le type de la famille des *linées*. Les naturalistes en distinguent plus de cent espèces, mais de toutes les variétés, le *lin à fleur bleue* désigné encore sous le nom de *lin commun*, le *lin usitatissimum* des botanistes est le seul genre industriel et véritablement cultivé.

On sème le lin dans le courant de mars et on le récolte à la fin de juin et au commencement de juillet.

On fait sécher, on le lie en gerbes, et quand toute trace d'humidité a disparu,

---

(1) *E.-O. Lami.* — Dictionnaire de l'Industrie et des Arts Industriels. — Art. *draperie.*

(2) *Toile*, du latin *tela*, par contraction de *texela* du verbe *texerer, tisser.* — LITTRÉ.

(3) *Lin*, du celtique *llin*, fil, d'où *linum* en latin et *lin* en français, qui a donné naissance au mot linge.

on procède à l'*égrenage*. Chaque hectare produit de six à sept hectolitres de graine qu'on vend aux fabricants d'huile ou que l'on conserve pour semer.

Restent alors les tiges qu'il s'agit de rouir puis de broyer et teiller pour en faire de la filasse.

Nous empruntons à M. Renouard, la description qu'il donne de ces diverses opérations dans le *Dictionnaire de l'Industrie et des Arts Industriels*, de E.-O. Lami :

Rouissage. — « On sait que le lin est une sorte d'écorce qui entoure la chènevotte ou « partie ligneuse de la tige, et que ces deux parties sont agglutinées ensemble par une matière « dite *gommo-résineuse*, qui s'oppose à leur séparation. Le *rouissage* a pour but, au moyen de « l'eau et de l'humidité, de disposer la filasse à quitter la chènevotte, et pour résultat naturel « d'affiner cette filasse et de la diviser. On opère en plongeant les tiges dans l'eau, soit qu'on les « laisse étendues sur le sol, exposées à l'action de l'air humide, on doit toujours procéder avec « le plus grand soin, car de cette opération dépend le plus ou moins de qualité de la fibre.

Broyage et teillage. — « Le rouissage est suivi du *broyage*, qui a pour but de rompre la « chènevotte pour l'aider à se séparer du filament ; puis après le broyage vient le *teillage*, qui « consiste à séparer cette chènevotte de la filasse en frappant sur les tiges broyées au moyen « d'instruments spéciaux.

Peignage. — « Après le teillage, il ne reste plus qu'à *peigner* le lin. Le peignage se fait à la « main ou à la mécanique ; il donne naissance à deux produits : l'*étoupe* et le *long brin*.

Filature. — « Ce mot désigne les différentes opérations qu'on fait subir dans l'industrie à « toutes les matières brutes, excepté la soie, pour les amener à l'état de *fil*.

« D'une manière générale, on peut les résumer en quatre principales :

« 1° *Les préparations du 1er degré* comprennent toutes les manipulations et les traitements « mécaniques que l'on fait subir aux fibres isolées de la matière première pour les nettoyer, les « démêler, les redresser et les prédisposer pour un travail suivant.

« 2° *Les préparations du 2e degré* comprennent la série des opérations qui ont pour but la « réunion des filaments pour en former des rubans continus et les additions successives d'une « plus ou moins grande quantité de ces rubans pour les condenser à mesure qu'on les réunit « de façon à augmenter la finesse et l'homogénéité du ruban unique.

« 3° Le *filage* est le travail que l'on fait subir à la matière textile pour la transformer en un « fil parfait.

« 4° Les opérations qui suivent le filage, n'ont d'autre but que de donner au fil la forme « commerciale nécessaire à la vente.

Tissage. — « Le tissage consiste à entrelacer des fils, les uns en longueur, les autres en « largeur, pour produire un tissu.

« Une partie de ces fils sont disposés les uns à côté des autres et tous parallèlement entre « eux dans le sens de la longueur de la pièce d'étoffe et constituent la *chaîne*.

« Les autres fils sont dirigés perpendiculairement à ceux de la chaîne et constituent la « *trame*.

« Les fils d'une étoffe peuvent être disposés d'une façon particulière ; on donne le nom « d'armure à ces diverses dispositions de fils.

« Il y a quatre types principaux d'armures, ce sont :

« L'armure *toile*, l'armure *croisé*, l'armure *sergé* et l'armure *satin*.

« L'*armure toile* résulte du croisement des fils transversaux, ou trame avec les fils longitudi- « naux ou chaîne, de manière que chaque fil de la trame passe sur tous les fils pairs et sous « tous les fils impairs de la chaîne pour le premier rang et pour tous les rangs impairs de la « trame, puis sous tous les fils pairs et sur tous les fils impairs de la chaîne pour tous les rangs « pairs de la trame. »

Le lin a été employé par les anciens dès l'époque la plus reculée ; Hérodote et

Thucydide (1) rapportent que le lin était cultivé en Grèce et travaillé en grande quantité dans ce pays. Les Romains portaient le lin comme vêtement de dessous, c'est-à-dire en tunique.

Au moyen-âge, on commença à s'en servir comme linge de corps, mais c'est au XIe siècle que l'emploi de certains tissus grossiers en lin a commencé à se généraliser, autant à cause des bénéfices qu'y trouvaient les marchands que parce que les consommateurs s'aperçurent que l'emploi de ces étoffes faisait disparaître un grand nombre de maladies cutanées, la lèpre en particulier.

Au XIIe siècle, d'après la statistique du temps, on comptait 100 000 tisserands à Louvain (Belgique).

Mais ce n'est qu'en 1810, après l'invention, par Philippe de Girard (2), de la filature mécanique de lin, que l'emploi et la consommation du lin prirent une importance considérable.

Il y avait en 1862, en France, 105 455 hectares ensemencés en lin qui produisaient 52 311 040 kilogrammes de filasse, soit 500 kilogrammes à l'hectare ; la production a beaucoup diminué depuis, en 1878 on importait en France près de 45 000 000 de kilogrammes de lin des pays étrangers.

Le chanvre. — Le *chanvre* est produit par le *cannabis sativa,* de la famille des *cannabinées.* On pense que cette plante est originaire d'Asie, en raison de l'analogie qui existe entre son nom grec et latin *cannabis* et le nom arabe *kinnub.*

On sème le *chenevis* ou graine de chanvre généralement après les gelées printanières et par un temps humide et chaud.

Le chanvre est une plante dioïque et il y a une différence sensible entre l'individu femelle, plus fort et plus grand que le mâle.

Au mois d'août, on arrache brin à brin le mâle, qui jaunit le premier, vers le mois de septembre on arrache la femelle.

Lorsque le chanvre est arraché, on l'étend par terre, et le jour même ou le lendemain on le lie en petites bottes qu'on dispose sur le champ en petits cônes.

Après la récolte, on sépare la graine en faisant passer la tête du chanvre à l'égrugeoir ou en battant l'extrémité.

Le rouissage, le broyage et le teillage du chanvre s'opèrent à peu près de la même façon que pour le lin, de même que la filature et le tissage.

Les anciens se servaient de chanvre pour faire les câbles, des cordages, mais il n'est question nulle part qu'ils en fissent de la toile ; ce n'est qu'au XVIe siècle que l'on arriva à faire une toile assez fine avec le chanvre.

(1) *Thucydide*, célèbre historien grec, né près d'Athènes vers l'an 471 avant J.-C., mort vers 395.

(2) *Philippe de Girard*, ingénieur, né en 1775, au village de Lourmarin (Vaucluse), mort en 1845.

En 1840, il y avait en France 176 148 hectares ensemencés en chanvre ; la statistique agricole de 1872 ne donne que 96 395 hectares.

La quantité de filasse produite par hectare est de 700 à 1 200 kilogrammes, suivant les pays, et le poids de graine est d'environ 300 à 350 kilogrammes à l'hectare.

La toile que l'on emploie pour faire les polissoires est du prix de 0 fr. 80 le mètre.

LE CALICOT

Le nom de *calicot* donné à cette étoffe vient de celui de *Calicut,* ville indienne, d'où l'on a expédié en Europe les premières étoffes de coton.

Le *coton* est le fruit du *cotonnier,* arbrisseau de la famille des malvacées. C'est une matière floconneuse, une espèce de duvet que les arabes désignaient sous le nom de *gotn* ou *goz* qui signifie matière soyeuse.

Culture du coton. — « Le cotonnier ne croît que dans les pays chauds, entre le 40e degré « de latitude et la ligne équinoxiale. On le cultive sur une échelle plus ou moins vaste en « Amérique, dans les Indes, au Brésil, en Egypte, en Perse, dans l'Asie-Mineure, les îles de « Malte, dans le levant, en Afrique, etc. La tige est rameuse et la racine pivotante ; quelques « espèces s'élèvent jusqu'à 6 mètres. Les fleurs qui naissent à l'aisselle des feuilles sont tantôt « rouges tantôt jaunes.

« La gousse, cosse ou fruit, dur à sa maturité, a une forme cloisonnée à quatre diaphragmes. « Les graines, vertes ou noires, de trois à sept par cellule, se détachent facilement ou adhèrent « fortement au duvet suivant l'espèce.

« Les semailles du coton se font dès que les gelées blanches ne sont plus à craindre, en avril « généralement. A la fin du troisième mois après les semailles, on coupe souvent le sommet de « la tige principale afin d'arrêter la sève, qui se porte vers la cime, et de la forcer de refluer « dans les branches latérales.

« La floraison dure, aux Etats-Unis, de la seconde quinzaine de mai à la fin de juin ; elle a « lieu plus tôt dans l'Inde et en Egypte. La cueillette a lieu, aux Etats-Unis, du premier « octobre au 30 novembre suivant la plus ou moins grande précocité de la saison. En Egypte, « la première a lieu de la fin d'août au commencement de septembre.

« A l'époque de la maturité, les capsules s'ouvrent et laissent échapper les filaments duve- « teux sous l'apparence d'une grappe plus ou moins longue ; le coton est alors enlevé à la main « et la gousse reste sur l'arbre.

« Le coton cueilli est étalé ensuite sur des claies exposées au soleil à l'abri de la pluie et de « l'humidité, et lorsqu'il est parfaitement sec, on le rentre. Dans certains pays, il n'est pas « toujours possible de sécher le coton au soleil, on emploie alors des fours.

« Un hectare de terrain produit environ :

« Dans les Indes, 65 kilogrommes de coton ;

« En Amérique, 200 kilogrammes de coton ;

« En Egypte, 360 kilogrammes de coton. » (1)

L'usage du coton remonte à la plus haute antiquité. C'est dans l'Inde que les Grecs trouvèrent le coton en usage ; Hérodote, au Ve siècle avant J.-C. écrivait

---

(1) *E.-O. Lami* — Dictionnaire de l'Industrie et des Arts Industriels.

ce qui suit : *Les Indiens ont une sorte de plante qui produit, au lieu de fruits, de la laine plus belle et plus douce que celle des moutons, ils en font leurs vêtements* ; Strabon, quelques années avant notre ère, trouvait le coton cultivé à l'entrée du golfe Persique ; Pline, 50 ans après, indiquait cette même plante comme l'une des productions de l'Arabie et de la haute Egypte.

En même temps la culture de la plante et la filature du coton envahissaient peu à peu la Perse et l'Arménie, où elles étaient florissantes au XIIIe siècle. D'un autre côté les Arabes avaient propagé cette culture en Afrique à mesure que leur conquête s'y étendait, et au IXe siècle ils plantaient aux environs de Valence, en Espagne, les premiers cotonniers cultivés en Europe ; en même temps, Cordoue, Grenade, Séville, voyaient se fonder dans leurs murs des manufactures de tissus de coton.

Au XIVe siècle, les Turcs importèrent en Albanie, en Macédoine, l'art de tisser le coton. C'est à eux que les Vénitiens et les Milanais empruntèrent cette industrie, que leurs relations commerciales introduisirent en Belgique, puis en Angleterre. Les premiers tissus de coton fabriqués par les Anglais remontent à 1430 ; favorisée par les rois anglais, cette industrie prit un essor inconnu jusque là.

L'industrie des tissus de coton fut plus longue à s'implanter en France, où elle ne date que de la fin du XVIIe siècle, mais elle fit de rapides progrès, et aujourd'hui elle n'a rien à envier aux Anglais.

Fabrication des tissus. — Nous n'entrerons point dans le détail de la filature et du tissage du coton, nous nous contenterons d'en indiquer les diverses phases.

C'est d'abord l'*égrenage*, qui consiste à séparer les graines du duvet ; puis l'*ouvrage et le battage* pour faire foisonner la masse comprimée par l'emballage et la débarrassser de la poussière ; le *cardage*, le *peignage*, l'*étirage* et le *doublage* ; le *filage*, le *titrage* ou *numérotage*, pour constater la finesse du fil, le *vaporisage*, enfin l'*empaquetage*.

Le *tissage* comprend le *bobinage*, l'*ourdissage*, le *parage* ou *encollage* des chaînes et le *tissage* sur des métiers mécaniques.

Les tissus de coton se présentent sous deux formes très distinctes, ils sont écrus, et on les appelle *jaconas*, *percale*, *calicot*, *cretonne* ; ou ils sont imprimés ou tissés en couleur, ce sont les *indiennes* et les *cotonnades*.

Le *calicot*, qui nous occupe, est un tissu de coton uni produit par l'armure toile. Cette désignation de calicot est réservée aux tissus établis dans certaines limites de largeur, de nombre et de grosseur des fils.

Les calicots se font depuis 58 jusqu'à 78 portées, comptant de 18 à 23 fils au 1/4 de pouce, et 20 à 26 fils en trame.

En 1775, le mètre de calicot coûtait 3 francs 75 ; aujourd'hui les prix de fabrique du calicot varient de 0 fr. 26 à 0 fr. 33 le mètre.

Il faut 90 mètres de calicot pour faire une polissoire de de $0^{m}36$ de diamètre et $0^{m}12$ d'épaisseur.

LA PEAU DE CHAMOIS

On emploie pour le polissage une peau souple à laquelle on donne le nom de *peau de chamois*, parce qu'elle était fabriquée dans le principe avec la peau du *chamois*, espèce de ruminant du genre *antilope*, qu'on appelle *isard* dans les Pyrénées ; mais aujourd'hui on fait aussi bien cette peau avec les peaux de moutons, d'agneaux, de chèvres, de daims, de cerfs, de chevreuils, etc., et l'on donne à cette préparation le nom de *chamoisage*.

Chamoisage. — « La chamoiserie (1) n'emploie guère que de la peau fraîche que l'on « soumet naturellement tout d'abord au *trempage*. Après un coup de fer toujours utile avant la « *mise en chaux* la peau est mise simplement dans des pelains qui commencent par un *pelain* « *mort*, puis à un *pelain faible* succède un *pelain neuf*, et enfin un *pelain vif*, c'est-à-dire n'ayant « jamais servi. Ces quatre pelains forment ce que l'on appelle un train de *pelamage*. Ce travail « des pelains varie de 6 à 10 jours, suivant la température.

« Après le pelamage, on donne un *coup de fer* sur la chair de la peau pour enlever les mau- « vaises chairs qu'elle contient toujours en plus ou moins grande quantité.

« Les peaux ainsi écharnées sont mises dans de l'eau propre où on les laisse séjourner deux « ou trois jours suivant la température de l'eau.

« Après ce séjour, il s'agit de vider les peaux de leur chaux, ce qui se fait soit au pilon à « la main, soit aux foulons mécaniques. Ce *foulage* s'opère dans de l'eau très propre et dure de « un à trois jours.

« Vient ensuite le *travail de rivière* qui consiste à nettoyer à fond les peaux Pour cela on « donne une première façon avec un couteau rond, une *queurce* qui pèse sur la fleur de la peau « que l'on étale bien dans tous les sens. Une seconde façon a lieu du côté de la chair avec un « couteau tranchant qui permet de détacher les *longues chairs* que la peau peut porter encore. « La troisième façon se donne du côté de la fleur avec le couteau rond. On laisse encore tremper « les peaux de façon à les reposer. Une fois retirées de l'eau, on donne une façon nouvelle avec « le couteau rond et sur la fleur ; puis on fait boire la peau dans de l'eau bien propre mais « sans séjour, et avec le même couteau rond on donne un dernier coup sur la chair.

« La *mise en confit* va commencer l'opération du passage. On emploie des bains d'eau aigrie « par du son de froment. Le son de bonne qualité remontant immédiatement à la surface du « bain, on le recueille avec soin, et à mesure que l'on met les peaux dans des cuves où l'on a « eu soin de verser de l'eau, on jette ce son par poignées sur chaque peau, de manière qu'il « s'attache à sa chair. Puis on remue les peaux pendant une dizaine de minutes et l'on ferme les « cuves ; la fermentation se produit promptement.

« Nous allons passer aux opérations proprement dites de la chamoiserie.

« Le *tordage* a pour but de débarrasser les peaux de l'eau qu'elles renferment, à l'aide d'un « outil en fer qu'on nomme *tordoir*.

« La *mise en huile* dure un mois environ. L'huile se donne par foulée, c'est-à-dire qu'on étend « les peaux sur une table, que l'on jette de l'huile dessus avec la main et qu'on l'étale sur « chaque peau, et que lorsqu'il y a quatre ou cinq peaux ainsi placées l'une sur l'autre, on les « replie en quatre puis on les passe sous les maillets des foulons, et pendant la première

---

(1) *E.-O. Lami*. — Dictionnaire de l'Industrie et des Arts Industriels. — Art. *chamoisage*.

« quinzaine on les foule chaque jour pendant une heure ou deux. Pendant la seconde quinzaine, « on les remet au foulon deux ou trois fois seulement.

« Les trois premiers jours les peaux sont mises au foulon ayant reçu de l'huile de foie de « de morue et ce n'est qu'à partir du quatrième jour qu'on emploie l'huile de baleine.

« On doit *donner du vent* à la peau et cela par quatre ou cinq fois pendant l'opération du « foulage. On étend les peaux sur des cordes à hauteur d'appui et bien exposées à l'air afin que « l'eau qui a pu rester dans les peaux s'évapore et laisse l'huile prendre un peu la place « qu'occupait l'eau disparue.

« Aussitôt le foulage terminé et les vents réunis, on accroche les peaux dans une étuve chauffée « à 25 ou 30° au plus afin de compléter le *passage à l'huile* et de former entre l'huile et toutes « les parties de la peau un mélange intime.

« On *dégraisse* ensuite les peaux, c'est-à-dire qu'on en extrait le *dégras* qu'elles contiennent.

« Dans les fabriques bien outillées, on a une grande cuve en fonte que l'on emplit d'eau « chaude à 45° ; on la remplit de peaux étalées l'une sur l'autre, et à l'aide d'une presse « hydraulique on en fait sortir le premier dégras appelé *moellon*.

« Puis on prépare une lessive à la potasse et à la soude ; on laisse les peaux quelques « heures dans cette lessive maintenue à 45° ; puis après un foulage à la main on sort les peaux « des cuves et on les soumet à la torsion, et le second dégras tombe dans la lessive d'où on « l'extrait ensuite.

« Après le dégraissage vient l'*étendage* qui a pour but de faire sécher les peaux.

« Puis on procède au *palissonnage* qui consiste à délivrer la peau de toutes les parties rigides « qui ont pu se former soit sur les bords, soit même au milieu de la peau.

« Le palissonnage ayant donné à la peau toute la souplesse possible, il ne reste plus qu'à la « *parer* en la débarrassant complètement de toutes les parties inutiles. »

Emploi. — Pour polir avec la peau de chamois, on en taille des rondelles que l'on enfile avec un arbre de polissoire, où elles sont maintenues à l'aide d'un écrou contre un épaulement que porte l'arbre. Les rondelles sont au nombre de cinq ou six et ont environ 30 à 40 centimètres de diamètre ; elles n'ont point de plateau en bois pour les maintenir, de sorte que lorsqu'elles sont au repos elles retombent sur l'arbre.

La vitesse de l'arbre, lorsqu'il est mis en mouvement, les maintient perpendiculairement à l'arbre par l'effet de la force centrifuge, et comme elles sont très souples, elles enveloppent dans tous les sens les objets qu'on présente à leur circonférence et leur donnent un très beau poli pour peu qu'on dépose sur le dit objet soit du tripoli en poudre et du savon noir, soit du tripoli délayé dans du vinaigre

On se sert aussi de cette peau pour essuyer la bijouterie, l'orfèvrerie et la coutellerie.

Il y a des peaux de chamois depuis 25 centimes jusqu'à 5 francs la pièce, suivant la qualité et la dimension.

LA TEINTURE

L'ébène ayant souvent des tâches grises, jaunes ou blanches, on est obligé de teindre les manches qui se trouvent tachés, afin de les utiliser ; on les emploie pour les couteaux de qualité commune.

Il y a divers procédés pour teindre l'ébène, nous nous contenterons d'en indiquer un que nous avons mis souvent en pratique :

Dans une chaudière d'une capacité de 100 litres, on met 50 litres d'eau dans lesquels on jette 250 grammes de noix de galle et 250 grammes d'extrait de bois de campêche.

On fait bouillir pendant une heure, puis on ajoute 1 kilogramme 250 grammes de sulfate de fer et 250 grammes de sulfate de cuivre.

Alors on introduit dans le mélange les manches travaillés et façonnés, et l'on fait bouillir le tout pendant quatre heures.

Lorsque l'on veut teindre du cormier ou d'autres bois, on double la dose.

Il faut ensuite faire sécher les manches pendant un temps assez long avant de pouvoir s'en servir.

LE BOIS DE CAMPÊCHE

Le bois de *campêche* provient du tronc de l'*hœmatoxylon campechianum*, arbre épineux de la famille des légumineuses, qui croît aux Antilles et dans toute l'Amérique Méridionale. Cet arbre atteint de 10 à 20 mètres de hauteur ; on le trouve sur les côtes du golfe de Mexique, près de *Campêche*, d'où lui vient son nom.

Son bois, d'un grain serré, très dur et rouge, entre dans le commerce en grosses *bûches*, dépouillées de leur aubier ; il est employé pour la teinture.

La matière colorante du bois de campêche est l'*hématine* ou *hématoxyline*, elle a été isolée en 1810 par Chevreul [1].

Pour la teinture, on emploie le bois de campêche déchiqueté en copeaux très menus, ou bien on se sert d'un extrait que l'on retire de ce bois.

Préparation de l'extrait de bois de campêche. — « La préparation de l'extrait « de bois de campêche, dit M. Guido de Becchi [2] se divise en trois phases :

« 1° Trituration du bois ;

« 2° Extraction à l'eau des parties solubles ;

« 3° Evaporation de l'extrait ;

« La *trituration du bois* est purement mécanique, elle a pour but de diviser le bois en copeaux « plus ou moins fins, et même en poudre grossière, pour que les dissolvants aient plus de « prise sur la matière.

« L'*extraction des parties solubles* se fait au moyen de chaudières cylindriques en cuivre où les « bois sont traités à l'eau bouillante. La chaudière est mobile autour d'un axe, ce qui permet de « la renverser pour en extraire facilement le bois épuisé ; elle est divisée en deux parties par un « double fond à tamis. Le couvercle est mobile et peut être assujetti solidement à la chaudière

---

(1) *Chevreul Michel-Eugène*, savant chimiste français, né à Angers, le 31 août 1785, mort à Paris, le 9 avril 1889.

(2) *E.-O. Lami.* — Dictionnaire de l'Industrie et des Arts Industriels.

« au moyen de vis, il est attaché par l'intermédiaire de chaînes et de poulies à un contre-poids, « ce qui permet de le soulever pour pouvoir renverser la chaudière ; il est aussi muni d'une « soupape de sûreté.

« Un tube en cuivre est en communication avec une chaudière qui fournit de la vapeur à « haute pression ; il pénètre dans la chaudière et vient s'étaler en cercle sur le fond à tamis de « cette dernière ; il est percé d'une infinité de petits trous par lesquels s'échappe la vapeur. « Un tube adopté à la partie la plus basse du fond convexe de la chaudière, sert à laisser « écouler le liquide. La chaudière contient à peu près 100 kilogrammes de bois rapé ; une fois « remplie, on ouvre le robinet et on y introduit de la vapeur à une tension de trois atmosphères ; « l'air se dégage par la soupape qu'on entr'ouvre.

« Lorsque les copeaux sont suffisamment ramollis, on remplit la chaudière aux trois quarts « d'eau et on donne de la vapeur jusqu'à ce que le bois soit convenablement épuisé par l'eau, « qui ne tarde pas à entrer en ébullition.

« Après ceci, la solution aqueuse s'écoule dans une seconde chaudière où elle trouve une « nouvelle quantité de bois dont elle extrait une partie de la matière colorante en se concentrant ; « finalement, le liquide se rend dans les appareils d'évaporation.

« C'est par l'*évaporation* que l'on concentre les solutions colorantes plus ou moins chargées, « selon la température d'épuisement du bois. Cette concentration s'exécute ordinairement dans des « chaudières en cuivre, chauffées au moyen d'un serpentin dans lequel circule de la vapeur d'eau « et dans lesquelles on fait le vide.

« L'évaporation de l'extrait de campêche est poussée très loin, et la masse sirupeuse est « coulée dans des formes où elle se solidifie par le refroidissement. »

Propriétés de l'extrait de campêche. — L'extrait de campêche est une masse noire ressemblant à de la poix ; sa saveur est sucrée et amère en même temps ; il possède un pouvoir colorant supérieur de quatre à cinq fois à celui du bois.

Il vaut 1 franc 30 le kilogramme.

LA NOIX DE GALLE

On appelle *galle* une excroissance de forme variable produite sur les végétaux par la piqûre de certains insectes qui, pour la plupart, y déposent un ou plusieurs œufs d'où naissent les larves. Ces insectes appartiennent à divers groupes, mais surtout au genre *cynips*.

« Les *galles* (1) se développent sous l'influence de la piqûre de ces insectes, dont le résultat « est l'extravasion des sucs du végétal, déterminée elle-même par l'âcreté de la liqueur qu'y « dépose l'insecte.

« On sait peu de choses sur les moyens que la nature emploie pour faire naître des galles si « différentes les unes des autres de la blessure faite par un insecte à telle ou telle partie d'une « plante ; c'est à Réaumur qu'on doit le peu de notions que nous avons sur les galles.

« C'est, dans la plupart des galles, une chose fort difficile que d'obtenir parfaits les insectes « dont elles contiennent la larve. Plusieurs meurent aussitôt que la galle est séparée de la plante ; « d'autres fois leur conservation, leur transformation exigent des conditions inconnues ou qu'on

(1) *Privat-Deschanel et Ad. Focillon.* — Dictionnaire général des Sciences théoriques et appliquées.

« peut difficilement leur procurer. Voici toutefois ce qu'on observe pour la formation de la galle « connue sous le nom de *noix de galle*, et qui provient du cynips de la galle à teinture *(diplolepis gallæ tinctoriæ)*.

« Le cynips femelle, à l'aide de sa tarière, pratique de petites entailles sur le chêne à galles « *(quercus infectoria)*, qui croît en Orient Dans chaque fente il dépose un œuf ; la sève afflue « sur ce point et y détermine une excroissance arrondie, augmentant de volume quand la larve « grossit ; celle-ci, établie au centre de la galle se nourrit de sa substance, y prend son accrois- « sement. Les galles atteignent le volume d'une demi-noix ordinaire, d'une forme en général « arrondie et acquièrent une dureté considérable ; souvent il existe à la surface un petit trou « circulaire par où l'insecte parfait s'est échappé.

« Celles que l'on récolte avant la sortie de l'insecte contiennent plus de matière astringente ; « elles sont en général plus petites, on les connaît dans le commerce sous le nom de *galles noires*, « elles sont d'un noir grisâtre, plus épineuses, plus pesantes, plus résineuses. Les *galles vertes* « sont d'un vert jaunâtre, moins épineuses, plus grosses, plus légères. Enfin les *galles blanches* « sont celles dont l'insecte est sorti ; elles sont d'un blanc verdâtre, quelques fois d'un jaune « rougeâtre ; ce sont les plus grosses, les plus légères ; elles sont piquées et généralement « ridées. »

On fait un commerce considérable de galles en France, où elles sont expédiées d'Alep, de Tunis, de Tripoli par Marseille. On les emploie principalement pour la teinture en noir et pour la fabrication de l'encre.

La noix de galle se vend 2 francs 25 le kilogramme.

LE SULFATE DE FER

Le *sulfate de fer* ou *couperose verte*, appelé aussi *vitriol* (1) *vert*, cristallise en prismes rhomboïdaux de couleur verte ; il est altérable à l'air, il est insoluble dans l'alcool. C'est un composé d'acide sulfurique et d'oxyde de fer.

On le trouve dans la nature, et les minéralogistes lui donnent le nom de *apétalite*, de *fibroferrite*, de *mélantérite*.

Préparation. — On obtient de différentes manières, dit M. Clouet (2), le sulfate de fer employé dans l'industrie.

« 1° *Avec les pyrites.* — La pyrite blanche, très altérable à l'air, s'oxyde en donnant du sulfate. « Dans les pays où, comme à Salzbourg, les pyrites sont abondantes, on les étend dans une « fosse rendue étanche par de l'argile, et on les abandonne là, un an environ. Les eaux météo- « riques, dissolvant le sulfate, sont reçues par la partie la plus basse de la fosse dans un « réservoir également étanche et contenant un peu de ferraille. Celle-ci transforme le peroxyde « de fer en protoxyde, et sature l'acide sulfurique qui a pu être mis en liberté. On élève alors, « au moyen de pompes, la solution dans une chaudière où on la concentre pour faire cristalliser « le sulfate.

2° *Avec les déchets de fer et l'acide sulfurique.* — Ce procédé sert pour utiliser les rognures de « fer blanc, les résidus de réduction de la nitro-benzine ou les acides venant des raffineries

(1) *Vitriol*, du bas latin *vitriolum* de *vitrum*, verre, à cause de l'apparence vitreuse de cette substance.

(2) *E.-O. Lami.* — Dictionnaire de l'Industrie et des Arts Industriels. — Art. *sulfate de fer*.

« de pétrole, des fabriques d'aniline ; les scories d'affinerie et de puddlage. On doit toujours, « dans cette préparation, mettre du fer en excès et évaporer rapidement pour éviter l'altération « du sel. »

Usages. — L'Industrie consomme de très grandes quantités de sulfate de fer ; il sert dans la teinture en noir, parce que, peroxydé il donne avec les matières astringentes comme le fustet, le bois jaune, le quercitron, l'écorce de chêne, la noix de galles, le tannin, etc., un tannate insoluble.

Il sert encore à purifier le gaz d'éclairage ; il sert aussi à désinfecter ; son prix est de 15 francs les 100 kilogrammes.

LE SULFATE DE CUIVRE

On donne au *sulfate de cuivre* le nom de *couperose bleue* et aussi de vitriol bleu ; il cristallise en gros cristaux parallélipipédiques obliques d'un beau bleu ; densité est 2,274. C'est le produit de l'action de l'acide sulfurique sur le cuivre.

Il n'existe qu'en petite quantité dans la nature, à la surface des pyrites cuivreuses ou en dissolution dans les eaux dites cémentatoires qui circulent à l'intérieur des mines de cuivre.

Préparation. — « M. Riche (1) décrit ainsi la préparation industrielle du sulfate de cuivre :

« 1° A Marienbourg, en Saxe, dit-il, on prépare le sulfate de cuivre en grillant pendant douze « heures, le sulfure de cuivre pyriteux dans un four à réverbère que traverse un fort courant « d'air. La masse est lessivée pour lui enlever le sulfate formé, lequel est toujours mélangé de « sulfate de fer et quelquefois de zinc.

« 2° Le procédé dit *français* consiste à chauffer au rouge, dans un four à réverbère, des « plaques de cuivre qu'on a mouillées puis saupoudrées de fleur de soufre. Le sulfure formé se « transforme, au contact de l'air, en sulfate qu'on sépare du métal en plongeant les plaques « dans l'eau. Ces opérations sont renouvelées jusqu'à attaque complète du métal. Le sulfate est « obtenu par évaporation et cristallisation du liquide salin. »

Usages. — Le sulfate est employé en grande quantité dans la galvanoplastie. La propriété qu'il possède de détruire le champignon de la carie du blé, est utilisée pour le chaulage de cette céréale. Il entre dans la composition de l'encre à écrire et de la teinture en noir des bois.

Dans le commerce, son prix varie de 50 à 55 francs les 100 kilogrammes.

L'ESSENCE MINÉRALE

On donne le nom d'*essence minérale* à un mélange de carbures d'hydrogène que l'on sépare dans l'épuration du pétrole.

(1) *E.-O. Lami.* — Dictionnaire de l'Industrie et des Arts Industriels. — Art. *sulfate de cuivre.*

Pour les obtenir, on traite la matière première par l'acide sulfurique à 66° ; on agite quelque temps, puis l'on lave à grande eau et enfin on soumet à la distillation fractionnée.

Les produits recueillis entre 45 et 70° et dont la densité est d'environ 0,65, constituent les éthers de pétrole ; ceux qui passent entre 75 et 120° ont une densité de 0,702 à 0,704, c'est ce que l'on nomme *essence minérale* ou *essence de pétrole*.

C'est un produit très inflammable que l'on ne peut brûler que dans les lampes à éponge. Il dissout bien les corps gras et peut même servir en place d'essence de térébenthine ; aussi comme il est beaucoup meilleur marché que cette dernière, on on s'en sert en coutellerie pour le dégraissage des *manches d'os*. Il vaut 40 francs les 100 kilogrammes.

L'EAU OXYGÉNÉE

L'*eau oxigénée* (1) a été découverte par Thénard (2) en 1818. C'est un *bioxyde* ou *peroxyde d'hydrogène*.

C'est un produit liquide, incolore, de circonstance sirupeuse, de saveur métallique ; sa densité estde 1,452 ; il nese congèle pas, même soumis à un froid de—30°.

L'eau oxygénée est corrosive, elle attaque la peau et les muqueuses en y faisant naitre des escharres blanches.

Préparation. — « L'eau oxygénée, dit M. Clouet (3), est excessivement difficile à obtenir « pure, à cause de la décomposition immédiate qui a lieu lorsque ce liquide se trouve en pré- « sence de certains corps comme la silice, l'alumine, les oxydes de fer et de manganèse, que le « bioxyde de baryum renferme presque toujours.

« Lorsque l'on désire simplement obtenir une dissolution d'eau oxygénée, sans se préoccuper « de son degré de concentration, on peut faire arriver dans de l'eau distillée un courant d'acide « carbonique desséché et projeter dans le liquide du bioxyde de baryum finement pulvérisé. « L'eau oxygénée reste en solution et le carbonate de baryte formé se précipite.

« Ou bien projeter dans de l'acide sulfurique étendu, du bioxyde de baryum éteint et délayé « dans de l'eau.

« On peut aussi remplacer l'acide sulfurique par l'acide chlorhydrique, mais alors on est « obligé de décomposer le chlorure de baryum formé par l'acide sulfurique pour rendre le sel de « baryte soluble.

« On décante le liquide clair pour utiliser l'eau oxygénée. On estime que le produit concentré « contient de 8 à 12 volumes d'oxygène. »

Usages. — Depuis quelque temps, l'emploi de l'eau oxygénée étant devenu

(1) Du mot *oxygène*, qui veut dire *qui engendre les acides*, nom donné par Lavoisier à ce gaz parce qu'il lui attribuait cette propriété.

(2) *Thénard Louis-Jacques*, célèbre chimiste né à Louptière, près Nogent-sur-Seine (Aube), en 1777, mort en 1857.

(3) *E. O. Lami*. — Dictionnaire de l'Industrie et des Arts Industriels.

industriel, on fait ce produit sur une plus grande échelle.

L'eau oxygénée, à l'époque des travaux de Thénard, ne servait guère qu'au blanchiment des vieilles gravures ; aujourd'hui on l'emploie à la décoloration des cheveux et au blanchiment des plumes. On s'en sert en coutellerie pour blanchir l'*os* et l'*ivoire*.

Son prix varie de 125 à 170 francs les 100 kilogrammes.

LA SOUDURE DES MÉTAUX

Des divers métaux employés en coutellerie, un seul se soude directement à lui-même, c'est le fer ; nous nous sommes occupé de cette propriété au chapitre V, page 335.

Tous les autres métaux ne peuvent se souder sans l'intervention d'un métal plus fusible.

On arrive bien dans certains cas spéciaux, et avec d'infinies précautions, à souder le cuivre au fer à l'aide du courant électrique ; on soude aussi le plomb à lui-même au moyen du même métal, mais, nous le répétons, cela ne se pratique que dans des circonstances particulières.

On donne le nom de *soudure*, du latin *solidare*, consolider, au métal qui sert à réunir deux autres métaux ou deux parties du même métal.

Il y a différentes sortes de soudure :

1° La *soudure d'argent* est composée d'argent et de cuivre jaune que l'on mélange suivant diverses proportions ; les couteliers emploient de préférence l'alliage de quatre parties d'argent contre une de cuivre.

Cette soudure s'emploie en feuilles minces que l'on découpe en petits morceaux qu'on appelle *paillons*.

2° La *soudure d'or* est à peu près a même que celle d'argent, on remplace une partie d'argent par une d'or pour lui donner une couleur qui se rapproche davantage de celle du métal que l'on veut souder.

3° La *soudure de cuivre* est un alliage de cuivre et de zinc ; plus on met de zinc dans l'alliage, plus le mélange est fusible, mais aussi plus il est aigre. L'alliage le plus généralement adopté se compose de 45 parties de cuivré rouge contre 53 de zinc et 2 d'étain.

On coule cet alliage en petits lingots que l'on pulvérise dans des mortiers en fonte.

Pour réunir deux pièces de métal, on rapproche les deux parties à souder après avoir mis le métal à nu, puis on les lie à l'aide d'un fil de fer très fin que l'on appelle, à cause de cela, *fil à lier*, et l'on assujetit les deux bouts du fil au moyen d'une pince.

Il ne reste plus qu'à exposer l'objet ainsi préparé à l'action de la flamme d'un foyer quelconque qui fait fondre la soudure.

On se sert généralement d'un chalumeau à gaz dans les villes qui possèdent le gaz d'éclairage. Lorsqu'on n'a pas le gaz à sa disposition, on y supplée par un fourneau chauffé au coke, comme cela se pratique aux environs de Châtellerault.

La soudure de cuivre sert à souder non-seulement deux morceaux de cuivre, mais aussi le cuivre au fer et même deux morceaux de fer.

Dans ce dernier cas, on lui donne le nom de *brasure,* sans doute pour distinguer cette opération de la soudure du fer à lui-même sans intermédiaire. Ce nom a dû être choisi parce que cette opération nécessite un feu, un *brasier* assez considérable. Cette soudure contient 90 °/。 de cuivre et 10 °/。 d'étain.

On prépare les pièces de la même façon que nous avons indiquée tout à l'heure. On emploie ce procédé pour les pièces de fer lorsqu'elles sont travaillées et qu'on craint de les détériorer en les soudant au marteau.

4° La *soudure d'étain* est loin d'être aussi solide que la soudure de cuivre, mais elle est utile dans certains cas, car elle n'exige point que les pièces soient portées au feu, ce qui permet souvent de faire des réparations qui seraient impossibles sans son concours.

La soudure d'étain, ou *soudure des plombiers,* se compose en général d'un alliage de plomb et d'étain dans différentes proportions dont voici les plus usitées :

1° Une partie d'étain et trois de plomb forment une soudure grossière employée pour réunir des conduites d'eau, des corps de pompe, des tuyaux à gaz, etc.

2° Deux parties d'étain et une de plomb composent la soudure des potiers d'étain, facteurs d'orgues, ferblantiers, etc.

On emploie pour fondre ces soudures, soit la lampe à esprit de vin et le chalumeau pour les petits objets, soit le *fer à souder,* instrument bien connu qui consiste en une tige de fer armée d'un morceau de cuivre rouge.

« Tout le monde, dit M. de Valicourt (1), connaît les procédés employés par les plombiers et « les ferblantiers.

« La soudure est mise en fusion au moyen du fer à souder, et la résine est le flux dont ils « se servent pour accélérer la fusion et faciliter la réunion des parties.

« Les potiers d'étain opèrent à peu près de la même manière, mais en employant comme flux « une espèce d'huile d'olive commune, douée de propriétés particulières, et connue sous le nom « de *gallipoli.*

« Le zinc est, de sa nature, si oxydable que pour le souder on est obligé de recourir à un « traitement particulier. On enduit les parties à réunir d'une légère couche d'acide chlorhydrique « *(esprit de sel),* qui a pour effet de les bien décaper, et le reste de l'opération a lieu comme « pour le fer blanc.

« Pour bien réussir à souder l'étain, l'or, l'argent, le cuivre, le maillechort, le fer, etc., on « commence par bien aviver à la lime ou au grattoir les parties que l'on veut réunir ; on les

(1) *E. de Valicourt.* — Nouveau complet du Tourneur.

« enduit d'une légère couche d'une huile quelconque et de sel ammoniac, et on les étame au « moyen du fer à souder.

« On les réunit ensuite et on les maintient soit avec des pinces, soit par une ligature ; on « applique alors, soit avec une lampe, soit avec le chalumeau ou avec le fer à souder, une « chaleur suffisante pour fondre l'étain, et aussitôt ce point arrivé, on laisse refroidir.

« Les métaux dont nous venons de parler sont ordinairement soudés avec de l'étain pur.

« Dans toutes ces opérations, lorsqu'on emploie le fer à souder, il faut le tenir constamment « étamé. »

LE BORAX

Le *borax* ou *borate de soude* est une combinaison d'acide borique avec la soude, contenant en outre, quand il est cristallisé, 5 ou 10 portions d'eau par proportion de sel, suivant qu'il est en cristaux octaédiques ou prismatiques. Son nom lui vient de l'arabe *baurach*.

Le borax prismatique a pour densité 1,7 et le borax octaédrique 1,8.

Le borax fondu a la propriété de dissoudre facilement les oxydes métalliques ; c'est cette propriété qui est la base de son emploi lorsqu'il s'agit de faciliter la soudure des métaux.

Gisements et extraction. — « Le *borax prismatique*, dit M. Yver (1), est un sel natif que « l'on appelle *trinkal* et que l'on rencontre abondamment dans l'Inde. On le trouve en dissolution « dans de petits lacs salés dans le bassin du Sing-a-Shab, affluent de l'Indus.

« Ces lacs présentent une assez grande étendue, mais leur surface se trouve divisée en un « grand nombre de petits lacs ; ils n'ont qu'une faible profondeur ; du fond de chacun d'eux « débouchent des soufflards qui amènent au contact de l'eau un composé boracique qui agit sur « elle, la sature ou la décompose et finit par donner du borate de soude qui se dépose pendant « les grandes chaleurs lorsque l'eau s'évapore. Les naturels recueillent ces cristaux pour les « expédier à Calcutta.

« Le borate de soude a été aussi découvert en Perse, en Chine et dans l'île de Ceylan

« En Amérique, on le trouve dans l'Etat de Californie et dans celui de Névada. L'extraction « s'est surtout localisée dans de vastes dunes aux environs de Teal-Marsh et de Colombus, où « l'on exploite les marais de Colombus et de Fish-Lake. Ce sont d'immenses plaines qui « reçoivent les eaux des montagnes environnantes et forment des bassins situés à 1 100 mètres « d'altitude, où l'eau n'est pas apparente, mais à une profondeur de 30 centimètres.

« Une autre sorte de composés boraciques auxquels on a donné le nom de *tiza*, est exploitée « depuis quelques années. Ces composés sont l'*hayessine* minéral dont la composition correspond « à celle du borate de chaux, et le *boronatrocalcite*.

« L'*hayessine* se rencontre au sud du Pérou, dans la Pampa del Tomarugal (Tarapacca). Ces « gisements constituent les calichales ; il y forme des nodules de grosseur variable disséminés « dans une terre blanchâtre.

« Le *boronatro-calcite* forme des gisements considérables en Californie et dans le Névada, où « il se trouve en boules pesant jusqu'à 2 kilogrammes. Les nodules de boronatrocalcite sont « formés principalement d'acide borique, de chaux, de soude et d'eau. Ils sont enfouis dans une « matière neigeuse très fine. »

---

(1) *E.-O. Lami* — Dictionnaire de l'Industrie et des Arts Industriels.

Depuis la découverte des soffioni de la Toscane, vers le commencement du siècle, on préfère préparer le borax avec l'acide borique que l'on tire de ce pays, ce qui a permis d'abaisser de 2 000 francs à 800 francs le prix de la tonne de ce produit.

Acide borique. — « Dans certaines localités de la Toscane, dit M. Marie Davy (1), il « s'échappe, des crevasses du sol, des courants très chauds d'un mélange complexe de gaz et de « vapeurs entraînant avec elles des substances ordinairement solides, des sulfates d'ammoniaque, « de fer, de chaux, d'alumine et d'acide borique. Autour de ces crevasses soufflantes appelées « *soffioni*, on a construit des bassins circulaires appelés *lagoni* (petits lacs), et disposés par « gradins, les uns au-dessous des autres ; on fait arriver dans le plus élevé l'eau des sources « voisines. Dès que l'eau est assez abondante pour pénétrer dans les crevasses, elle est refoulée « par le mélange gazeux, soulevée en petits cônes qui se déchirent pour donner passage à une « colonne de vapeur blanchâtre, elle se charge en même temps d'acide borique. Au bout de « vingt-quatre heures l'eau est devenue presque bouillante et contient une quantité notable « d'acide. On la fait écouler dans le bassin immédiatement inférieur et l'on recharge d'eau celui « qui vient d'être vidé. A mesure qu'elle descend vers les bassins inférieurs, l'eau s'enrichit de « plus en plus d'acide.

« Quand elle marque 1,3 à l'aréomètre Baumé, on la fait passer dans des bassins où par le « dépôt, elle abandonne une grande quantité de matière terreuse, puis quand elle est éclaircie, « elle passe successivement dans une série de bacs en plomb, larges, peu profonds, et pareille- « ment disposés en étages; au-dessous de ces bacs on dirige les mélanges gazeux qui s'échappent « de soffioni trop mal situés pour qu'on puisse y former des lagoni, et ces courants suffisent « pour produire l'évaporation du liquide. Ce liquide, suffisamment concentré, s'écoule finalement « dans des cristallisoirs où il dépose de l'acide borique brut employé à la fabrication du borax. »

Préparation du borax avec l'acide borique. — « Dans une grande cuve en bois, « doublée de plomb, contenant 7 à 800 litres d'eau chauffée à la vapeur, on fait dissoudre 1 200 « kilogrammes de carbonate de soude cristallisé, puis on y introduit par fractions 1 000 kilogr. « d'acide borique de Toscane ; celui-ci chasse l'acide carbonique et s'unit à la soude. La satura- « tion étant complète, on laisse reposer pendant douze heures, puis on décante la liqueur claire « dans des cuves peu profondes, également doublées en plomb, où la cristallisation ne tarde pas « à s'opérer.

« En laissant refroidir la masse avec lenteur, on obtient des cristaux très volumineux, prisma- « tiques, à 10 proportions d'eau. On peut, au contraire, obtenir des cristaux octaédriques, « analogues au *trinkal*, en forçant la cristallisation à se faire entre les limites de température de « 79° et de 56° par une plus grande concentration de la liqueur mère ; ils ne contiennent plus « alors que 5 proportions d'eau. »

L'ACIDE SULFURIQUE

L'*acide sulfurique* était inconnu des anciens ; Rhazès (2), chimiste arabe du Xe siècle, est le premier qui en fasse mention. Au XIIIe siècle, Albert-le-Grand (3) le désigna sous le nom de *soufre des philosophes* et d'*esprit de vitriol romain*. Vers le

---

(1) *Privat-Deschanel et Ad. Focillon.* — Dictionnaire général des Sciences théoriques et appliquées.

(2) *Rhazès* ou *Razi* (Mohammed-Ebn-Secharjah-Aboubekr *Arrasi* dit), célèbre médecin arabe né vers 850, à Ray ou Razi, dans l'Irak, mort vers 923.

(3) *Albert-le-Grand*, savant et philosophe scolastique, né en Souabe, en 1193 ou 1205.

milieu du XVe siècle, Basile Valentin (1) en fit connaître la préparation par la distillation du vitriol *(sulfate de fer)*. Angelus Sala (2) reconnut au commencement du XVIIe siècle que l'huile de vitriol s'obtient par la combustion directe du souffre dans des vases humides ; enfin Lefèvre (3) et Lemery (4) proposèrent quelques années après, de favoriser cette combustion en ajoutant au soufre une certaine quantité de salpêtre. Mais ce furent les Anglais qui, les premiers, exécutèrent en grand l'opération indiquée par les chimistes français. Ils se servirent quelque temps de grands ballons de verre ; puis en 1746, deux anglais, Rœbuck et Garbett, remplacèrent les ballons de verre par les chambres de plomb. Les derniers perfectionnements apportés à cette fabrication sont dus à Gay Lussac (5).

Caractères. — L'acide sulfurique du commerce est une combinaison de soufre et d'oxygène, il contient toujours de l'eau ; à son plus grand degré de concentration il en renferme encore 18,4 °/₀ ; c'est l'acide normal. Il forme alors un liquide incolore, sirupeux, d'où lui vient son ancien nom d'*huile de vitriol*, parce qu'on l'extrait du vitriol *(sulfate de fer)*.

C'est un acide excessivement énergique, désorganisant toutes les matières végétales et animales, attaquant la plupart des métaux ; sa densité est 1,843 ; il marque 66° à l'aréomètre Baumé, bout à 325° sous la pression ordinaire et se congèle à 34° au-dessous de zéro.

Quand on le mêle à l'eau, la température de la masse liquide s'élève d'une manière très marquée.

Fabrication. — « M. Noguès, dans le *Dictionnaire de l'Industrie et des Arts Industriels*, « expose ainsi la fabrication de cet acide :

« On emploie le soufre ou les pyrites dans la fabrication de l'acide sulfurique commercial ; « mais ces deux matières sont loin d'avoir la même valeur. Le soufre donne un acide plus pur ; « les pyrites fournissent un produit inférieur qu'on utilise dans la préparation d'autres produits « chimiques.

« Les pyrites dont on se sert généralement aujourd'hui (bi-sulfure de fer) dans l'industrie de « l'acide sulfurique, viennent en partie de l'Espagne, du Portugal, de la Belgique, de l'Angle- « terre, de la Suisse, de l'Italie et des provinces rhénanes, en partie de la France, de gisements « situés à Chessy, Saint-Bel, l'Arbresle (Rhône), et aux environs d'Alais (Gard).

« On commence par griller les pyrites dans des fours spéciaux pour en séparer le soufre, puis « on se sert des produits de cette combustion pour la préparation de l'acide dans les chambres « de plomb.

« *Chambres de plomb.* — Les feuilles de plomb laminé sont soudées directement les unes aux « autres sans le secours d'aucun alliage (soudure autogène) ; elles sont maintenues au moyen

(1) *Basile Valentin*, alchimiste célèbre, vivait à Erfurt en 1413.

(2) *Angelus Sala*, médecin, né à Vicence au XVIe siècle, était à Gustrow en 1639.

(3) *Lefèvre Nicolas*, chimiste du XVIIe siècle, l'un des premiers membres de l'Académie des Sciences.

(4) *Lemery Nicolas*, chimiste célèbre né à Rouen en 1645, mort en 1715.

(5) *Gay-Lussac Louis-Joseph*, célèbre physicien et chimiste, né en 1778, à Saint-Léonard (Haute-Vienne), mort en 1850.

« d'une charpente de bois formée de potelets, de poutres et de solives. Les grands « tuyaux d'arrivée et de sortie des gaz mesurent de 0m25 à 0m50 de diamètre ; les orifices de « sortie sont près du plafond ; une tuyauterie spéciale amène la vapeur d'eau qui est lancée par « un ou trois orifices.

« La disposition des chambres de plomb est assez variable ; à l'origine l'usine comprenait une « seule chambre de plomb ; mais le système de trois chambres a bientôt succédé à celui d'une « chambre unique. Ces trois chambres sont d'inégale capacité, une grande et deux petites ; le « volume des petites chambres n'est que le dixième ou le quinzième de la grande. La chambre « principale est la première, quelquefois elle est placée entre les deux petites. Enfin, aujourd'hui, « dans certaines usines, il y a cinq ou six chambres. »

M. Boutet de Monvel (1) va maintenant nous expliquer la marche de l'opération :

« A gauche de l'appareil, est un premier tambour cylindrique partagé en étages superposés « par des planchers incomplets présentant une lacune, placée alternativement à droite et « à gauche. Ils ont en outre une petite inclinaison de telle sorte qu'un liquide versé sur le plan- « cher supérieur tombe lentement d'étage en étage jusqu'au bas du cylindre. Ce liquide est versé « par un récipient muni d'un robinet d'écoulement et placé au-dessus du tambour ; c'est de « l'acide sulfurique impur et chargé de composés oxygénés de l'azote, acide azotique, acide « hypoazotique et bioxyde d'azote ; c'est un produit secondaire de la fabrication.

« En même temps que ces composés nitreux descendent le tambour, le gaz acide sulfureux le « parcourt en sens contraire. Un fourneau double en maçonnerie porte deux chaudières remplies « d'eau dont la vapeur est conduite par des petits tuyaux et injectée dans les chambres. Cette « chaudière n'est point chauffée au charbon, c'est le soufre qui sert de combustible, et l'acide « sulfureux produit par sa combustion est conduit avec l'air entré par la cheminée, dans l'étage « inférieur du tambour.

« L'acide sulfureux va donc se trouver, dans le tambour, en contact sur une grande surface « avec les composés oxygénés de l'azote, auxquels l'acide sulfurique sert de véhicule. L'acide « sulfureux les entraîne avec lui et arrive dans la première chambre de plomb. A l'orifice même « d'introduction, il se trouve en contact avec la vapeur d'eau injectée par la chaudière ; il y a « donc, dans cette chambre, de l'acide sulfureux, de l'air, de l'acide hypoazotique et de la vapeur « d'eau. Le gaz sulfureux, rencontrant des vapeurs nitreuses, devient acide sulfurique, et nous « savons qu'au contact de l'air et de la vapeur d'eau, constamment introduits dans la chambre, « les vapeurs nitreuses continuellement renouvelées, pourront transformer indéfiniment l'acide « sulfureux en acide sulfurique.

« L'action se continue dans la troisième chambre, puis dans une quatrième et même une cin- « quième, munies à leur partie inférieure de trop pleins qui déversent l'acide sulfurique dans « des récipients en plomb placés au-dessous.

« L'acide sulfurique retiré des chambres de plomb est loin d'être au degré de concentration « voulu. On le chauffe à feu doux dans de grandes caisses en plomb. L'eau se sépare de l'acide « qui monte ainsi jusqu'à environ 60° du pèse acide. On achève ensuite sa concentration dans « une grande cornue en platine ; il marque alors 66° et est livré en cet état au commerce. »

Usages. — L'acide sulfurique joue un très grand rôle dans les arts, on en consomme en Europe actuellement 883 000 tonnes par an ; il doit ce grand développement au bon marché auquel on est parvenu à le fabriquer.

Au XVIe siècle l'acide sulfurique valait 32 francs le kilogramme, et vers la fin du XVIIIe siècle il valait encore 6 francs le kilogramme. Aujourd'hui il revient à 0 fr. 15 le kilogramme.

Il sert à une infinité d'usages :

(1) *Boutet de Monvel.* — Cours de chimie.

Fabrication des acides sulfureux, chlorhydrique, azotique, carbonique, sulfhydrique et de presque tous les acides ;

Fabrication du chlore, de l'oxygène de l'hydrogène, du phosphore, de l'éther, des sulfates ;

Extraction du suif, fabrication des bougies stéariques, épuration des huiles ;

Fabrication du glucose, du coton poudre ;

Fabrication du cirage, de la garancine ;

Dissolution de l'indigo ;

Carbonisation des pieux et pilotis ;

Préparation des peaux ;

Affinage de l'or ;

Entretien des fils voltaïques pour la production de l'électricité ;

Enfin, *en coutellerie*, il sert pour le dérochage des métaux.

L'ACIDE AZOTIQUE

L'acide *azotique* (1) ou *nitrique* (2) a été mentionné pour la première fois par l'alchimiste arabe Geber (3) au IXe siècle. Raymond Lulle (4) lui donna le nom d'*eau forte* à cause de son action sur les métaux.

Basile Valentin avait indiqué son extraction du nitre à la fin du XVe siècle, mais ce ne fut qu'en 1784 que Cavendish (5) fit connaître sa composition.

Propriétés. — L'acide azotique hydraté est une combinaison d'azote et d'oxygène, c'est un liquide incolore, quelque fois coloré en jaune ; fumant à l'air, d'une odeur légère. C'est un oxydant énergique, il attaque tous les métaux excepté l'or, le platine, le rhodium, l'iridium ; il agit énergiquement sur les matières organiques. Mélangé avec l'acide chlorhydrique, il produit l'*eau régale*, qui dissout l'or et le platine.

Fabrication industrielle. — « Dans la grande fabrication, dit M. Noguès (6), on fait « presque exclusivement usage du nitrate de soude du Chili *(nitratine)* (7). On se sert de vases

(1) *Azotique*, dérivé d'*azote*, du grec ἀ privatif, et ζωω vivre, parce qu'il est impropre à entretenir la vie. — LITTRÉ.

(2) *Nitrique*, de *nitre*, du grec νιτρον, qui vient de l'hébreu *noter*, nitre, natron, du verbe *notar*, faire effervescence. — LITTRÉ.

(3) *Geber*, fondateur de l'école des chimistes arabes au IXe siècle, né à Thus (Perse).

(4) *Raymond Lulle*, né à Palma (île de Majorque), vers 1235, mort en Tunisie en 1315.

(5) *Cavendish Henri*, physicien et chimiste, né à Nice en 1731, mort à Londres, en 1810.

(6) *E.-O. Lami*. — Dictionnaire de l'Industrie et des Arts Industriels.

(7) *Nitratine*, azotate de soude naturel que l'on trouve au Chili et au Pérou, en gisements considérables.

« en fonte qui prennent le plus souvent la forme de cylindres de dimensions variables ; généralement on leur donne 1m50 à 1m70 de longueur, 0m65 de diamètre intérieur et 0m25 d'épaisseur. « A l'intérieur, chaque cylindre est muni d'une voûte en terre réfractaire pour soustraire la fonte « à l'action de l'acide. Ces cylindres, généralement au nombre de six, sont disposés « sur un massif commun où ils sont accolés deux à deux sur un même foyer. Pendant la distillation, chaque cylindre est hermétiquement fermé à ses deux extrémités par deux couvercles en « fonte garnis de terre réfractaire.

« L'appareil de condensation, relié à chaque cylindre par un tuyau, se compose d'une série de « six à huit bonbonnes en poteries ou de touries en verre, reliées entre elles par des tuyaux « cintrés ; une deuxième série d'appareils, contenant de l'eau, absorbe en partie l'acide hyponitrique qui s'est dégagé.

« Avec les dimensions que nous avons indiquées, chaque cylindre peut recevoir une charge de « 80 kilogrammes de nitrate de soude et de 70 kilogrammes d'acide sulfurique ; la durée d'une « opération est de 14 à 16 heures ; pour 100 parties de sel, on obtient 129 à 130 parties d'acide « nitrique de 1,33 de densité ; M. Payen estime ce rendement à 115 parties pour les usines « françaises. »

Usages. — L'acide azotique sert dans la gravure sur cuivre et sur acier, dans les essais des monnaies, dans le décapage des métaux et des alliages ; il est employé pour convertir l'amidon et le sucre en acide oxalique ; pour transformer les matières ligneuses en coton-poudre.

L'acide azotique est la base de la préparation de l'azotate d'argent, de l'acide arsénique, du fulminate de mercure, de la nitro-glycérine, de la dynamite, etc.

La consommation annuelle de cet acide en France est d'environ 5 millions de kilogrammes. Le prix de l'acide azotique est d'environ 45 francs les 100 kilogr.

Décapage et dérochage. — En coutellerie, on se sert de l'acide azotique pour le *décapage* du cuivre et du maillechort, opération qu'il ne faut pas confondre avec le *dérochage*.

Le *dérochage* (1) consiste à enlever les corps gras et les oxydes à la surface des objets métalliques, mais sans entamer le métal ou l'alliage qui les compose.

Pour le cuivre et le maillechort, on se contente de les laisser dans un bain d'acide sulfurique qui dissout les oxydes sans attaquer le métal.

Pour l'argent, on place les objets dans une bassine en cuivre rouge contenant de l'eau acidulée par un dixième d'acide et l'on fait bouillir ; puis on lave à grande eau et l'on fait sécher.

Le *décapage* (2) du cuivre et du maillechort se fait au moyen de l'acide azotique. Lorsque les objets sortent du bain d'acide sulfurique, on les lave à grande eau, puis on les plonge rapidement dans un bain d'eau forte pour mettre le métal à nu, et on les lave ensuite à grande eau pour arrêter l'action de l'eau forte et l'on fait sécher.

(1) *Dérochage*, de *dé*, préfixe, et *roche*, enlever de la surface du métal ce qui forme une espèce de roche.

(2) *Décapage*, de *dé*, préfixe et *cape*, ôter l'oxyde comparé à une cape qui recouvre.

LA POTASSE D'AMÉRIQUE

La potasse, connue dans le commerce sous le nom de *potasse d'Amérique*, est fabriquée aux États-Unis et au Canada.

C'est une variété de carbonate de potasse impur qu'il ne faut pas confondre avec l'oxyde de potassium qui porte également ce nom. Son nom vient de l'anglais *asher*, cendres, et *pot*, petite chaudière, parce que l'on obtenait autrefois ce produit par le lessivage des cendres de bois et l'évaporation dans de petites chaudières.

On extrait la potasse d'Amérique des cendres des végétaux, des résidus de vin, des charbons de vinasses provenant de mélasses de betteraves, des varechs que l'on exploite pour l'extraction de l'iode.

Fabrication de la potasse. — « Lorque l'on fait l'incinération d'un végétal quelconque, « on obtient un résidu pulvérulent qui est constitué par des matières salines appelées cendres « et qui proviennent des matières empruntées au sol pendant la nutrition de la plante. Ces « matières sont en général des phosphates, sulfates, silicates, carbonates, chlorures, iodures, « bromures et fluorures, de potasse, de soude, de chaux, de magnésie, de fer, avec petites « quantités d'oxyde de magnésium, de lithine, de rubidium, etc., avec prédominance parfois de « certaines bases, comme la potasse pour les plantes terrestres, et la soude pour les végétaux « marins.

« On lessive les cendres d'abord à l'eau pour enlever les 25 ou 30 % de sels solubles qu'elles « renferment, puis on humecte le résidu et on le met en tas que l'on a soin de maintenir humide « de façon à permettre la décomposition du silicate de potasse qui y est contenu et sa transfor- « mation en carbonate.

« Lorsque l'on suppose cette modification complètement obtenue, on introduit les cendres dans « des cuves, soit à double fond et munies de cannelles, soit sans double fond et possédant un « tuyau central formé de plusieurs pièces emboîtées les unes dans les autres ; on y tasse la « cendre et l'on arrose d'eau jusqu'à ce que le liquide s'écoule. On obtient ainsi une lessive « renfermant 30 % de sels solubles ; on épuise ensuite la masse avec de l'eau chaude en ayant « soin, le plus souvent, d'utiliser des eaux ayant déjà servi à épuiser les cendres d'opérations « antérieures et qui peuvent ainsi se concentrer ; parfois on agite les cendres avec un excès « d'eau, puis on laisse en repos pour séparer les matières insolubles, et l'on décante les liquides « clairs en enlevant les tuyaux mobiles dont nous venons de parler.

« Après cette lixiviation (1), il reste un résidu insoluble appelé *charrée* qui ne contient presque « plus de matières utiles pour l'industrie qui nous occupe.

« Le liquide de lixiviation est alcalin, brun par suite de la dissolution d'une certaine quantité « de produits ulmiques restés avec le charbon, on l'évapore dans des chaudières en tôle peu « profondes jusqu'à concentration telle, qu'un peu de cette lessive cuite, se solidifie lorsqu'on la « met sur un corps froid. On arrête le feu et par le refroidissement la liqueur se prend en « une masse cristalline que l'on est obligé de casser au marteau pour l'enlever des chaudières ; « c'est ce que l'on nomme potasse brute ; elle est toujours assez fortement colorée et renferme « environ 6 % d'humidité.

« La potasse brute est ensuite calcinée dans des fours afin de la déshydrater et de la décolorer. « On chauffe les fours d'abord modérément, puis on introduit alors la potasse concassée ; on « l'étend en couche égale sur la sole du four en y ajoutant parfois un peu de poussier de charbon « destiné à carbonater les portions de la masse qui sont restées caustiques ; on agite fréquem-

(1) *Lixiviation*, terme de chimie et de pharmacie, du latin *lixivium*, lessive. D'après Nonius Marcellus (grammairien latin né à Tibur, au IIIe siècle), *lixe* est le nom ancien de l'eau, et *lix* le nom de l'eau mêlée à la cendre. *Lixivium* vient de *lixa*, *lix*.

« ment avec un ringard afin de faciliter l'accès de l'air en dirige le feu de manière à éviter une
« trop grande chaleur qui provoquerait la fusion du produit.

« Dès que l'évaporation de l'eau a eu lieu, la masse blanchit de plus en plus par suite de la
« destruction progressive des matières organiques qui sont mélangées au carbonate, et après six
« heures de chauffe environ, le produit est devenu granulé et blanc ; on défourne et l'on enferme
« la potasse encore chaude dans des barriques que l'on tient à l'abri de l'humidité.

« Voici la composition de la potasse d'Amérique :

« Carbonate de potassium	69,61
« Carbonate de sodium	3,09
« Sulfate de potassium	14,11
« Chlorure de potassium	2,09
« Eau	8,82
« Acide phosphorique, chaux, silice	2,28. » (1)

Emploi. — La potasse d'Amérique sert à décaper différents métaux, entre autres l'aluminium. Pour l'employer, on la fait dissoudre dans de l'eau chauffée à 80° environ ; il en faut environ 150 grammes par litre.

Le prix de la potasse d'Amérique est de 1 franc 20 le kilogramme.

LES PENNES

Les *pennes* ou *piennes*, que l'on emploie pour polir les viroles, sont les bouts de fil qui composent la chaîne de la toile et qui servent à lier les échevettes de fil et à les maintenir attachées au métier.

Comme la trame ne commence qu'à une certaine distance du bout des fils (40 centimètres environ), on coupe quatre ou cinq centimètres du commencement de la toile, qui est souvent défectueuse à cet endroit, et l'on forme un paquet de fils en roulant ce bout de toile.

Pour s'en servir, on saisit dans un étau la partie de toile qui maintient tout le paquet et l'on a une liasse que l'on prend par petites mèches et que l'on enduit de ponce ou de terre pourrie délayée dans l'huile pour frotter les viroles des couteaux ou du moins leurs parties unies.

Puis on passe du blanc de Meudon sur d'autres mèches et enfin du rouge pour aviver ces mêmes viroles.

Les pennes sont fort utilisées en coutellerie ; on les paye jusqu'à 75 francs les 100 kilogrammes, ce qui est bon marché relativement à la main d'œuvre qui eût été nécessaire pour les produire si l'on avait dû les fabriquer exprès.

(1) *E.-O. Lami.* — Dictionnaire de l'Industrie et des Arts Industriels.

LA TERRE POURRIE

La *terre pourrie*, ou *pierre pourrie*, est un schiste friable, brun jaunâtre, que l'on rencontre à Bakewel, dans le Derbyshire, en Angleterre, où elle est connue sous le nom de *rottenstone* (*rotten*, pourri, *stone* pierre). On la trouve aussi en Belgique, dans le Hainaut, aux environs de Tournai.

La terre pourrie sert en coutellerie au polissage de l'or et de l'argent ; on l'emploie réduite en poudre et délayée dans l'huile ; elle donne un très beau poli.

Son prix est de 20 francs les 100 kilogrammes.

LE ROUGE A POLIR L'OR ET L'ARGENT

Le *rouge à polir l'argent* est, comme celui qui sert à polir l'acier, du *colcotar* ou *peroxyde de fer*.

Ce produit a un grand nombre de variétés, on en connaît plus de 1 500 types ; on trouve, dans le commerce, des rouges à polir depuis 0 fr. 40 jusqu'à 20 francs le kilogramme.

Le degré de chaleur, auquel on porte le peroxyde de fer, a une grande importance sur le produit obtenu.

Pour les métaux durs, l'acier, la fonte, le rouge est poussé à une température plus élevée, et il devient plus foncé, presque violet, il est dur ; tandis que pour l'argent et l'or, métaux plus tendres, il faut un peroxyde de fer plus doux, broyé plus finement, lavé avec plus de soin, la couleur en est moins foncée et se rapproche de la brique [1].

Le rouge est insoluble dans l'eau, l'alcool, les huiles et les éthers.

Pour avoir un bon rouge à polir l'or et l'argent, il faut le payer au moins 16 francs le kilogramme ; on l'emploie délayé dans l'eau ou dans l'alcool.

LA GOMME LAQUE

La *gomme laque* est le nom vulgaire de la *laque*, produit très curieux et très recherché qui vient de l'Inde.

---

(1) Nous remercions vivement M. Louis Jollot, de Paris, à qui nous devons ces renseignements.

« L'origine de ce produit, dit M. Focillon (1) a été longtemps incertaine et ce sont les savants « anglais qui, depuis l'extension de la domination britannique dans ces contrées, nous ont « renseigné à ce sujet.

« La *laque* ou *gomme laque* est une matière résineuse que l'on trouve en couche épaisse soli- « difiée autour des rameaux de divers arbres de l'Inde, le figuier des Indes (*ficus indica*), le figuier « des pagodes (*ficus religiosa*) le jujubier cotonneux (*rhammes jujuba*), la butée touffue (*butea* « *frondosa*), le croton porte-laque (*croton laciferum*).

« La laque est due à la présence, sur les rameaux porte-laque, d'un insecte du genre coche- « nille, le *coccus lacca*, dont on ne connaît bien que les femelles et les jeunes ; elles sont grosses « environ comme un pou, elles ont un corps oblong, aplati en dessous, convexe en dessus, « aminci postérieurerement et muni d'un rebord épais autour du thorax et de l'abdomen ; elles « possèdent six pattes courtes, deux antennes filiformes bifurquées, un bec replié sous le thorax ; « l'insecte est rouge et formé de douze ou quatorze anneaux.

« Lorsque les extrémités des arbres cités plus haut sont attaquées par la cochenille, elles se « flétrissent, se dessèchent après avoir perdu leurs feuilles et leurs fruits. Les insectes sont fixés « autour de ces rameaux dans une matière poisseuse. C'est surtout dans les forêts incultes des « bords du Gange que cette production est commune.

« Les femelles de cochenille, au moment de leur ponte, se fixent en perçant, au moyen de leur « bec, l'écorce du jeune rameau, et meurent ainsi sur leurs œufs ; mais comme elles sont très « nombreuses, elles se serrent les unes contre les autres. La matière résineuse exsudée de leur « corps ou suintant du rameau lui-même par les blessures multipliées dont il est percé, soude « tous ces insectes en masse unique qui se concrète peu à peu. Les cochenilles meurent dans « ce sépulcre commun, chacune d'elles se convertit en une petite vésicule remplie d'un liquide « rouge au milieu duquel on trouve une vingtaine d'œufs. L'éclosion donne le jour à de petites « larves qui se nourrissent du liquide environnant, passent à l'état d'insectes parfaits et sortent « à travers la laque encore pâteuse.

« La récolte se fait en brisant les branches qui portent la précieuse résine ; on la recueille « avant la sortie des jeunes insectes parce qu'alors elle est plus riche.

« On distingue dans le commerce quatre sortes de laques :

« 1° La *laque en bâtons* (*stick lac* des anglais), qui est la laque brute encore attachée au rameau « où elle s'est produite ;

« 2° La *laque en grains* (*seed lac*), formée des menus fragments détachés des rameaux ;

« 3° La *laque en écaille* (*shell lac*) ou en *pains* (*lump lac*), qui a été fondue dans l'eau bouillante « et coulée sur des pierres plates polies ;

4° La *La laque en fils*, sorte de feutrage de laque fondue et étirée en fils.

« Voici les résultats donnés par l'analyse de ces différentes sortes de laques :

LAQUES	RÉSINE	MATIÈRE COLORANTE	CIRE	GLUTEN	CORPS ÉTRANGERS	PERTE
Laque en bâtons . .	68.	10.	6.	5.5	6.5	4.
Laque en grains . .	88.5	2.5	4.5	2.	» »	2.5
Laque en écailles . .	90.9	0.5	4.	2.8	» »	1.8

En coutellerie on n'emploie que la gomme laque en écailles, elle sert à boucher les fentes des manches d'ébène.

Elle vaut 3 francs le kilogramme.

(1) *Privat-Deschanel et Ad. Focillon.* — Dictionnaire général des Sciences théoriques et appliquées.

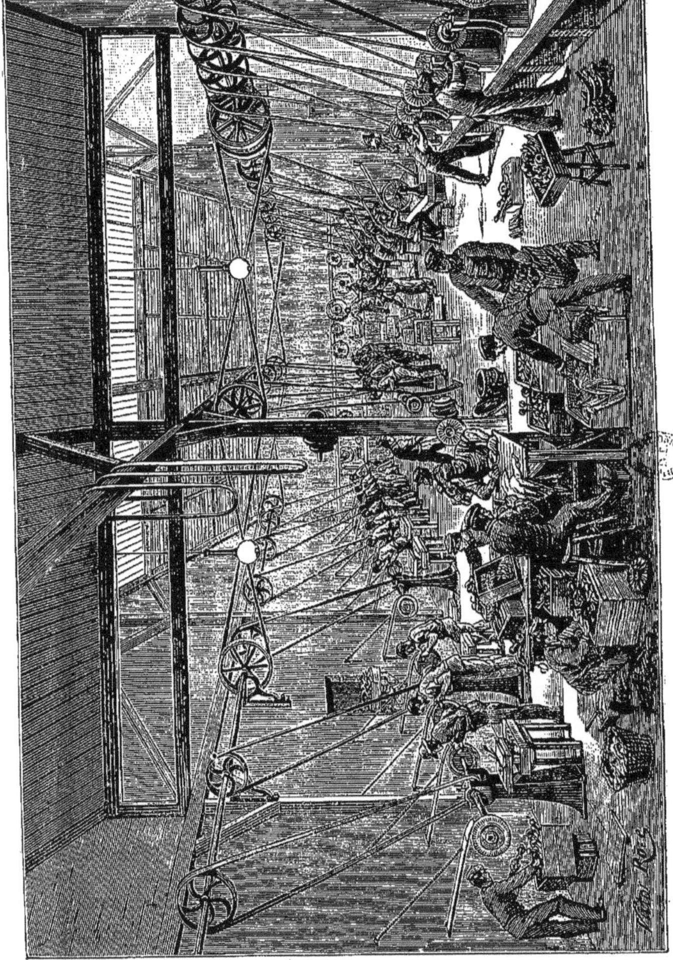

Paris. — ATELIERS DE POLISSAGE

Cire à cacheter. — La gomme laque entre dans la composition de la *cire à cacheter*, que l'on emploie en coutellerie pour coller les garnitures d'argent ou d'or sur les manches de couteaux de table, au moment de les ajuster.

« La *cire à cacheter* fine, dit M. Gouas (1), se prépare en fondant quatre parties de gomme « laque dans une capsule en fer sur un feu clair, puis on y incorpore une partie de térében- « thine de Vénise et trois parties d'une substance colorante, en remuant constamment.

« Quand le mélange est bien intime, on le prend par parties de 250 grammes que l'on roule « et qu'on étire sur un marbre chauffé en dessous par un réchaud, qu'on lisse ensuite avec une « planche en bois dur munie de poignées et que l'on divise enfin en bouts d'une longueur con- « venable.

« Ces bouts, maintenus quelque temps entre deux réchauds, fondent légèrement à leur surface « qui devient brillante. »

LA RÉSINE JAUNE

La *résine jaune*, ou plutôt la *poix résine jaune*, est fabriquée avec le *brai sec*, que l'on obtient en distillant la *térébenthine*.

Nous sommes donc obligés de dire quelques mots du brai sec et de la térébenthine ; voici ce que nous trouvons dans le *Dictionnaire général des Sciences théoriques et appliquées*, de Privat-Deschanel et Ad. Focillon :

Térébenthine. — « Les Grecs appelaient τερέβινθος, *térébinthe*, le *pistachier* sauvage, et la « résine qui découle de son tronc était appelée *résine térébenthine*, puis simplement *térébenthine*.

« Le nom s'est ensuite généralisé en s'appliquant à d'autres résines analogues que l'on tire du « *balsamier*, du *pin maritime*, du *sapin*, du *mélèze*, du *sapin baumier*, de *l'épicea*.

« Ces diverses matières résineuses découlent en général spontanément à travers les gerçures « du tronc des arbres qui les produisent, mais on n'en récolte ainsi que de très petites quantités. « Le plus souvent on stimule l'écoulement en pratiquant çà et là des incisions dans l'écorce.

« Dans les Landes de la Guyenne (France), l'exploitation du pin maritime est une industrie « principale, et on fait rendre à l'arbre une grande quantité de résine à l'aide de méthodes « particulières.

« L'opération par laquelle on se procure la résine du pin maritime se nomme *gommage*. Elle « se pratique dans deux conditions : sur de jeunes arbres que l'on saigne à mort pour éclaircir « une jeune pinière, sur des arbres plus âgés que l'on saigne plus discrètement pour ménager « l'arbre et se réserver les récoltes des années suivantes.

« Dans les jeunes pinières, on ne saigne les brins destinés à être supprimés que lorsqu'ils « ont atteint 0m10 ou 0m15 de diamètre à un mètre du sol. On pratique sur toutes les faces de « l'arbre de larges incisions mettant le bois à nu sur une hauteur de deux mètres environ ; « chaque brin fournit en moyenne pour 0 fr. 15 de résine ; le bois est recherché de préférence « pour échalas, perches, chevrons ou pour la fabrication du charbon.

« Le gommage méthodique se fait autrement ; il ne commence que lorsque l'arbre a atteint « 30 ou 40 ans ; le tronc présente alors une moyenne de 0m25 à 0m30 de diamètre à 1m60 au-dessus « du sol. Une ou deux fois par semaine on pratique, durant l'automne, des incisions à la base « de l'arbre, puis un peu plus haut, et ainsi de suite jusqu'à trois mètres environ au-dessus du

(1) *Privat-Deschanel et Ad. Focillon.* — Dictionnaire général des Sciences théoriques et appliquées.

« sol. On recommence ensuite à partir de la base. Le plus souvent on se contente de creuser, au « pied de l'arbre, une petite fosse où se récolte la résine, mais on en perd beaucoup de cette « façon. Il vaut beaucoup mieux placer au-dessous de chaque entaille un petit récipient en verre « ou en zinc.

« Le résinier sait après quel délai il doit faire sa tournée pour recueillir le contenu de ces « récipients. Un hectare de terre peut nourir 200 à 250 pins maritimes en exploitation ; chaque « pin donne pour environ 0 fr. 50 de résine (à déduire 0 fr. 15 pour frais d'exploitation). L'ex- « ploitation du même pied dure 20 années si elle est bien conduite. A 60 ans, il n'y a pas mieux « à faire que d'abattre le pin

« Telle qu'elle est recueillie, la térébenthine brute se nomme *gomme molle*, on la purifie par « un filtrage. En été on expose la térébenthine au soleil dans une grande caisse à fond « percé comme une écumoire, en hiver on la fond au feu dans une chaudière et on la verse sur « un filtre en paille.

« Distillée avec de l'eau, la thérébentine donne une essence limpide, d'une odeur très forte, « nommée *essence de térébenthine*, et un résidu résineux nommé *brai sec, colophane, arcanson.* »

Pour obtenir la *résine jaune*, on bat pendant vingt minutes environ le brai dans de l'eau bouillante. Le brai devient alors jaunâtre, on le coule dans des moules et on le laisse sécher. Il garde 10 à 12 °/₀ d'eau, est devenu opaque et friable, sa cassure est vitreuse.

La résine jaune vaut 16 francs les 100 kilogrammes.

On en fait, avec moitié de son poids de blanc de Meudon, un mélange qui sert à cimenter les *couteaux de table* ; on emploie ce mélange fondu ou en poudre.

Nous devons aussi parler de la résine à laquelle on donne improprement le nom de cire à cacheter les bouteilles.

Goudron à bouteilles. — La cire à bouteilles, plus connue sous le nom de *goudron à bouteilles*, se fait généralement avec de la colophane à laquelle on donne un peu de liant par une quantité suffisante de térébenthine ou de suif.

Voici la composition la plus généralement adoptée :

Colophane	75
Résine jaune	18
Suif	7

On colore ensuite, en ajoutant au mélange en fusion, une matière colorante quelconque.

Les couteliers s'en servent pour faire ce qu'ils appellent un *ciment liquide* en le faisant fondre dans une casserole en cuivre.

On le coule ensuite au moyen d'une cuiller dans les trous des manches préalablement ajustés sur les lames. C'est le ciment le plus solide.

Le goudron à bouteilles vaut 30 francs les 100 kilogrammes.

BRONZAGE DU FER

On a quelquefois besoin de *bronzer* le fer pour l'empêcher de s'oxyder ; nous croyons utile de faire connaître un procédé très simple et peu connu.

Faites fondre dans un creuset 2 kilogrammes de salpêtre avec 100 grammes de bioxyde de manganèse, puis lorsque l'objet est bien poli et décapé, trempez-le dans cette dissolution.

Enfin, pour décrasser, vous plongez dans l'eau bouillante.

LE SALPÊTRE

Le *salpêtre*, aussi appelé *nitre*, est l'azotate ou nitrate de potasse des chimistes.

« Ce sel, dit M. Gossin (1), était connu des peuples de l'Orient dès la plus haute antiquité ; « les Romains l'appelèrent *nitrum*, d'où le mot français *nitre*. Geber en parle au VIIIe siècle « sous le nom de sel de pierre (*sol*, sel, *petra*, pierre) ou *salpêtre*.

« L'azotate de potasse est solide, blanc, anhydre, cristallisant en prismes à six pans que « terminent des pyramides hexaèdres. Il fond à 35 °/₀ et donne par refroidissement une masse « blanche opaque à cassure vitreuse appelée *cristal minéral*.

« Projeté sur des charbons ardents, le nitre fuse en activant la combustion ; mélangé au tiers « de son poids de charbon et projeté dans une cuiller de fer portée au rouge, il détonne. Un « mélange de deux parties de salpêtre et une de soufre donne, par sa combustion, un mélange « dont l'œil supporte difficilement l'éclat. Le mélange de nitre, soufre et charbon constitue la « *poudre de guerre*.

« L'azotate de potasse est très répandu dans la nature ; il y a des localités où la terre en « contient tellement qu'il suffit de la lessiver pour en retirer le nitre en abondance ; c'est ce qui « a lieu dans les plaines de la Chine, de l'Inde, des pays riverains de la mer Caspienne, de la « Perse, de l'Arabie, de l'Egypte, de l'île de Ceylan, de l'Espagne, de la Hongrie, de l'Ukraine, « de la Podolie, etc. En Amérique, on en trouve d'énormes quantités, la Pampa del Tomarugual « au Pérou, en présente d'inépuisables gisements.

« Dans les lieux inhabités, très sombres et humides, dans les écuries, les étables, les caves, « on voit du salpêtre se produire le long des murs, mais seulement jusqu'à la hauteur où « l'humidité arrive. Les pierres en sont rapidement altérées, rien ne peut arrêter cette destruc- « tion. Il faut, dès qu'une pierre d'un édifice se salpêtre, l'enlever et la remplacer.

Préparation. — « Pendant longtemps tout le salpêtre nécessaire en France pour la fabrica- « tion de la poudre, s'extrayait des platras salpêtrés. On les écrase, on les passe à travers une « claie et on les lessive ; on obtient ainsi une dissolution où se trouvent mélangés des azotates « de chaux, de magnésie et de potasse, et des chlorures de calcium, de magnésium, de potas- « sium et de sodium. Pour opérer cette lixiviation on dispose des cuviers sur trois rangées, à « chacune desquelles on donne le nom de *bande* ; ces cuviers portent un robinet près de leur « fond. On met dans chaque tonneau un seau de platras volumineux, on recouvre d'un boisseau « de cendres et on achève de remplir avec des platras passés à la claie. On verse de l'eau dans « les tonneaux de la première bande, et après quelques heures de contact, on laisse écouler

---

(1) *Privat-Deschanel et Ad. Focillon.* — Dictionnaire général des Sciences théoriques et appliquées.

« cette eau au moyen des robinets. Elle tombe dans une rigole qui la conduit à un réservoir ; « on la puise dans ce réservoir pour la faire passer dans les cuviers de la seconde bande, et de « là dans ceux de la troisième. Lorsque les eaux marquent 5° à l'aréomètre de Baumé (1), on les « concentre dans les chaudières de cuivre ; on renouvelle les platras épuisés. Les eaux chargées « de nitre, appelées *eaux de cuite*, sont portées dans une chaudière de cuivre où on les évapore. « Il se dépose des carbonates de chaux et de magnésie, du sulfate de chaux ; ce dépôt est enlevé « dès qu'il devient un peu considérable. Les eaux étant amenées à marquer 25° Baumé, on y « verse de la potasse du commerce jusqu'à cessation de précipité ; il se produit par double « décomposition du nitre provenant de la destruction des azotates de chaux et de magnésie. La « liqueur encore chaude est amenée dans un réservoir ou les sels insolubles se déposent ; on « tire à clair et le précité est lavé avec les eaux de cuite. On concentre de nouveau ; à 42° « Beaumé, il commence à se séparer du sel marin provenant des plâtras ; à 45° du même « aéromètre, on porte dans des vases de cuivre et on laisse refroidir et cristalliser ; on décante, « on égoute, on broie, on lave avec de l'eau de cuite, et l'on obtient ainsi le salpêtre brut ou de « *première cuite*.

« Aujourd'hui, on se sert de préférence de *l'azotate de soude*, qui arrive en abondance du « Chili.

« On fait dissoudre, dans la plus petite quantité possible d'eau bouillante, 100 parties de ce « sel mêlées à 87,4 parties de de chlorure de potassium ; on concentre par l'ébullition. Il se « produit du nitre et du sel marin. Ce dernier se dépose pendant l'évaporation parce qu'il n'est « pas plus soluble à chaud qu'à froid. Quand le liquide marque 45° Beaumé, on l'écoule dans « des réservoirs où il cristallise, et on l'agite avec des râteaux de bois pour n'avoir que de petits « cristaux faciles à purifier. Le salpêtre obtenu est dit encore brut ou de *première cuite*.

« Pour raffiner ou purifier le salpêtre, on lui fait subir plusieurs opérations successives. Ce « qu'il contient surtout, c'est du chlorure de sodium ; on traite le salpêtre par le cinquième de « son poids d'eau et l'on porte à l'ébullition. L'azotasse de potasse étant alors le plus soluble « des deux sels, le chlorure de sodium reste en grande partie non dissous. On décante, on laisse « refroidir, et le sel marin devenant le plus soluble, c'est lui qui reste dans les eaux mères. On « redissout, on ajoute du sang de bœuf ou de la colle, on agite, on laisse reposer ; il se forme « une écume que l'on enlève ; on fait cristalliser la liqueur claire tout en l'agitant afin d'avoir de « petits cristaux, et l'on a ainsi le nitre de *deuxième cuite*.

« Les petits cristaux obtenus sont placés dans des vases en forme d'entonnoirs, on verse « dessus une dissolution concentrée et froide de salpêtre pur ; cette dissolution filtrant à travers « les cristaux, dissout les chlorures et laisse déposer du salpêtre à leur place ; l'on obtient « ainsi le salpêtre raffiné ou de *troisième cuite*. »

BIOXYDE DE MANGANÈSE

Le *manganèse* a été découvert par Scheele et Galm, en 1774, dans le peroxyde de manganèse, matière à laquelle on donnait à cette époque le nom de magnésie noire.

Le manganèse a pour densité 7,2 environ ; il ressemble par ses propriétés physiques à la fonte ; il n'est toutefois pas attirable à l'aimant. Sa dureté est extrême, il peut couper le verre comme le diamant ; on peut lui donner un grand degré de poli, le fondre facilement, et cet ensemble de propriétés le rendrait précieux si d'une part son extraction était plus aisée, et que de l'autre il

(1) *Baumé Antoine*, pharmacien chimiste né à Senlis, en 1728, mort en 1804.

ne fût pas aussi altérable par les acides ou même par l'eau. On le prépare en traitant le fluorure de maganèse par le sodium à une température très élevée.

Bioxyde de manganèse. — Le *bioxyde de manganèse,* désigné dans le commerce sous le nom de manganèse, était connu des anciens qui l'ont quelquefois confondu avec la pierre d'aimant, de là sans doute le nom de *manganèse* ou *magnésie noire* (de *magnes,* aimant).

« Le bioxyde de manganèse (1) est utilisé pour la préparation du chlore et des chlorures déco-
« lorants ; sous ce dernier rapport, il a une importance commerciale des plus grandes, et sa
« consommation s'élève annuellement à près de cinq millions de kilogrammes, dont plus de la
« moitié est importée en France de Belgique, de Westphalie, de Saxe et de Bohême.

« Le bioxyde de manganèse existe en France à l'état naturel en plusieurs endroits, à Romanèche
« (Saône-et-Loire), et à Saint-Christophe (Cher), on lui donne le nom de *pyrolusite.* C'est le
« plus abondant et en même temps le plus utile des minerais du manganèse. Il n'est pas du
« reste le seul oxyde naturel de ce métal, on en connaît trois autres : l'*haussmanite,* la *braunite*
« et l'*acerdèse.*

« La *pyrolusite* est d'un gris tirant fortement sur le noir. On la rencontre en masses amorphes
« ou terreuses ; mais la variété la plus abondante possède une structure aciculaire ou radiée. La
« pyrolusite contient :

« Manganèse.	63.22
« Oxigène	36.78

« Sa densité varie de 4,8 à 5. »

LE VERNIS

Lorsque l'on veut graver sur une lame d'acier un nom ou un ornement, on se sert de *vernis* pour préserver la partie de la lame qui ne doit pas être attaquée par l'acide.

On désigne sous le nom de vernis (2) des liquides formant, après dessication à la surface des corps sur lesquels on les applique, une couche transparente douée d'un certain éclat dû aux effets combinés de la réflexion et de la réfraction de la lumière.

« Les vernis (3) sont obtenus par la dissolution des substances désignées sous le nom général
« de résines, dans des liquides volatils. On peut distinguer, dans les vernis, deux grandes
« classes :

« 1° Les vernis à l'*alcool* et les vernis à l'*éther,* dans lesquels le véhicule entièrement volatil ne
« laisse aucun résidu après son évaporation, abandonne les particules résineuses qui reprennent
« leur éclat, leur couleur, et forment seules la pellicule constituant le vernis ; ces vernis sont
« très siccatifs et peu solides.

(1) *Privat-Deschanel et Ad. Focillon.* — Dictionnaire général des Sciences théoriques et appliquées.

(2) *Vernis,* du bas latin *vernicium,* vernis.

(3) *E.-O. Lami.* — Dictionnaire de l'Industrie et des Arts Industriels.

« 2° Les vernis à l'*essence* et les vernis à l'*huile*, dont le véhicule, après évaporation, laisse « lui-même un résidu qui forme un lien entre les particules résineuses et entre ainsi dans la « constitution du vernis ; ce sont des vernis moins siccatifs, mais plus solides.

« Les procédés généraux employés pour la fabrication des vernis sont, en somme, très simples ; « ils consistent à dissoudre une substance solide dans un véhicule liquide, d'une consistance « plus ou moins fluide. Cette dissolution s'obtient soit à froid, soit par l'action de la chaleur ; le « premier procédé est toujours préférable quand on peut l'appliquer. L'action de la chaleur étant « très souvent indispensable, on s'efforce d'opérer aux plus basses températures pour ne pas « risquer d'altérer les résines.

« Les résines sont fondues soit à part et mélangées avec le liquide, soit dissoutes par diges- « tion. On favorise l'évaporation en pulvérisant les résines et les mélangeant avec du verre pilé « qui empêche l'agglutination des particules solides qui ont une tendance à se coller entre elles. « La dissolution s'obtient au bain-marie, au bain de sable ou d'alliages suivant le degré de « température nécessaire. »

En coutellerie, on se sert du vernis à l'alcool qui est plus siccatif, son peu de solidité n'est pas un inconvénient, puisqu'on l'enlève lorsque la gravure est faite.

LES PIERRES A AFFILER

L'*affilage* consiste à enlever aux instruments tranchants le *morfil* qui les empêche de couper lorsqu'ils viennent d'être aiguisés. Il sert aussi à *donner le fil* lorsqu'il a été détruit par l'usage.

On se sert à cet effet de pierres que l'on appelle, pour ce motif, *pierres à affiler* ; on en distingue de plusieurs sortes :

1° Les pierres de Normandie, de Lombardie et de Norwège ;
2° Les pierres de Lorraine ;
3° Les pierres du Levant ;
4° Les pierres d'Amérique ;
5° Les pierres de Belgique ;
6° Les pierres vertes ;
7° Les pierres d'Ecosse ;

Les pierres de Normandie. — Ces pierres, qui servent pour l'affilage des couteaux, des faux et de tous les gros tranchants, sont extraites des carrières de *Beauchamps*, canton de *Laye-Pesnel*, arrondissement d'Avranches (Manche), où elles se trouvent au milieu de pavés et de pierres à bâtir.

Elles sont formées d'un grès schisteux de couleur grise et disposées en assises horizontales d'une épaisseur de 30 à 80 centimètres.

On les extrait au moyen de la pioche et de la barre de fer, puis on fend les lames au moyen de marteaux faits exprès ou de ciseaux à froid. Les pierres ainsi dégrosssies, sont rendues lisses en les frottant sur du sable (1).

---

(1) Note de la mairie de Beauchamps.

On s'en sert à sec ou en les humectant d'eau.

On trouve des pierres du même genre à *Alet*, aux environs de Limoux (Aude) ; elles sont d'une couleur jaune pâle et très tendres.

Autrefois on employait à *Châtellerault* une *eurite schistoïde* qu'on trouve dans les environs et particulièrement dans le lit de la Vienne.

Enfin la Lombardie et la Norwège possèdent des carrières de pierres très réputées pour l'affilage des faux et des couteaux.

Les *pierres de Normandie* se vendent toutes taillées suivant leurs dimensions :

Celles de	25	centimètres	valent	1 fr.	20	la douzaine
—	30	—	—	3	60	—
—	35	—	—	4	80	—
—	40	—	—	6	»	—
—	45	—	—	7	50	—
—	50	—	—	9	»	—
—	55	—	—	12	»	—
—	60	—	—	18	»	—

Les *pierres d'Alet* sont également taillées ; elles valent de 2 fr. à 2 fr. 50 la douzaine, leur longueur ne dépasse pas 20 centimètres.

Les *pierres de Norwége* sont aussi taillées et ne dépassent pas 30 centimètres de longueur, elles valent de 2 fr. 50 à 4 fr. 80 la douzaine.

Enfin les *pierres de Lombardie,* dont la longueur est au plus de 30 centimètres, valent de 2 fr.50 à 12 francs la douzaine.

Les pierres de Lorraine. — C'est à Bru, dans le canton de Rambervillers, près d'Epinal (Vosges), que se trouvent les carrières de pierres qui servent à affiler les ciseaux, les canifs et les grattoirs.

On les emploie par morceaux qui varient de 5 à 30 centimètres de long.

Leur nature est à peu la même que celle des pierres de Normandie, mais elles sont d'un grain beaucoup plus fin.

Elles ne se trouvent pas par bancs, mais en blocs mêlés avec la terre ; on peut compter 2/3 de déblais pour les extraire.

On leur faire subir sur place un premier dégrossissage, ce qui occasionne un déchet de moitié, puis on les polit.

Lorsqu'on veut s'en servir, il faut les humecter d'eau ou d'huile.

Les pierres de Lorraine sont préparées en morceaux de longueur et de largeur proportionnées.

Celles de	7 à 9	centimètres	de longueur	valent	0 fr. 15	la pièce
—	10 à 12	—	—	—	0 fr. 30	—
—	13 à 14	—	—	—	0 fr. 45	—
—	15 à 16	—	—	—	0 fr. 60	—
—	17 à 18	—	—	—	0 fr. 75	—

Les pierres du Levant ou de Turquie. — Les *pierres du Levant* sont formées de chaux carbonatée très compacte, sur laquelle l'eau forte n'a qu'une action lente et qui se laisse difficilement entamer par un burin d'acier ; elles sont de couleur blanchâtre et nous viennent des environs de *Smyrne* (Asie-Mineure).

On leur donne aussi le nom de *pierres à l'huile* parce que, pour s'en servir, on les imbibe d'huile.

La pierre du Levant se prépare avec un grès d'abord et ensuite on l'adoucit avec une pierre ponce.

Pour affûter les gouges, on leur donne une forme plate, plus amincie d'un côté que de l'autre, avec l'une des tranches arrondies. On en fait aussi en forme de tiges carrées ou triangulaires, suivant les outils que l'on veut affûter.

Les pierres du Levant se vendent au poids ; elles valent de 1 à 3 francs le kilogramme.

Celles qui sont préparéss pour les gouges, valent de 0 fr. 35 à 0 fr. 80 la pièce.

Les pierres d'Amérique. — Les pierres d'Amérique que l'on emploie pour affiler, viennent de l'État d'*Arkansas* (1) ; on les trouve dans la rivière *Ouachita*.

Ce sont des pierres très compactes et d'une grande dureté ; elles sont de silex pur et leur mordant provient des petites pointes aigues des cristaux dont elles sont formées.

La difficulté d'obtenir cette pierre parfaite et la grande dureté qu'elle présente pour la travailler, la rendent d'un prix élevé.

Les dimensions les plus courantes de ces pierres sont de 10 à 20 centimètres de longueur sur 4 à 5 de largeur et 2 1/2 à 3 1/2 centimètres d'épaisseur. Elles valent de 1 fr. 50 à 20 francs le kilogramme, suivant leur pureté.

On obtient aussi ces pierres en tiges carrées ou triangulaires.

Les pierres de Belgique. — Les pierres de Belgique, connues sous le nom de pierres à rasoirs, sont une espèce de schiste argilo-siliceeux d'un grain très fin formé de lits jaunâtres qui sont superposés sur d'autres qui sont noirâtres, roussâtres ou violets.

La partie jaune seule est propre à affiler la coutellerie fine et surtout les rasoirs ; elle est d'un grain excessivement fin et imperceptible à l'œil. On l'emploie humectée d'*huile d'olive* ; certains couteliers se servent aussi de l'*eau de savon*.

Les carrières de ces pierres sont situées au village de *Salm-Chateau*, aux environs de Stavelot, dans la province de Liège (Belgique).

Leur prix varie de 0 fr. 20 la pièce pour celles qui ont 12 centimètres de longueur, jusqu'à 18 francs la pièce pour celles qui ont 45 centimètres.

Les pierres vertes. — Les pierres vertes terminent l'échelle de dureté des des pierres à affiler ; on s'en sert pour les instruments de chirurgie. On les trouve

(1) L'*Arkansas* est l'un des États-Unis de l'Amérique du Nord, capitale : *Little-Rock*. Il doit son nom à la rivière l'*Arkansas*, qui le traverse et où elle se jette dans le Mississipi.

PIERRE D'AMÉRIQUE

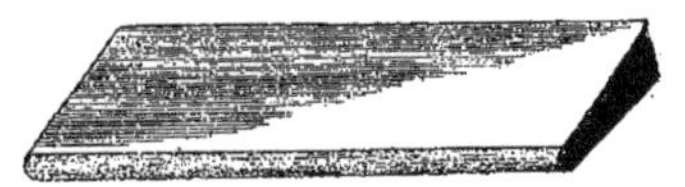

PIERRE DU LEVANT
pour gouges

PIERRE DE BELGIQUE
pour rasoirs

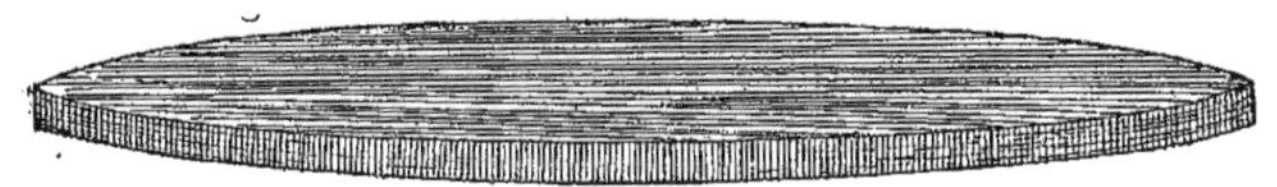

PIERRE DE NORMANDIE
pour couteaux

AFFILOIR, EN EMERI AGGLOMERÉ

dans les montagnes près de *Barcelone* (Espagne). Lorsqu'on a passé ces instruments sur la pierre du Levant et sur la pierre à rasoirs, on leur donne le dernier degré de finesse avec la pierre verte.

Sa préparation demande beaucoup de soins ; lorsqu'elle a été dressée, on enlève les traits avec du grès et de l'eau, puis on la passe à la pierre ponce, après quoi on finit de la polir avec une pierre à rasoirs.

On enchâsse ces pierres dans des boites et on les place dans des étuis.

Ces pierres sont généralement de petites dimensions ; une pierre de 10 centimètres sur 2 centimètres vaut 3 francs, et une de pierre de 17 centimètres sur 4 centimètres est estimée 5 francs.

Les pierres d'Ecosse. — La pierre d'Ecosse est employée par les couteliers anglais, mais elle sert plus particulièrement aux horlogers, aux bijoutiers et aux opticiens pour l'affûtage de leurs outils ; elle est aussi employée par les graveurs sur rouleaux pour l'impression des indiennes. Pour ce travail, on s'en sert en l'humectant d'eau et la tenant à la main contre le rouleau qui tourne.

Les carrières d'où l'on tire cette pierre ont été ouvertes en 1789, elles sont situées dans l'Etat de Dalmore, dans la paroisse de *Stair* (Ayrshire), en Écosse.

On les vend au poids ; elles valent de 1 fr. 25 à 2 francs le kilogramme.

Affiloirs en émeri. — On a imaginé de faire des *affiloirs* en émeri aggloméré au moyen d'une sorte de ciment, dans le genre de celui qu'on emploie pour les meules en émeri.

On fabrique, par ce procédé, des pierres de toutes les dimensions ; il y en a qui sont en forme de tiges rondes que l'on ajuste sur un manche que l'on peut tenir à la main.

L'HUILE D'OLIVE

L'*huile d'olive* est connue depuis la plus haute antiquité ; il en est souvent question dans la Genèse.

On l'extrait du fruit de l'olivier d'Europe (*olea Europea*). On cueille l'olive lorsque le fruit est de couleur jaune citron. L'olive se compose de quatre parties distinctes : l'épiderme, la pulpe, l'amande et la partie ligneuse qui l'entoure.

L'huile comestible est tout entière dans la pulpe du fruit.

Les oliviers occupent en France 130 000 hectares donnant environ 3 400 000 hectolitres de fruits.

En Espagne et aux îles Baléares, cette plante occupe 858 000 hectares ; en Italie, le rendement annuel est d'environ 3 400 000 hectolitres. L'algérie donne en moyenne 300 000 hectolitres d'huile, la culture de l'olivier y occupe 5 500 hectares.

Extraction de l'huile d'olive. — « Le procédé d'extraction le plus perfectionné, dit « M. Clouet (1), consiste à soumettre les olives, préalablement bien lavées, à l'action d'un « cylindre vertical armé de pointes et entouré d'une toile métallique. La chair des olives est « lacérée, la pâte obtenue passe dans un autre appareil horizontal qui opère le lavage des noyaux « et les expulse parfaitement nettoyés, ainsi que les peaux.

« La pâte est mise dans des cabas ou scourtins et portée à la presse. L'huile de première « pression constitue l'huile vierge. La seconde pression se fait en présence d'une certaine quantité « d'eau bouillante. Les tourteaux de seconde pression sont travaillés dans des ateliers spéciaux « appelés *ressenses*. L'huile de première pression est clarifiée au soleil à 15°. »

Propriétés. — L'huile d'olive pure est très fluide, onctueuse, transparente ; elle est jaune verdâtre ou jaune pâle. Sa saveur est douce et agréable, rappelant le goût du fruit ; à quelques degrés au-dessus de 0°, elle se trouble ; à — 6°, elle dépose de la stéarine ; elle se conserve longtemps sans rancir. L'huile d'olive est émolliente, sa densité est de 0,914.

Usages. — L'huile d'olive mélangée à la cire, sert à faire le *cérat*. L'huile de *ressense* est employée à la fabrication des savons. L'huile d'olive obtenue en faisant subir aux olives l'action de l'eau chaude, et qu'on nomme huile *tournante*, est utilisée dans l'impression sur étoffes.

En coutellerie, on se sert de l'huile d'olive pour l'affilage des *rasoirs*, des *canifs*, des *ciseaux* et des *instruments de chirurgie*.

L'huile d'olive qu'on emploie pour l'affilage est rarement pure, on la paie de 2 fr. à 2 fr. 50 le kilogramme.

LA GRAISSE

Lorsque les lames et toutes les pièces d'acier qui entrent dans la composition des objets de coutellerie, sont polies, le premier soin de l'ouvrier qui les a faites, est de les graisser afin d'éviter qu'elles rouillent au contact des mains pendant les manipulations que l'on est obligé de leur faire subir.

Il est d'usage de graisser ces mêmes objets lorsqu'ils sont terminés pour les préserver de la rouille jusqu'au moment de les vendre.

Alors on les essuie pour enlever la graisse, de façon que les parties polies se montrent dans tout leur éclat.

La *graisse* que l'on emploie en coutellerie est la *graisse de porc* fondue ou *saindoux*.

« On comprend sous le nom de *graisses*, dit M. Alb. Rémont (2), une série de corps solides à « la température ordinaire, d'une consistance plus ou moins ferme, et passant à l'état fluide

---

(1) *E.-O. Lami.* — Dictionnaire de l'Industrie et des Arts Industriels. — Art. *huile d'olive.*

(2) *E.-O. Lami.* — Dictionnaire de l'Industrie et des Arts Industriels. — Art. *graisse.*

« sous l'influence d'une chaleur peu élevée, telle que celle que dégage la paume de la main.
« C'est Chevreul, le premier qui détermina la composition des graisses et montra qu'elles « sont formées de trois éléments principaux : la *stéarine*, la *margarine* et l'*oléine*. Les deux « premiers de ces éléments sont solides et donnent en général, suivant que leur proportion est « plus forte, une consistance plus ferme aux graisses.

Préparation. — « L'extraction des graisses s'opère généralement à la faveur d'une élévation de température que provoque la liquéfaction du corps gras et lui permet de s'écouler du « tissu qui le contenait. On peut faciliter le départ de la graisse en soumettant la matière pre- « mière, préalablement chauffée, à l'action d'une presse ; on obtient ainsi un tourteau dont les « dernières portions de corps gras peuvent être éliminées à l'aide d'un dissolvant tel que le « sulfure de carbone.

Propriétés. — « Les graisses sont insolubles dans l'eau ; presque insolubles dans l'alcool « froid, assez solubles dans l'alcool bouillant, et miscibles en toutes proportions à l'éther, au « sulfure de carbone et aux divers hydrocarbures.
« Les éléments qui forment les graisses sont des combinaisons de *glycérine* et d'*acides gras* « susceptibles de se dédoubler.
« L'eau à une température élevée, peut provoquer ce dédoublement, mais il est singulièrement « facilité par la présence d'une base. Emploie-t-on un alcali tel que la *potasse* et la *soude*, il se « forme un sel connu sous le nom de *savon* ; emploie-t-on une base peu soluble, telle que la « *chaux*, le dédoublement a lieu également, et si la proportion de base est faible, on a d'une part « la *glycérine* et d'autre part un mélange de *sel calcaire* et d'acides *stéarique*, *margarique* et « *oléique*, mélange qui forme le départ de la fabrication des *bougies stéariques*. »

Usages. — Les graisses, comme nous venons de le voir, ont une importance considérable dans l'industrie de la savonnerie et de la stéarinerie.

Les *graisses de mouton* et de *bœuf* sont plus connues sous le nom de *suif* ; nous nous sommes occupé dans un article précédent de son emploi en coutellerie.

La *graisse de veau* est utilisée en parfumerie pour la préparation des pommades.

La *graisse de porc* ou *saindoux* et la *graisse d'oie* entrent pour une bonne part dans l'alimentation de l'homme.

La graisse de porc que l'on emploie pour graisser les pièces de coutellerie, sert aussi pour le graissage des tourillons et des gros rouages des moteurs hydrauliques.

LA VASELINE

Depuis quelque temps, on essaie de remplacer par la *vaseline* ou *graisse minérale*, la graisse de porc dont on se sert en coutellerie. Nous ne savons si ces essais seront favorables à cette substance, nous ne voyons rien qui puisse faire supposer le contraire.

La vaseline, que l'on désigne aussi sous les noms de *pétroline* et de *neutraline*, est un produit nouveau sur la composition duquel tout le monde n'est pas d'accord.

Rud. Wagner le considère comme un mélange d'heptane et de paraffine ; Moss veut que ce soit un mélange de diverses paraffines très fusibles ; enfin Miller prétend qu'il est composé de paraffines et d'huiles liquides.

La vaseline naturelle s'obtient avec toutes les sortes de pétrole ; on peut l'obtenir par simple décoloration du pétrole ou de ses résidus, par le charbon animal, puis enlevant les vapeurs légères par la vapeur d'eau surchauffée, ou encore par lavage du pétrole avec l'acide sulfurique ou une solution de bichromate de potasse ; enfin par distillation des résidus lavés ou non.

La vaseline ne rancit pas ; on l'emploie beaucoup à cause de cela en parfumerie et en thérapeutique.

LE CUIR

Aujourd'hui les couteliers des grandes villes ont presque tous des moteurs à vapeur, ou à gaz, ou à eau, ou des moteurs électriques pour mettre en mouvement leurs meules et leurs polissoires ; nous croyons donc utile de dire quelques mots au sujet du *cuir* qu'ils emploient pour leurs courroies et des *huiles* dont ils se servent pour graisser leurs machines.

Le cuir. — L'homme, dès les premiers âges, a utilisé les peaux d'animaux à l'état naturel pour se vêtir ; mais il a été obligé, pour les conserver, de leur faire subir certaines préparations qui l'ont amené peu à peu à des procédés de tannage [1] plus ou moins parfaits.

Les Grecs et les Romains avaient fait faire beaucoup de progrès à l'art du tanneur ; cet art était aussi connu des peuplades de l'Amérique lors de la découverte du Nouveau-Monde par Christophe Colomb. Les peuplades les plus sauvages de l'Afrique centrale savent tanner les peaux d'animaux.

On désigne sous le nom de *cuir*, les peaux de cheval, de bœuf ou de vache et de veau, lorsqu'elles ont été tannées. Les peaux de chèvre et de mouton conservent le nom de *peaux* quoique tannées.

La peau d'un animal est composée de deux couches : le *derme* et l'*épiderme*. Le derme est une membrane épaisse constituée par des fibres entrecroisées ; l'épiderme, plus mince, recouvre la surface du derme et porte les poils ou la laine. C'est le derme qui, par l'action des matières tannantes, est susceptible de se transformer en cuir.

Tannage. — « Le *tannage*, dit M. Paul Poiré [2], a pour effet de combiner la peau avec une « substance capable de former avec elle un produit imputrescible et moins perméable à l'eau. Le « tannin que l'on rencontre dans certains végétaux, et surtout dans l'écorce de chêne, jouit de « cette propriété au plus haut degré ; il sert exclusivement en France à l'usage que nous venons « d'indiquer.

« L'industrie du tannage est pratiquée dans toutes les parties de la France, mais les villes où « elle est le plus développée, sont : Paris, Lyon, Bordeaux, Marseille et Nantes.

---

(1) *Tannage*, du mot *tan*, tiré du bas breton *tann*, chêne.

(2) *Paul Poiré*. — La France Industrielle.

« Les peaux principalement employées sont celles de taureau, de vache, de buffle, de veau, « de cheval, etc. ; elles proviennent des animaux tués dans nos pays, ou sont importées en « France des principaux ports de l'Amérique Méridionale et de l'Australie, où l'on élève ces « animaux en quantités considérables.

« Les procédés de tannage ne sont pas les mêmes, suivant que l'on se propose d'obtenir des « cuirs *mous* ou des cuirs *forts* (nous nous occuperons que de ces derniers qui, seuls, sont « employés en coutellerie).

« Pour faire des *cuirs forts*, on doit d'abord laver les peaux pour les ramollir et leur faire « perdre le sang qu'elles contiennent. Ce lavage s'exécute, autant que possible, dans une eau « courante ; il ne dure que deux ou trois jours pour les peaux fraîches, mais il est plus long « pour les peaux sèches et pour les peaux salées.

« Il faut ensuite arracher les poils et les morceaux de chair qui sont adhérents à la peau ; on « agit pour cela de deux façons :

« On peut opérer par *échauffe naturelle*, c'est-à-dire qu'après avoir empilé les peaux, on les « abandonne à elles-mêmes jusqu'à ce qu'un commencement de fermentation s'établisse spon- « tanément. Il faut avoir soin de visiter la pile afin de saisir le moment où la fermentation doit « être arrêtée, et ne pas attendre que le poil tombe trop facilement. *Le poil doit crier en l'arra- « chant* ; si la fermentation continuait trop longtemps, le cuir se trouverait altéré. Cette méthode « s'emploie surtout pour les peaux fraîches.

« On peu aussi placer les peaux dans une chambre que l'on chauffe de manière à élever la « température et faciliter la fermentation, deux ou trois jours suffisent en été, huit jours en « hiver ; on introduit dans les chambres à fermentation une certaine quantité de vapeur d'eau.

« Vient ensuite le *débourrage* ou *épilage* qui, comme son nom l'indique, consiste à enlever le « poil, ce qui se fait en plaçant les peaux sur chevalet et en les raclant de haut en bas avec un « couteau émoussé, dit *couteau rond* ; ensuite on les lave et on les racle avec un couteau tran- « chant à lame circulaire, pour enlever la chair et les impuretés qui restent attachées à la surface.

« Puis on doit adoucir le grain, du côté du poil, avec une pierre à affûter emmanchée comme « le couteau rond et appelée *queurce* ; enfin on nettoie facilement les deux faces de la peau avec « un couteau à lame circulaire, jusqu'à ce que l'eau de lavage soit bien limpide. Ces diverses « opérations s'appellent *façons de rivière*.

« On fait ensuite gonfler les peaux en les soumettant à l'action de jus de tan qui se sont aigris « dans les fosses ; les premiers bains doivent être peu concentrés ; au bout de huit jours, le cuir « commence à *s'affamer*, comme disent les tanneurs, il faut alors le nourrir en lui donnant des « bains plus forts, sans quoi l'effet produit par les premiers serait détruit, le cuir *retomberait*. « Après douze jours, on commence le *tannage proprement dit*.

« On superpose les peaux dans des cuves de bois ou de maçonnerie en les séparant par des « couches de tan, puis on y fait arriver une quantité d'eau suffisante. L'eau est l'intermédiaire « nécessaire entre la peau et le tannin ; elle dissout ce dernier, pénètre avec lui dans la peau et « facilite la formation du composé imputrescible. Le séjour dans les fosses varie avec la nature « des cuirs. Les cuirs forts doivent *recevoir quatre poudres*, c'est-à-dire qu'on renouvelle quatre « fois la poudre, en ayant soin à chaque fois de détacher la tannée qui est adhérente ; la pre- « mière est de neuf semaines, les deux suivantes de quatre mois, et la dernière de cinq mois.

« Le cuir pour semelles doit être battu pour acquérir de la compacité ; dans les grands établis- « sements, cette opération, la seule que le cuir subisse après le tannage, se fait avec de puissants « marteaux mus mécaniquement. »

Emploi. — La cordonnerie, la sellerie, la carrosserie, la fabrication des articles de voyage, emploient le cuir en grandes quantités.

Le cuir est employé en coutellerie, comme nous l'avons vu, pour le polissage de certaines sortes de manches de couteaux ; on s'en sert aussi pour polir les lames de rasoirs. Dans ce dernier cas, on en colle une bande sur la tranche de la polissoire.

Le cuir qu'on emploie à ces deux usages est du cuir à semelles ou *baudrier*, et la consommation en est très restreinte ; mais on en consomme beaucoup plus pour la confection des courroies qui servent à faire tourner les différentes machines utilisées pour la fabrication de la coutellerie.

Le prix du cuir à courroies varie de 5 fr. à 6 fr. 50 le kilogramme.

LES HUILES ANIMALES

Les *huiles animales* sont extraites des corps gras que renferment certaines parties du corps des animaux.

On obtient une huile (1) de la graisse qui se trouve sous la peau des baleines, des cachalots, des dauphins, des phoques.

On extrait une huile spéciale de l'intestin des esturgeons, des saudres, ainsi que du foie des morues, des squales et des raies.

Enfin les abatis du cheval, du mouton, de la vache, du bœuf, fournissent une huile très estimée ; nous ne nous occuperons que de cette dernière, car c'est la seule que l'on emploie pour le graissage des machines.

Huile de pieds de bœuf. — « Cette huile, dit M. Rémont (2), se prépare en faisant « bouillir avec de l'eau, dans un vase à double fond, chauffé à la vapeur ou bien à feu nu, les « pieds de bœuf, vache, cheval, mouton, etc., dénudés de chairs et de nerfs. On enlève à la « cuiller l'huile qui vient surnager.

« Quelques fabricants opèrent le dégraissage dans des cylindres en forte tôle, de dix hecto- « litres de capacité environ, sous une pression de deux atmosphères ; les rendements sont « meilleurs.

« L'huile de pieds de bœuf est jaune paille ou jaune rougeâtre, sans odeur, et d'une saveur « agréable. Cette huile est limpide et ne dépose que par un grand froid, elle ne rancit pas ; sa « densité égale 0,916 ; elle sert beaucoup dans le graissage des machines et aussi pour celui des « rouages des horloges. »

Huile de saindoux. — « Cette huile vient en grande quantité des États-Unis, où elle est « obtenue en séparant du saindoux le corps gras liquide qu'il renferme. C'est une huile d'un « goût agréable, d'une odeur faible, qu'on emploie sur une large échelle pour le graissage des « machines. »

Il y a des huiles de pieds de bœuf depuis 150 jusqu'à 250 francs les 100 kilogrammes.

LES HUILES MINÉRALES

Les *huiles minérales* sont des produits liquides plus ou moins fluides, qui sont composés de carbures d'hydrogène, à points d'ébullition très variables.

Elles comprennent l'*huile de pétrole*, qu'on rencontre en masses énormes dans

(1) *Huile*, du latin *oleum*.

(2) *E.-O. Lami*. — Dictionnaire de l'Industrie et des Arts Industriels.

l'Amérique septentrionale, et les *huiles de naphte*, dont les gisements les plus importants se trouvent en Russie, sur les bords de la mer Caspienne.

Le *pétrole* et le *naphte* diffèrent peu dans leur composition ; nous ne parlerons que du pétrole.

Le *pétrole*, dont le nom vient du latin *petra*, pierre, et *oleum*, huile, est un produit liquide plus ou moins trouble, gras au toucher, de coloration brun rougeâtre par transparence, et de coloration verte variable par réflexion ; lorsqu'il a été raffiné il devient jaunâtre. Il a une odeur désagréable et pénétrante ; il est insoluble dans l'eau, sa densité varie entre 0,78 et 0,88.

Sa composition est la suivante :

Carbone	85 à 88
Hydrogène	15 à 12

Origine. — « Le pétrole (1) est connu depuis la plus haute antiquité. Hérodote l'a vu en « usage chez les habitants de l'île de Zante. Le culte de Zoroastre, fondé sur l'adoration du feu, « a pris naissance chez les riverains de la mer Caspienne, en Perse, dans des contrées où se « rencontrent de nombreuses sources de naphte.

« Les Anglais exploitent, dans l'empire des Birmans, sur les bords de l'Irawaddy, de vastes « dépôts de naphte ; mais tout ce que l'on connaissait de pétrole n'était rien auprès de ce qui « fut découvert en Amérique vers 1860.

« Une partie du sol de l'Amérique du Nord paraît reposer sur de vastes nappes de pétrole. « Les premières découvertes eurent lieu en 1830, dans le Kentucky ; peu après, pareille décou- « verte fut faite au Canada. En 1859, le forage d'un puits artésien à Meadville (Pensylvanie), « révéla les intarissables dépôts de la rivière *Oil creek*. Ils furent trouvés à vingt mètres seule- « lement de profondeur. Une exploitation en grand fut aussitôt organisée.

« Les pétroles du Canada furent à leur tour mis en exploitation peu de temps après. »

Gisements. — « On trouve du pétrole, dit M. J. Clouet (2), dans toutes les régions du globe.

« L'Amérique du Nord fournit du pétrole aux États-Unis et au Canada ; on compte environ « 25 000 puits aux États-Unis, produisant annuellement 40 000 000 de barils de 160 litres.

« Au Canada, on trouve environ 200 puits, qui produisent 900 000 tonnes.

« L'Amérique du Sud possède aussi des sources de pétrole ; à la Trinité, à Saint Domingue, « au Venezuela, en Bolivie, dans la République Argentine. Le Pérou a fourni 300 000 tonnes « en 1884.

« L'Australie fournit à peu près 600 000 tonnes annuellement.

« L'Asie fournit assez abondamment le pétrole ; au Japon, on compte près de 2 000 puits « donnant en moyenne 34 800 litres par an. Les Indes anglaises n'ont pas d'exploitation régu- « lière, et on ne connaît, dans la région transcaspienne, qu'un seul puits, mais il fournit à lui « seul 116 250 tonnes.

« La Birmanie est le pays le plus prétrolifère, on compte près de 500 sources sur les bords de « l'Irawaddy ; elles donnent environ un million de tonnes.

« En Europe nous avons à distinguer la région du Caucase. Les sources les plus abondantes « sont celles de Zarskije Kolodzy, dans le gouvernement de Tiflis, puis celles de Balakhani et de « Bakou, dans la presqu'île d'Apschéron. La première région offre environ 200 puits donnant « 50 000 tonnes, et celle de Bakou 400 puits, produisant 15 625 000 tonnes par an.

« Dans l'Europe centrale, nous trouvons en Roumanie 1 200 puits exploités ; la production « annuelle est de 125 000 tonneaux.

(1) *Privat-Deschanel et Ad. Focillon.* — Dictionnaire général des Sciences théoriques et appliquées.

(2) *E.-O. Lami.* — Dictionnaire de l'Industrie et des Arts Industriels.

« Nous ne connaissons pas exactement le nombre de puits existant en Galicie, mais la production des principaux centres d'exploitation fournit annuellement 5 000 000 de fûts de 160 litres.

« En Allemagne, la zône pétrolifère est comprise entre le cours de la Veser et la rive méridionale de l'Elbe ; elle comprend le Brunswick, le Hanovre et le Holstein, et l'exploitation s'y fait depuis deux ou trois siècles. La production totale de l'Allemagne est de 300 000 fûts par an, fournis par 200 puits.

« Il nous reste à signaler la présence de quelques sources de pétrole en Italie, dans les provinces de Modène et de Reggio, connues depuis fort longtemps, mais qui n'ont qu'une importance minime.

« On en trouve aussi en France, à Gabian (Hérault). Cette source, connue depuis 1707, est actuellemnnt l'objet de travaux de captation destinés à en augmenter le rendement.

« Notre pays paye chaque année un tribut de 250 000 000 de francs pour la valeur des 675 000 tonnes que nous consommons. »

Formation du pétrole. — « On n'est pas bien d'accord sur la manière dont le pétrole a pu se former au sein de la terre.

« 1° Une manière de voir acceptée par M. Daubrée, consiste à regarder le pétrole comme le résultat de la décomposition des animaux et des végétaux qui existaient sur les bords de la mer géologique où se retrouvent les couches de pétrole.

« 2° Une autre théorie attribue la formation du pétrole à une distillation de la houille provoquée par la chaleur centrale, et sa condensation en divers endroits éloignés par suite de la pression des gaz.

« 3° Enfin on a rattaché l'origine du pétrole à une réaction chimique produite au sein de la terre. M. Berthelot l'attribue à l'action de l'eau sur un carbure de potassium ; MM. Mendelejeff, en Russie, et H. Bysson, en France, à celle de l'eau à une très haute température sur du carbure de fer. La densité du noyau central de notre planète est à peu près celle de la fonte, il suffirait donc qu'un jet de vapeur d'eau pénétrât jusqu'à de la fonte incandescente pour que cette eau fut décomposée avec production d'oxyde de fer et de carbure d'hydrogène. Cette dernière explication reçoit de l'expérience une confirmation pratique et résiste plus à la discussion quand on réfléchit au rendement de certaines sources ; celles du Caucase et de la Birmanie, qui donnent un rendement journalier de 15 000 fûts. »

Extraction. — « L'extraction du pétrole se fait de diverses manières, suivant que l'exploitation est régulière ou non. Dans le dernier cas, on se contente souvent de creuser de grands trous (*fettlœcher*, *fosses à graisse*) dans lesquels viennent se réunir l'eau salée et le pétrole. On y jette des étoffes qui s'imbibent d'huile, on y plonge des feuillages sur lesquels le pétrole vient adhérer, puis on exprime ensuite et on laisse reposer un peu avant d'employer l'huile. C'est ainsi qu'agissent encore les habitants voisins de certaines sources de l'Allemagne.

« L'extraction régulière se fait d'une toute autre manière. En général on commence par creuser un puits de 1 mètre 50 à 2 mètres de diamètre, puis à l'aide d'une machine à vapeur, on fore un trou de sonde n'ayant souvent que de 8 à 10 centimetres jusqu'à la profondeur voulue pour arriver à la source.

« Lorsqu'on atteint le filon pétrolifère, comme le pétrole s'y trouve avec des gaz et des eaux salées, le liquide jaillit parfois avec une grande violence, mais ces jets de liquide qui atteignent quelquefois jusqu'à 20 mètres de hauteur au-dessus du sol, ne tardent pas à baisser assez rapidement ; les sources peuvent couler à la surface du sol où même il est nécessaire d'extraire l'huile au moyen de pompes aspirantes et foulantes.

« Le pétrole brut extrait du sol, est envoyé dans une cuve en bois, jaugée, qui sert à évaluer la quantité de produit recueilli ; elle contient de 200 à 250 barils (32 à 44 000 litres). Cette cuve pleine, le produit est alors dirigé, au moyen de tuyaux en fer, dans des réservoirs en tôle de 40 à 50 000 hectolitres de capacité et d'où, par des tuyaux de 12 à 15 centimètres de diamètre, l'huile se rend vers les stations de chemin de fer ou les cours d'eau, poussée par des pompes à vapeur, qui la déversent dans des réservoirs cylindriques placés sur des wagons ou des bateaux. Le pétrole est ensuite dirigé dans les raffineries. »

« **Raffinage du pétrole.** — « Le raffinage a pour but de séparer les produits divers qui composent le pétrole.

« La distillation se fait dans de grandes cornues d'une contenance de 350 barils environ et que l'on chauffe par la vapeur surchauffée dans des foyers éloignés d'une centaine de mètres.

PIERRES DU LEVANT

SCIERIE

PIERRES DE LOMBARDIE

EXTRACTION

POLISSAGE

FAÇONNAGE

PLANCHE LXXXVI

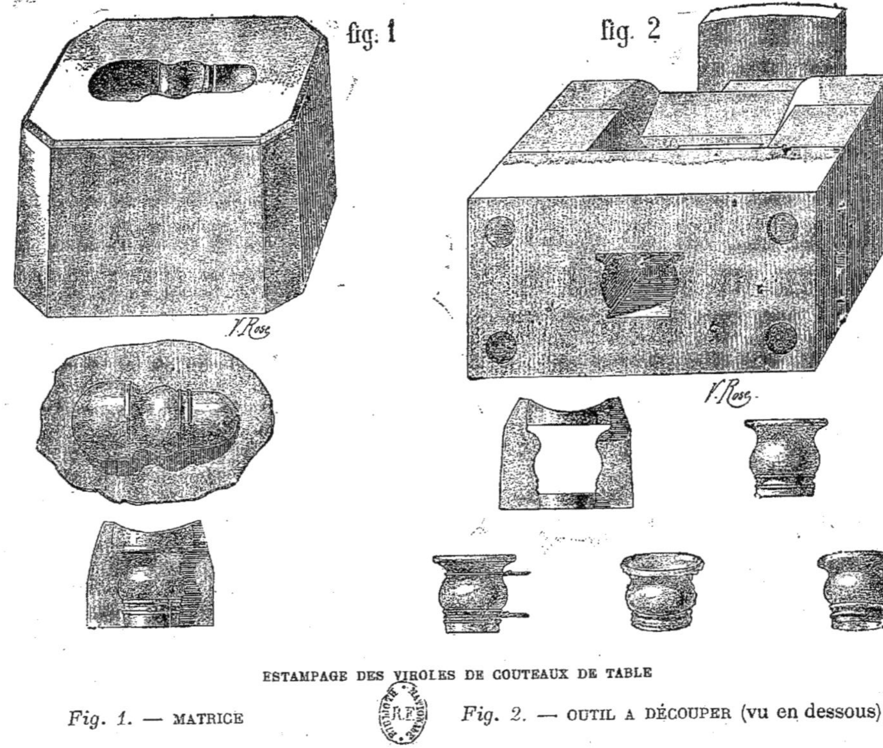

ESTAMPAGE DES VIROLES DE COUTEAUX DE TABLE

Fig. 1. — MATRICE

Fig. 2. — OUTIL A DÉCOUPER (vu en dessous)

« Tout d'abord la température s'élève jusqu'à 150° ; après séparation des produits recueillis, on « chauffe à 270°, puis enfin on s'arrête.

« Le premier produit recueilli porte le nom de *naphte brut* ou *essence de pétrole* ; il forme 5 à « 20 °/₀ de la matière première, est incolore, très odorant, d'une densité de 0,70 à 0,75.

« Le produit séparé jusqu'à 270° porte le nom, porte le nom de *kérosène*, c'est-à-dire *huile* « *pour l'éclairage* Elle forme 45 à 70 °/₀ du volume de l'huile brute, se teinte en jaune au bout « de quelques jours.

« Quand aux *goudrons*, ils forment 10 à 30 °/₀ de résidu ; ils sont épais, d'un brun rouge à « reflets fortement teintés de vert, et contiennent un produit que l'on désigne sous le nom d'*huiles* « *lubrifiantes*. »

Raffinage des goudrons. — « Par la distillation a feu nu des goudrons de pétrole, on « peut encore en retirer des huiles dont la densité varie entre 0,830 et 0,920, des résidus de « pétrole proprement dit ou du coke, et par suite des décompositions qui se produisent dans les « carbures chauffés de 270° à 400°, des carbures acétyléniques, éthyléniques, aromatiques comme « la benzine, et d'autres enfin très remarquables par la quantité de carbone (94 à 97 °/₀) qu'ils « renferment.

« Parmi les produits commerciaux que l'on retire de ces goudrons, nous pouvons citer : les « *huiles lourdes*, les *huiles à gaz*, les *huiles lubrifiantes*, la *paraffine*, la *vaseline*.

« Nous ne nous occuperons que des huiles lubrifiantes qui, seules, nous intéressent.

« Les *huiles lubrifiantes*, huiles de *Vulcain*, de *globe*, de *phœnix*, sont onctueuses, opaques, « d'un brun foncé, et leur densité est comprise entre 0,885 et 0,920.

« Pour l'usage auquel on la destine, c'est-à-dire le graissage des pièces mécaniques, on a « besoin de les épurer ; c'est ce que l'on fait avec 4 à 5 °/₀ d'acide sulfurique, en procédant « ensuite au lavage et à la neutralisation par la soude. Ces opérations une fois effectuées, on « refroidit les huiles au-dessous de 0° pour les solidifier, puis on les passe à la presse afin d'en « ôter toute la paraffine solide qu'elles pouvaient contenir. Ainsi purifié, le produit varie de « couleur du jaune citron au jaune brun ; il est parfois très fluide, dans d'autre cas absolument « sirupeux, mais son point d'inflammation toujours supérieur à 100°. »

Usages. — Le pétrole est employé comme anesthésique, dissolvant des corps gras, des résines, du caoutchouc, de la gutta-percha ; comme succédané de l'éther et de l'essence de térébenthine chez les peintres, teinturiers, dégraisseurs ; comme matière propre à l'éclairage ou à la fabrication du gaz d'éclairage ; comme matière lubrifiante pour le graissage des machines ; enfin comme combustible pour le chauffage des machines à vapeur.

Les huiles lubrifiantes valent environ 40 francs les 100 kilogrammes.

L'EMPAQUETAGE

L'*empaquetage* est le complément obligé de toute fabrication.

En coutellerie, cette opération a son importance, car en même temps qu'elle sert à présenter l'article de façon qu'il flatte l'œil de l'acheteur, elle doit aussi être pratiquée de manière à conserver aux objets le fini qu'on s'est appliqué à leur donner, et à éviter le froissement qu'ils peuvent recevoir dans l'emballage. Aussi demande-t-elle une grande habitude et une certaine adresse de la part de celui qui fait ce travail pour bien le réussir.

Avant de procéder à l'empaquetage de la coutellerie, on a soin d'essuyer avec un linge blanc en toile fine toutes les pièces ; puis avec un autre linge imprégné de graisse, on enduit les parties d'acier d'une légère couche de ce corps gras afin de les préserver de la rouille.

Généralement on enveloppe les pièces de coutellerie par douzaine ou par demi douzaine, dans une feuille de papier *goudron* sur laquelle on a eu soin de placer une feuille de papier *brouillard* ou papier à papillotes.

Le papier goudron est un papier solide, c'est pourquoi on le recherche pour envelopper la coutellerie qui est assez lourde ; le papier brouillard, qui est un papier sans colle et qui se trouve en contact avec les objets de coutellerie, a pour mission d'absorber l'humidité que peut communiquer le papier goudron.

Lorsque les paquets d'un même article sont peu volumineux, on réunit souvent deux paquets ensemble ; mais qu'ils soient formés d'un seul paquet ou de deux, on les revêt d'une seconde enveloppe de papier goudron blanc glacé pour lui donner meilleur aspect et un peu plus de solidité, puis on les *ficelle* solidement de façon que les pièces qu'ils renferment ne puissent pas remuer.

On place, sur la tranche des paquets, un échantillon afin de n'avoir pas besoin de les défaire pour montrer la marchandise.

CHAPITRE IX

LES PROCÉDÉS MÉCANIQUES

Fabrication des viroles et des manches en métal. Forgeage mécanique. — Fraisage. Façonnage mécanique des manches en bois et autres substances.

Les premiers instruments mécaniques, employés en coutellerie, ont été ceux qui ont servi à la fabrication des garnitures et des manches en métal.

Les viroles et cuvettes de coutellerie, comme nous l'avons vu au chapitre de l'*Art du Coutelier* (1), se faisaient autrefois à l'aide de bandes de métal que l'on coupait suivant les dimensions de l'objet à confectionner ; on soudait ensuite ces bandes et on les décorait de filets ou d'ornements faits à la lime ou au burin.

Gavet, coutelier de Paris, eut le premier l'idée, en 1764, de frapper les manches d'argent au balancier ; c'était l'introduction de l'*estampage* (2) dans la coutellerie.

Plus tard, au commencement du XIXe siècle, on se servit du même moyen pour estamper les viroles et les culots. Ce procédé, plus expéditif et plus économique, permit de les orner de dessins en relief du meilleur effet et de les produire à bon marché.

Estampage. — Nous empruntons les considérations suivantes au rapport fait à la *Société d'Encouragement* par M. Amédée Durand :

« Tout le monde sait que pour transformer une forme plane de cuivre en un objet donné de « sculpture, on profite de la malléabilité de ce métal pour obtenir ce résultat.

---

(1) Voir IIe partie, chapitre IX, page 188.

(2) *Estampage*, de *estamper*, tiré de l'ancien haut allemand *stanfon*, frapper du pied, *stampfen* en allemand. — LITTRÉ.

« La malléabilité est la propriété que possède le métal de se tendre et de se raccourcir ; mais « ces deux effets, même avec l'auxiliaire des recuits, ne peuvent s'obtenir que dans des conditions « de progression dont on ne peut franchir les limites sans s'exposer à voir le métal se déchirer « et dans d'autres se plisser, comme le fait un papier à filtre placé dans un entonnoir.

« Pour maîtriser, ces deux effets, la pensée concevrait l'idée d'un moule dont les formes se « prononceraient progressivement et proportionnellement, et arriveraient ainsi à ces beaux reliefs « que nous voyons journellement. Mais un tel moule ne saurait être réalisé, et c'est à des « équivalents que l'estampage est obligé d'avoir recours.

« Un moule de fer est placé sur le tas du mouton ; le poinçon qui entre dans ce moule est un « morceau de plomb qu'on y a coulé Rien n'est plus simple que d'atténuer avec un outil les « saillies de ce poinçon qui sont trop fortes pour qu'elles ne déchirent pas la feuille de cuivre ; « mais, d'un autre côté, les creux du moule correspondant à ces saillies, n'offrant plus au « glissement sur elles-mêmes des molécules, de plomb qui forment le poinçon, une résistance « suffisante, la feuille de cuivre se trouverait sollicitée à prendre de l'extension dans des propor- « tions qui dépasseraient ses limites de malléabilité.

« Pour obvier à cet inconvénient, on a encore recouru au plomb, et on en verse en fusion « dans les creux du moule dont on redoute la trop grande profondeur pour le commencement de « l'opération.

« Les moyens qui viennent d'être indiqués, et qui sont fondamentaux dans cette industrie, ne « sont pas les seuls employés, et nous dirons qu'un auxiliaire est fourni au plomb par le cuivre « lui-même qu'il est destiné à façonner.

« Pour rendre la résistance du cuivre décroissante, à mesure que deviennent plus petits les détails « des surfaces non façonnées, on commence par placer sous le mouton plusieurs pièces super- « posées, puis on en diminue le nombre. On a encore recours à un autre moyen pour augmenter « partiellement la résistance du métal dans les places où les ruptures sont le plus à craindre, il « réside dans la superposition momentanée de quelques morceaux de feuilles de cuivre ; on leur « donne le nom de *chemises*. »

Enfin pour donner le fini nécessaire aux pièces estampées, on remplace le *poinçon de plomb* par un *poinçon de cuivre*.

Toutes les manipulations que nous venons d'indiquer, n'ont leur raison d'être que pour les travaux d'estampage qui présentent des reliefs d'une grande profondeur.

En coutellerie, les reliefs n'étant pas considérables, on a supprimé l'emploi du plomb et l'on pratique l'estampage à l'aide d'un poinçon de cuivre.

Voici comment on opère :

Les dessins sont d'abord gravés en creux sur des blocs d'acier que l'on appelle *matrices* (1), et dont la surface est ensuite trempée.

On a alors recours à un instrument appelé *mouton*.

Le *mouton* est une masse de fer qui est ajustée entre deux montants le long desquels elle glisse. Au-dessous de cette masse est disposée une enclume en fonte. Enfin, au moyen d'une corde qui s'enroule autour d'une poulie placée en haut des deux montants, on relève et l'on abaisse le mouton.

On fixe, à l'aide de griffes, la matrice sur l'enclume ; il s'agit alors de préparer le poinçon de cuivre qui, fixé au nez du mouton, viendra faire prendre l'empreinte

(1) *Matrices*, de *mater*, mère, qui vient du radical sanscrit *ma*, faire, et du préfixe *ter*.

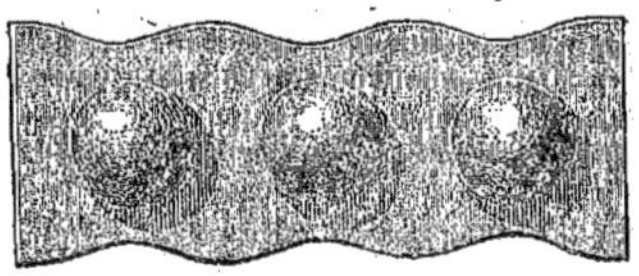

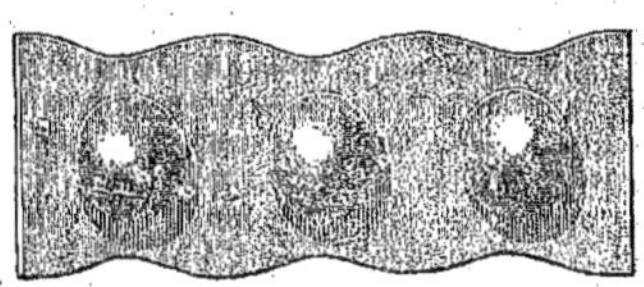

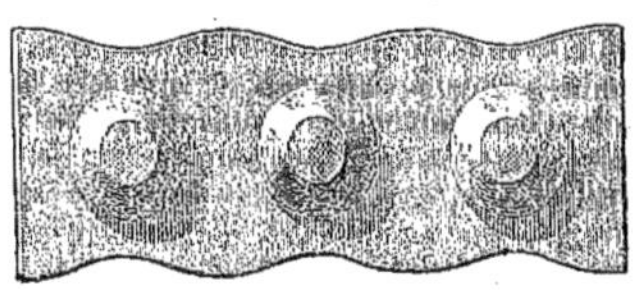

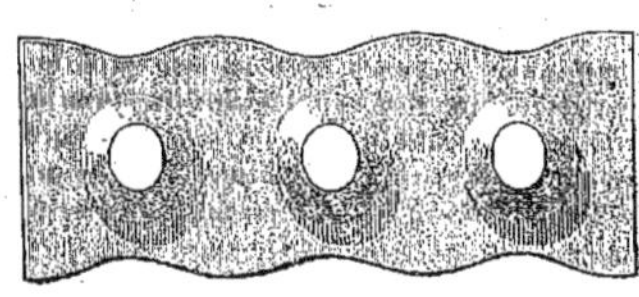

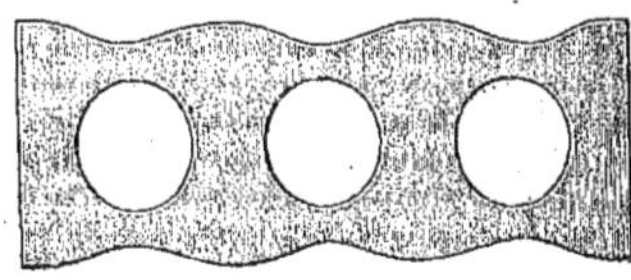

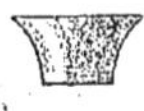

EMBOUTISSAGE DES VIROLES
Système LUNETEAU

MACHINE A MOLETER LES VIROLES
Système N. HUET

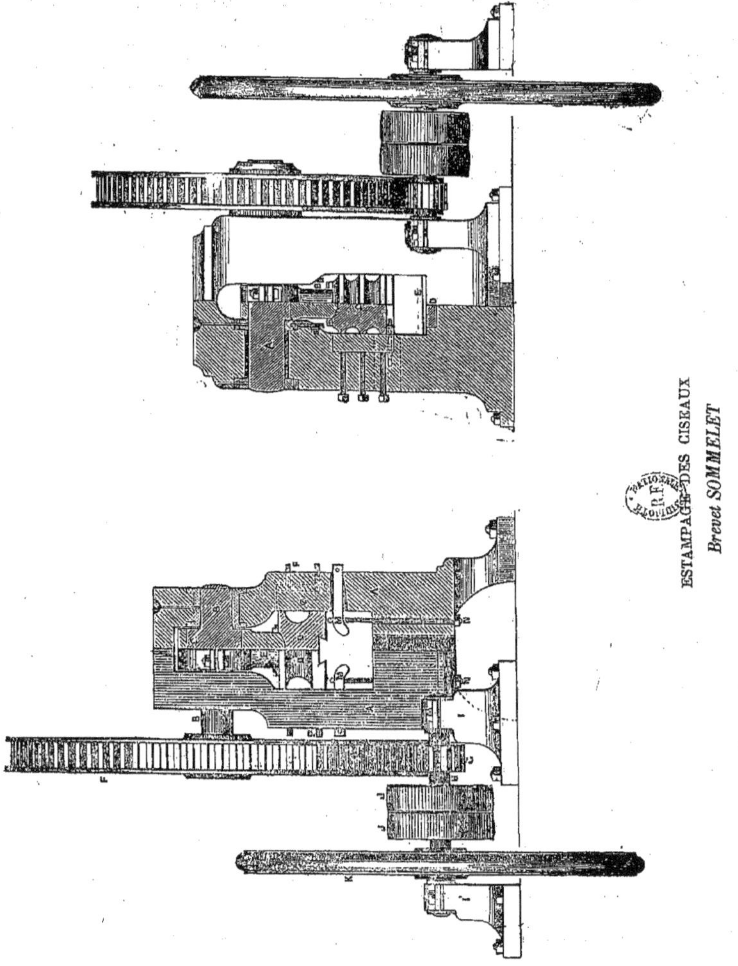

ESTAMPAGE DES CISEAUX
Brevet SOMMELET

de la matrice à la feuille de métal que l'on interposera entre cette dernière et le poinçon.

Pour cela faire, on prend un morceau de cuivre de dimension suffisante que l'on chauffe au rouge cerise, on le place sur le matrice, puis on manœuvre le mouton à coups précipités pour arriver à faire prendre bien exactement au morceau de cuivre l'empreinte de tous les détails de la gravure.

En même temps, l'autre côté du cuivre a pris l'empreinte du nez du mouton qui est rempli d'aspérités, et lorsque l'on relève le mouton, il emporte avec lui le poinçon de cuivre, *grippé* à ces aspérités, qui sont disposées dans différentes directions pour mieux le retenir.

On retire alors le cuivre du nez du mouton, on le chauffe de nouveau, et l'on renouvelle l'opération pour être certain qu'il ne manquera aucun détail à l'empreinte.

Alors on peut procéder à l'estampage des pièces ; la feuille de métal est taillée, à l'aide de cisailles, de la dimension voulue pour obtenir l'empreinte de la matrice qui représente exactement la moitié de la virole ou du culot que l'on veut fabriquer.

Les parties inutiles sont enlevées à l'aide de la scie à repercer, ou bien si l'on doit produire un nombre de pièces, suffisant pour permettre les frais d'un outil à découper, on se sert du *découpoir.*

Le *découpoir* est un instrument qui fonctionne par un mouvement de va et vient imprimé au moyen d'un excentrique à un emporte-pièce ou poinçon, qui manœuvre dans une matrice placée au-dessous et munie d'une ouverture pour lui livrer passage.

Cette ouverture est de forme et de dimension absolument exactes à celle du poinçon, de façon que si l'on interpose, entre l'emporte-pièce et la matrice, une feuille de métal, celle-ci sera découpée suivant la forme de l'emporte-pièce.

On prend deux moitiés de viroles ou de culots, découpées, on les réunit avec du fil à lier, après avoir bien dressé leurs surfaces de rapprochement sur une pierre disposée à cet effet, puis l'on *soude.*

On enlève ensuite, avec une petite lime demi-ronde, les bavures laissées par la soudure, enfin l'on *décape.*

Tel est le moyen connu de tous, et le plus employé, mais la coutellerie de table, se vendant en grandes quantités et sur des modèles uniformes, on a cherché à produire certains de ces modèles au moyen de procédés plus économiques que nous allons passer en revue.

Emboutissage. — On donne le nom d'*emboutissage* [1] à l'opération mécanique

[1] *Emboutissage*, du verbe *emboutir*, qui vient du mot *embout*, qui signifie bout de fer ou de cuivre que l'on met au bout d'une canne ou d'un parapluie. Ce mot est formé des mots *en* et *bout*. — LITTRÉ.

qui a pour but de faire ressortir, sur une plaque unie, une proéminence à laquelle on peut donner différentes formes, de sorte que l'emboutissage est une particularité de l'estampage.

On comprendra facilement, dit M. Privat-Deschanel (1), que quelque ductile que soit le corps que l'on veut emboutir, sa ductilité n'est jamais absolue, et qu'il convient d'opérer progressivement de manière à laisser aux molécules le temps *de se faire* aux nouvelles positions dans lesquelles on les pousse.

Ce sont *MM. Luneteau et Girardin*, de Paris, qui ont pris, le 15 avril 1854, le brevet pour l'*emboutissage des viroles.*

Voici l'économie de ce système qui consiste à emboutir dans une feuille de métal une virole qui ressort en relief.

« On procède par épreuves successives ; d'abord avec des matrices ne présentant qu'une « empreinte bombée, puis à la suite de plusieurs estampages avec des matrices approchant « de plus en plus de la forme définitive, on arrive graduellement à obtenir une cavité dont « l'ouverture sera la partie supérieure de la virole, sur laquelle viendra s'appuyer l'embase de « la lame et le fond formera la partie inférieure, celle qui s'appuiera sur le manche ; enfin les « parois latérales formeront la virole.

« A l'aide du découpoir on enlève le fond de la cavité et l'on détache du reste de la feuille de « métal la couronne ovale formée par les parois de la cavité ; on a ainsi une virole d'un seul « morceau et *sans soudure.* »

Ce système a donc l'avantage de supprimer l'opération assez longue de la soudure et des diverses manipulations qu'elle nécessite ; mais on ne peut produire qu'une virole très simple qui s'emploie sur des couteaux communs.

Moletage des viroles. — M. Denis Luneteau, qui exploita seul le brevet dont nous venons de parler, se contenta de produire par ce système des viroles absolument unies, qui étant d'un prix assez réduit, se vendirent en grandes quantités.

A l'expiration du brevet, plusieurs mécaniciens cherchèrent à tirer parti de ce procédé tombé dans le domaine public, et le 19 juin 1873, M. N. Huet, de Paris, prenait un brevet pour le *façonnage des viroles sans soudures*, à l'aide du *tour à moleter* (2).

L'appareil, dit l'inventeur, se compose :

« 1° D'un tour ovale au point fixe ou tour rond sur lequel est monté un arbre qui doit « recevoir la virole emboutie *(par les procédés du précédent brevet).*

« 2° D'un support placé devant le dit tour et soutenant un *porte-molette* de forme déterminée « par le modèle de virole que l'on veut obtenir et que l'on fait avancer au moyen d'un levier « sur lequel on fait pression.

(1) *Privat-Deschanel et Ad. Focillon.* — Dictionnaire général des Sciences théoriques et appliquées.

(2) *Moleter*, de *molette*, diminutif du latin *mola*, meule. Ce nom a été donné à cet instrument parce qu'on emploie souvent avec cet outil de *petites roues*, taillées ou dentées, qui servent à exécuter le travail qu'on se propose de faire.

« D'une part, l'arbre monté sur le tour et sur lequel se met la pièce ayant la forme de l'inté-« rieur de la virole.

« De l'autre, la molette ayant la forme extérieure de la virole et venant, au moyen du levier, « presser la matière contre l'arbre.

« Le métal serré entre les outils qui entrent en mouvement l'un par l'autre, prend la forme de « l'empreinte qu'ils portent. »

Cette méthode ne permet pas de faire des dessins compliqués, elle se borne à produire des *filets* ou des ornements ayant une certaine régularité, comme une ou plusieurs *rangées de perles*, ou de petits ornements du même genre et qui s'emploient en quantités considérables.

Pour les viroles riches ou d'une forme déterminée, on est toujours obligé d'en revenir à l'estampage, car la malléabilité du métal a une limite, et l'on est obligé de conformer les dimensions de la virole à celles que l'emboutissage du métal peut fournir.

FORGEAGE MÉCANIQUE

Le travail de la forge (1) des objets de coutellerie a toujours été un travail difficile et fatigant, et par suite d'un prix élevé. Aussi a-t-on cherché de bonne heure à le produire par un moyen mécanique, de façon à en diminuer le prix et à le produire plus facilement, car un forgeron habile est un ouvrier rare.

Découpage et estampage des ciseaux. — Les ciseaux furent les premiers qui attirèrent l'attention des chercheurs.

M. *Pein*, coutelier de Châlons-sur-Marne, exposait, en 1819, des ciseaux fabriqués au moyen du découpoir et du balancier.

Cette fabrication n'eut sans doute pas beaucoup de succès, car il n'en est plus question aux expositions suivantes.

Brevet SOMMELET. — En 1847, M. Hubert Sommelet reprenait cette idée et la perfectionnait ; au mois de juin 1847, il prenait un premier brevet, bientôt remplacé par celui du 10 avril 1852.

Nous donnons, planche LXXXVI, la coupe des deux machines imaginées par cet industriel, en voici le détail que nous empruntons au journal anglais *The practical mechanic's Journal* :

« La *figure 1* de notre planche représente une vue de face de la machine à estamper les lames « des ciseaux dans une feuille de tôle d'acier.

« A est l'établi en fonte de la machine, supportant l'arbre B qui a un excentrique C destiné à « actionner le tiroir vertical D au moyen de la petite bielle E ;

---

(1) *Forge*, vient du latin *fabrica*, qui aurait dû faire *fabrge* ; le b a disparu, il est resté *farge*, d'où est venu *forge*. — LITTRÉ.

« Une grande roue dentée F est clavetée sur l'extrémité de l'arbre B et s'engrène avec le petit « pignon G fixé sur l'arbre moteur H.

« Cet arbre fonctionne dans les coussinets I au moyen des poulies folles JJ, il supporte le « volant K. Le dessous de la glissière D porte une rainure en queue d'aronde pour recevoir la « matrice qui est disposée en relief, tandis que l'autre pièce, qui est composée seulement d'une « ouverture correspondant à la forme du relief de la matrice supérieure, est maintenue en place « sur l'ouverture L par les deux griffes M au moyen des boulons N. La glissière peut être serrée « par la pièce O que manœuvrent les vis de serrage P.

« Comme les lames des ciseaux sont découpées au moment de la descente de la matrice supé- « rieure sur la feuille de tôle d'acier, elles tombent par l'ouverture L dans l'espace en dessous « de la machine. Elles sont ensuite dressées, chauffées et portées sous la machine à estamper, « *figure 2*.

« Cette machine est bien plus forte que la précédente, quoiqu'elle soit similaire dans sa forme « extérieure. L'arbre excentrique A est appuyé sur quatre séries de coussinets; ceux de l'intérieur « sont ajustés au moyen des vis de serrage B. La glissière C, qui porte une des matrices, est « serrée comme nous l'avons décrit pour la machine à découper.

« A la place de l'ouverture L, un morceau d'acier D est fixé dans la table, donnant ainsi un « solide soutien à la matrice inférieure.

« La position de cette matrice est guidée par un arrêt E, qui permet de la placer exactement « au-dessous de la matrice supérieure.

« Ces matrices sont deux empreintes qui, réunies, correspondent exactement à la lame d'une « paire de ciseaux, de sorte que quand la pièce découpée par la machine que nous avons décrite « précédemment est placée sur l'empreinte de la matrice inférieure, la descente de la matrice « supérieure produit exactement la forme désirée.

« La matrice inférieure portant un dégagement sur le côté, cela permet d'enlever la lame « estampée et d'introduire une nouvelle pièce de métal déjà préparée. »

Cette fabrication est encore pratiquée aujourd'hui par M. Sommelet, à *Bologne*, aux environs de Chaumont (Haute-Marne).

Laminage des lames de couteaux. — Pendant que ces perfectionnements étaient apportés à la fabrication des ciseaux, les fabricants de couteaux cherchaient de leur côté à forger mécaniquement leurs produits. Leurs efforts paraissent avoir été surtout dirigés en vue de l'emploi du *laminoir*.

Le *laminoir*, du latin *lamina*, lame, est destiné comme son nom l'indique, à réduire les métaux en lames plus ou moins minces.

Il se compose de deux cylindres d'acier ou de fonte, ce qui fait que souvent on dit *une paire de laminoirs*, en voulant parler des deux cylindres.

Ces cylindres ont leur surface polie et très dure ; ils sont placés horizontalement au-dessus l'un de l'autre et sont supportés par un bâti ou *cage* en fonte. Ils marchent en sens contraire par suite du mouvement même des roues d'engrenage qui les font manœuvrer, et dont l'une est soumise à l'action du moteur.

On engage le métal déjà préparé entre les deux cylindres qui l'entraînent dans leur marche en réduisant l'épaisseur à la distance qui sépare eux-mêmes.

Cette distance peut être diminuée de façon à obtenir des lames de plus en plus minces.

Système SMITH. — En 1827, *M. Smith de Sheffield*, imagina de fabriquer au laminoir des couteaux entièrement en acier ; voici la description de son procédé, donnée par le *Dictionnaire des Arts et Manufactures*, de Laboulaye :

Page 576 *bis*

PLANCHE XC

BREVET Vᵉ TROTIN & FILS

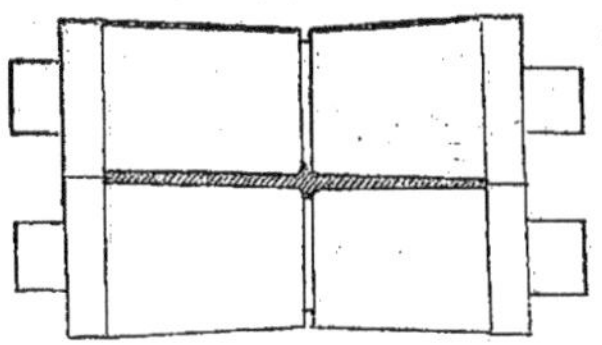

BREVET DORMOY

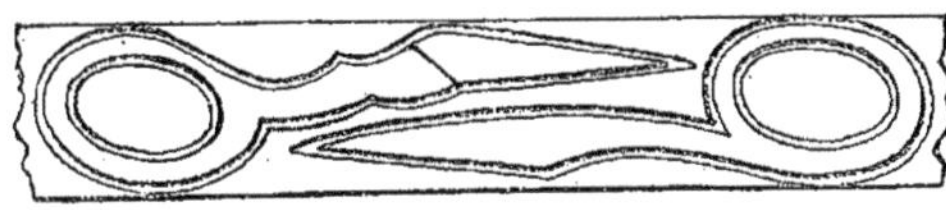

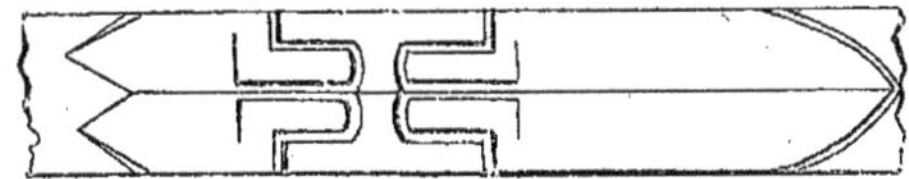

BREVET NADAL

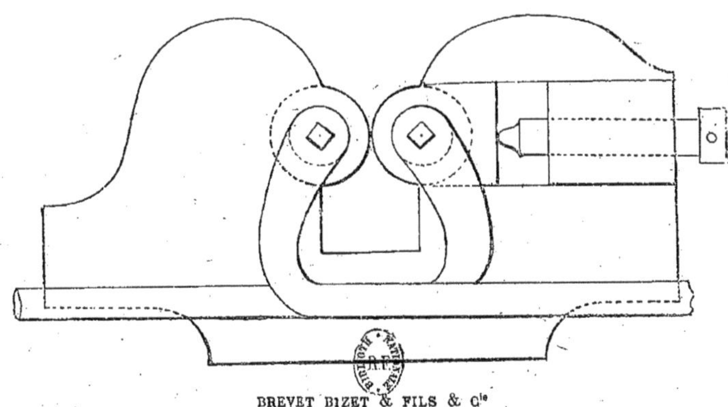

BREVET BIZET & FILS & Cie

LAMINAGE DES LAMES DE COUTELLERIE

LAME ÉTIRÉE
vue de face

COUPE DES CYLINDRES

LAME ETIRÉE
vue de dos

LAMINOIR POUR ÉTIRER LES LAMES DE COUTEAUX
Brevet MERMILLIOD FÈRES

« Supposons que l'on développe les deux cylindres d'un laminoir et qu on les grave de telle « sorte qu'ils présentent chacun, sur leur pourtour, dans un plan normal à leur axe, les deux « parties d'un moule de couteaux, y compris la lame, l'embase et la soie. Si on présente entre « ces cylindres, une vergette d'acier, chauffée au rouge, on obtiendra après le passage une suite « de couteaux placés les uns au bout des autres.

« On peut également graver, sur les cylindres, une série de moules de couteaux parallèles à « leur axe, et y passer une large barre méplate d'acier que l'on y présenterait de côté ; les « couteaux se trouveraient alors accolés suivant leur longueur.

« Dans tous les cas, on sépare chaque couteau à la cisaille, et on les termine comme a « l'ordinaire. »

Ce procédé très séduisant en théorie, n'a probablement jamais été mis en pratique.

Brevet Vve TROTIN ET FILS. — Le 12 février 1839, Mme Trotin et son fils, 368, rue Saint-Denis, à Paris, prenaient un brevet pour un *nouveau système de laminoir propre à remplacer la façon de la forge dans divers instruments tranchants, tels que les lames de couteaux, de rasoirs, de canifs, de bistouris et même de poignards.*

Voici l'analyse de ce brevet :

« Ce système comprend un appareil dit levier à cylindre ; on lamine la lame qu'on se propose « de faire, en commençant à la passer, à partir de l'angle du dos, c'est-à-dire que la portion de « forme circulaire de ces cylindres (doués d'un mouvement alternatif de rotation), qui va « toujours en se développant, agit sur la lame avec une pression constante et toujours croissante.

« La lame se trouve laminée en un seul trait, instantanément, et acquiert presque son « tranchant. En même temps on réserve le talon ou tout autre ajustement de la lame dans son « manche, au moyen d'une partie même de la lame qui, au moment et au commencement de « l'action, est déjà placée au-dehors des cylindres pour que ces derniers n'agissent pas sur cette « partie en lui laissant en conséquence toute son épaisseur primitive. »

M. *Vigné* est devenu cessionnaire de ce brevet à la fin de janvier 1842.

Brevet BIZET ET FILS ET Cie, couteliers à Thiers. — Ce brevet, pris le 18 mars 1857, pour *une machine à fabriquer* les lames de couteaux, a une certaine ressemblance avec le précédent ; c'est encore un laminoir d'une forme particulière qui agit.

Brevet NADAL. — M. Nadal, de Thiers, prenait le 28 avril 1860 un brevet pour *perfectionnements dans la confection des lames de coutellerie et d'armes blanches de toutes espèces, par une application du laminoir.*

« Les perfectionnements sont caractérisés par l'emploi d'un laminoir dont les cylindres sont « formés de zônes gravées qui produisent, d'une manière continue, des bandes plus ou moins « longues portant les empreintes des différentes lames qu'on veut obtenir. »

C'est à peu près le système de *Smith de Sheffield* ; il n'est point entré dans la pratique.

Brevet DORMOY. — Un brevet était pris le 13 juillet 1861, par M. Dormoy, de Rimaucourt (Haute-Marne), pour *procédé de fabrication au laminoir de lames de couteaux.*

« Ce procédé consiste dans l'emploi de laminoirs disposés de manière à produire une bande

« de tôle d'acier dont la section représente exactement celle de la lame d'un couteau de table.
« La bande, étant ainsi laminée, est portée sous un découpoir qui lui donne la dimension « voulue, puis chaque lame est soumise à l'action d'un marteau-pilon qui opère le finissage. »

Brevet MERMILLIOD FRÈRES. — Le 20 février 1862, MM. Mermilliod frères, de Châtellerault, prenaient un brevet pour *perfectionnements apportés dans la fabrication de la coutellerie* ; nous empruntons la description de l'appareil à M. Turgan (1) ; c'est encore le laminoir qui est en jeu.

« La pièce essentielle est une matrice en deux parties, qui se fixe en saillie sur deux cylindres « parallèles tournant rapidement ; ces matrices mobiles s'usent peu malgré l'effort qu'elles « subissent en comprimant l'acier chauffé au rouge ; leur affûtage est très facile et peu coûteux ; « il s'agit de les passer légèrement sur la meule pour enlever les aspérités produites par le « travail. Cette opération ne prend que quelques minutes ; les matrices peuvent durer en « moyenne 60 jours, leur prix est, relativement au travail obtenu, presque nul ; on peut aussi « varier la forme des lames sur une même machine, ce qui est un grand avantage. Les morceaux « d'acier, qui doivent être soumis à la forgeuse, reçoivent une première préparation grossière au « marteau ; ils sont ensuite chauffés au rouge dans un petit four à recuire, et là, pris un à un « par un ouvrier qui les saisit avec des pinces du côté de la queue. Ces pinces sont disposées « de manière à s'enfoncer d'une certaine longueur seulement, réglée par des arrêts ; l'ouvrier « choisit, pour ce premier temps de l'opération, le moment où les cylindres tournent sans « présenter le coin, c'est-à-dire avec écartement ; les deux coins arrivent normalement l'un à « l'autre et compriment le lingot en l'étirant et en le modelant, puis continuant leur évolution, « le laissent libre.

« L'ouvrier en profite pour retirer vivement ses pinces, regarder si la lame est parfaite, et s'il « n'est pas satisfait, comme le métal n'a pas eu le temps de se refroidir, il le présente de nou- « veau aux deux mâchoires de la matrice qui terminent l'œuvre laissée incomplète par la « première morsure. »

Devant les cylindres on dispose un *buttoir* dont on règle la place suivant la quantité de matière nécessaire à la formation de l'embase de la lame.

Il ne reste plus qu'à écraser l'embase et à faire ressortir le mentonnet de la lame.

C'est encore le système en vigueur à l'usine de *Chézelles*, près Châtellerault.

Brevet MINGUET. — Un brevet pour *perfectionnements apportés à la fabrication des articles de coutellerie* était pris le 1er juillet 1863 par M. Minguet, de Clefmont (Haute-Marne).

Ce brevet était basé sur le fonctionnement de deux paires de laminoirs superposés ; nous ne croyons pas que ce système ait été mis en pratique.

Brevet DELAIRE. — M. Delaire, de Thiers, a pris aussi un brevet pour un *système de fabrication des lames de couteaux par laminage* (26 mars 1884).

Ce système, assez compliqué, n'a pas donné tous les résultats qu'en attendait l'inventeur, car il n'a pas, pensons-nous, reçu la consécration de la pratique.

Estampage des lames de coutellerie. — D'autres procédés basés sur l'estampage ont été aussi mis en pratique pour le forgeage des lames de coutellerie.

Turgan. — Les grandes Usines : *Fabrique de Coutellerie de Mermilliod frères, à Cenon, près Châtellerault* (1864).

Brevet SOMMELET du 22 janvier 1857. — M. Sommelet, qui à cette époque faisait déjà partie de la Société *Sommelet, Dantan et Cie*, dont le siège social était à Paris, 66, rue de Bondy, voulant étendre son système à la production des diverses pièces de coutellerie, prenait un nouveau brevet pour la fabrication des lames des couteaux fermants, des canifs, des couteaux de table et des rasoirs.

« Dans la fabrication de la lame du couteau fermant ou du canif, dit l'inventeur, l'estampage « de la lame se fait à chaud au moyen de deux pièces ; une matrice portant en gravure la forme « de la lame et le poinçon ou contre-matrice fixé sous la tête du mouton. »

Puis il appliquait aux couteaux de table et aux rasoirs le procédé d'estampage que nous avons décrit pour les ciseaux, page 575.

« La fabrication des lames de couteaux de table, disait-il, exige deux estampages avec emploi « de deux matrices. Les lames d'acier, découpées à la cisaille, sont chauffées et estampées une « première fois pour obtenir la bascule ; on étire les extrémités à la machine à chaud dans une « matrice dont le creux donne la forme définitive exacte (1)

« La fabrication des lames de rasoirs se fait en forgeant une lame, puis on l'estampe entre « deux matrices dans lesquelles la lame se loge par moitié de son épaisseur. »

Nous devons ajouter que MM. Wichard et Conge exploitent ce système de fabrication à l'usine de Courcelles, à Nogent (Haute-Marne) ; ils l'ont appliqué avec une adresse merveilleuse à toutes sortes d'objets ; on peut même dire que ces industriels sont les *virtuoses de l'estampage*, comme nous les avons entendu appeler.

Brevet PEUGEOT FRÈRES, de Valentigney (Doubs). — Ce brevet, pris le 9 octobre 1866, pour *fabrication mécanique des lames de coutellerie*, détaille ainsi le système :

« Cette fabrication comprend les cinq opérations suivantes :

« 1° *Découpage.* — Il est obtenu avec une cisaille verticale qui découpe les maquettes dans les « plaques de métal.

« 2° *Estampage de l'embase.* — Il est produit par le refoulement de la matière dans des estampes.

« 3° *Forgeage.* — Le forgeage de la lame et de la soie du couteau est obtenu à l'aide d'un « martinet dont le marteau forge et amincit progressivement la lame.

« 4° *Repassage de l'embase.* — Pour corriger d'un seul coup les imperfections du frappage ou « estampage, on emploie des étampes ayant exactement la forme du couteau lorsqu'il est fini.

« 5° *Planage.* — Cette opération consiste à recuire et à découper les couteaux, puis à renou- « veler ou repasser les embases en se servant d'étampes unies et trempées. »

Brevet PINGAULT, de Châtellerault. — A la date du 11 juin 1867, M. Pingault prenait un brevet pour *système de fabrication de lames à bascules pour couteaux de table.*

Voici l'analyse de ce brevet :

(1) C'est le système employé à l'usine Chaput, à Thiers, procédé auquel M. Chaput a ajouté, pour l'étirage de la soie, l'emploi du marteau-pilon qu'il avait vu fonctionner à l'usine de MM. Pagé frères, à Domine, près Châtellerault.

« Pour former la lame de couteau de table, on prépare à l'avance des maquettes au découpoir, on « les chauffe, on les place sur une matrice qui a la forme de la lame à obtenir, à l'aide de la deuxième « partie de la matrice, ou matrice supérieure, on vient, d'un seul coup de marteau, estamper « la lame qui est ainsi moulée et terminée, sauf une petite bavure qu'on enlève au découpoir. »

Le 18 juin 1869, M. *Pingault* apportait diverses modifications à ce système par un nouveau brevet.

La principale modification consistait dans l'application du martinet pour l'étirage de la partie des maquettes destinée à produire la lame et la soie.

De ces divers procédés, trois seulement sont entrés dans le pratique, ce sont :

Le procédé *Sommelet*, en usage à Nogent et à Thiers, et les procédés *Mermilliod* et *Pingault*, employés à Châtellerault dans les établissements des inventeurs.

Si l'on examine ces différents systèmes, on remarque que presque tous sont basés sur le *laminage* et l'*estampage*.

Or il est reconnu que ni l'une ni l'autre de ces deux opérations n'améliore l'acier ; seul, le *martelage* (1) donne aux tranchants la qualité qui leur est nécessaire.

Nous en avons expliqué les motifs pages 340 et 341, nous y renvoyons le lecteur.

Martelage. — C'est en se basant sur ce principe que MM. Pagé frères ont cherché, vers 1868, à résoudre le problème de la *fabrication des lames de coutellerie de table par le martelage mécanique.*

Système PAGÉ FRÈRES, de Châtellerault. — Les auteurs de ce système sont arrivés, par des moyens mécaniques, à reproduire exactement l'ancien forgeage à la main, qui est un travail de forge des plus difficiles.

Les outils dont ils se servent sont le *marteau-pilon* et le *balancier.*

Le marteau qu'ils emploient pour l'étirage de la lame et de la soie, est le *marteau-pilon à ressort* ; le *pilon* (2) glisse entre deux rainures pratiquées sur le bâti ; il est soutenu par une courroie attachée aux deux extrémités d'un ressort en acier articulé autour d'un excentrique que fait tourner une poulie qui reçoit le mouvement d'un arbre de transmission.

Le mouvement de va et vient, communiqué par l'excentrique au resssort d'acier, produit sur la courroie attachée à ses extrémités une vibration qui fait frapper le pilon avec force tout en laissant une certaine souplesse au mouvement.

La mise en marche est faite au moyen d'un tendeur que l'on manœuvre avec le pied et qui agit sur la courroie de commande ; ce tendeur porte un frein qui arrête la poulie lorsque l'ouvrier veut cesser le travail.

Il est facile de comprendre que ce pilon, qui pèse de 15 à 25 kilog., suivant le travail qu'on veut obtenir, et qui frappe de 4 à 500 coups à la minute, produit un

(1) *Martelage*, de *marteau*, qui vient du bas latin *martus*, qui lui-même se rattache au sanscrit *marj*, frapper, écraser.

(2) *Pilon*, de *piler*, du latin *pilare*, appuyer fortement.

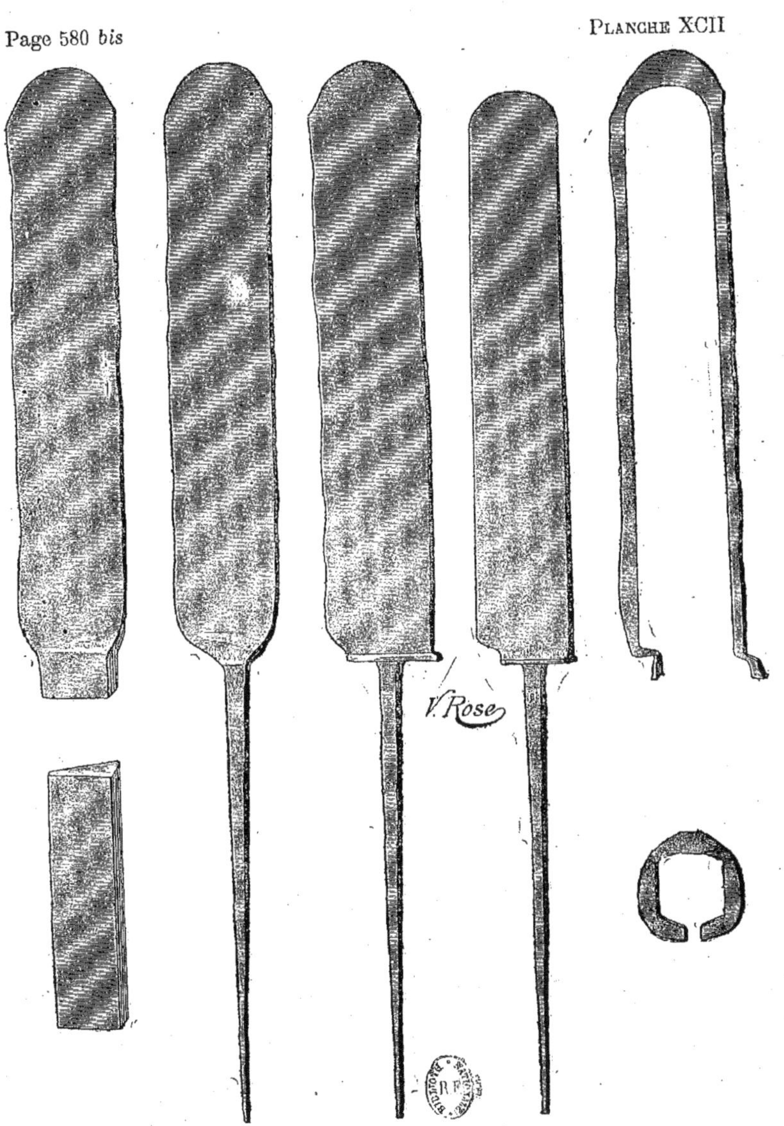

PHASES DE LA FABRICATION DES LAMES DE COUTEAUX
Système PAGÉ FRÈRES

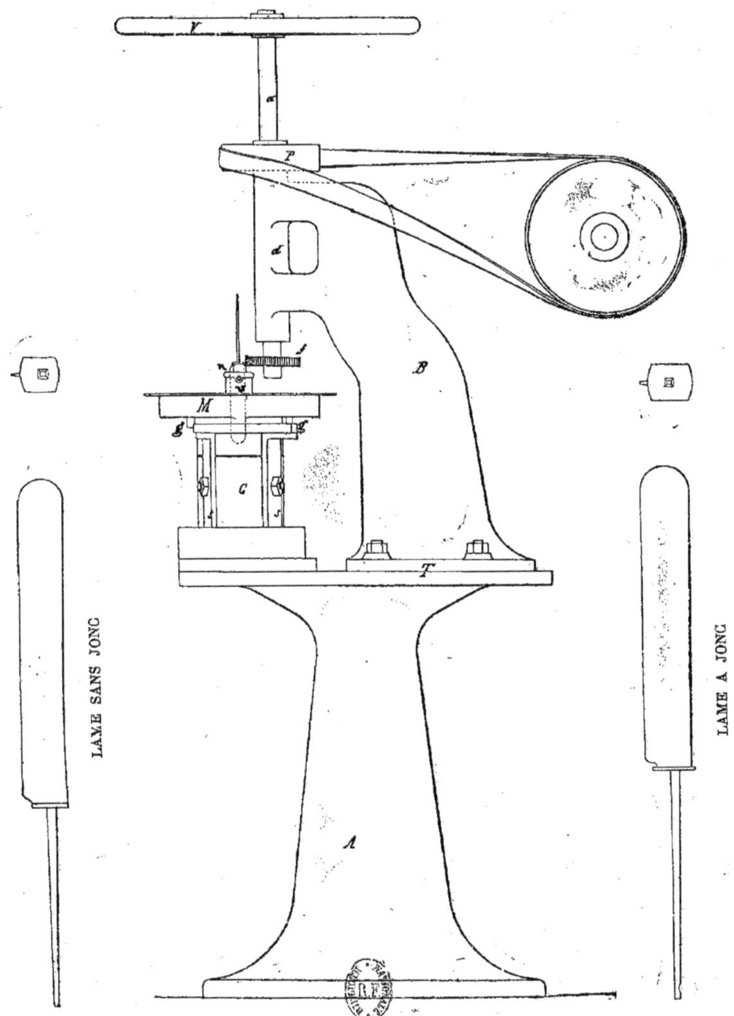

MACHINE A FRAISER LES LAMES DE COUTEAUX DE TABLE
Système **PAGÉ FRÈRES**

martelage bien supérieur à celui qui est donné par le forgeron qui frappe avec un marteau ne pesant que 2 kilog 500 ou 3 kilogr.

Le *tassage* (1), ou *aplatissement* de la bascule, s'opère au moyen du balancier.

« Le *balancier*, dit M. Marié Davy (2), se compose d'une vis en fer dont le pas est plus ou « moins allongé, et dont la tête est munie d'un levier horizontal généralement terminé par des « masses pesantes. C'est ce levier dont le mouvement de va et vient a donné son nom à toute « la machine.

« La vis est mobile dans un écrou en bronze porté à l'extrémité supérieure d'une pièce de « fonte ; en tournant le levier dans le sens convenable, on fait remonter la vis dans son écrou. « Quand elle est arrivée assez haut, on imprime à l'appareil un mouvement contraire qui, se « trouvant favorisé par le poids de la vis et de son balancier, devient très rapide jusqu'à ce que « l'extrémité de la vis, rencontrant un obstacle, le brise ou s'arrête brusquement. »

Pour faire manœuvrer mécaniquement cet appareil, on a remplacé le levier par un plateau horizontal fixé à la tête de la vis, et il est actionné par deux disques verticaux auxquels on communique le mouvement à l'aide d'une poulie reliée par une courroie à un arbre de transmission.

Là encore, existe dans le travail obtenu une régularité qui ne peut être mise en comparaison avec le travail du forgeron. La soie se trouve bien placée au milieu de la bascule, qui est toujours de même épaisseur, ce qu'il était difficile d'obtenir avec le forgeage à la main.

Enfin le chauffage se fait dans des fours à coke activés par un ventilateur puissant que l'on peut régler à volonté.

Les lames sont ensuite battues à froid au moyen d'un marteau-pilon, puis elles sont découpées à la machine.

En un mot, ce système a apporté une amélioration considérable dans la fabrication de la coutellerie, car il produit en trois chaudes, le travail pour lequel il en fallait six.

C'est, d'un seul coup, une économie de temps et de combustible, tout en évitant de détériorer l'acier, car plus on le chauffe, plus on est susceptible de le décarburer et par conséquent de lui faire perdre de sa qualité.

On peut fabriquer, par ce procédé, tous les modèles de lame.

---

(1) *Tassage.* — On appelle ainsi cette opération, parce qu'elle se pratiquait autrefois sur un *tas* ou petit bloc en acier, percé d'une fente, pour recevoir la lame qui était prise à l'extrémité opposée, dans un autre bloc, sur lequel le forgeron frappait pour écraser la matière destinée à former la bascule.

(2) *Privat-Deschanel et Ad. Focillon.* — Dictionnaire général des Sciences théoriques et appliquées.

FRAISAGE MÉCANIQUE

On a donné le nom de *fraise*, sans doute à cause de sa forme par comparaison avec celle d'une fraise (fruit), à un petit outil qui sert à évaser l'entrée d'un trou percé dans du métal ou dans du bois ; puis ce nom a été étendu à toutes les roues ou plaques dentées dont on se sert pour couper les métaux et même le bois, car on l'a aussi appliqué à la scie circulaire.

C'est de là que vient le mot *fraisage* employé en mécanique.

Dans le mouvement de rotation rapide qu'on imprime à la fraise, chacune des dents en venant se mettre en contact avec le métal ou le bois, en enlève une portion et finit par tracer son passage dans la pièce à travailler.

Les fraises sont de deux espèces : les *fraises cylindriques* et les *fraises de forme* ; ces dernières seules sont employées en coutellerie, elles doivent avoir le profil de la pièce que l'on veut obtenir et sont tournées suivant ce profil ; on les taille ensuite au burin ou à la lime.

Dans la fabrication de la coutellerie de table, le travail de la lime était le seul qui ne se se fasse pas mécaniquement d'une façon complète.

Le forgeage mécanique produit des lames qui s'éloignent plus de la forme définitive que celles qui étaient produites par le forgeage à la main ; aussi a-t-on été amené à se servir du découpoir, qui a supprimé le calibrage à la lime ; mais les autres opérations de la lime subsistaient toujours.

Système PAGÉ FRÈRES. — MM. *Pagé frères* ont comblé cette lacune par l'invention de leur système de *fraisage de la bascule et du dos de la lame.*

Fraisage du dos. — « Ce travail se fait à l'aide d'une lime fixée à une pièce qui reçoit d'une « bielle un mouvement longitudinal reproduisant à peu près la manœuvre de la lime à la main. « Sous cette lime, on présente le dos de la lame maintenue dans un bloc mû par une crémaillère « que l'ouvrier fait fonctionner à l'aide d'un pignon à l'extrémité de l'axe duquel est fixée une « manivelle

« Suivant le genre des lames, on lime le dos plus ou moins près de la bascule, de manière à « ménager la partie dont on a besoin pour un travail ultérieur. »

Fraisage de la bascule. — « Le travail de la bascule est beaucoup plus compliqué. « Voici la description de l'appareil qui sert à l'exécuter.

« La machine se compose d'un pied en fonte A surmonté d'une table T. Sur cette table sont « montés le porte-lames C et le bâti B, terminé par deux appendices reliés entre eux par une « longue douille *d*, dans laquelle passe l'arbre vertical *a* qui reçoit la poulie de commande P et « le volant V d'une part, et d'autre part l'outil travailleur ou fraise *f*.

« Le porte-lames, d'une construction particulière, se compose de deux parties principales, « l'une fixe, l'autre mobile, qui permettent, sans changer la lame de place, de faire avec le même « outil les quatre côtés de l'embase dont deux sont ronds et les deux autres sont droits.

« La partie mobile supérieure est formée d'un pivot intérieur, terminé en haut par une « glissière en queue d'aronde, dans laquelle se déplace librement la pièce M. Cette pièce est « pourvue de mordaches *n* dont l'écartement est réglé par la vis *v*.

« La partie inférieure comporte les moyens de réglage en long, en travers et en hauteur ; elle

« est en outre munie d'une *came gabarit* (1) montée sur les supports *s*. La forme de cette came « varie suivant les lames à façonner et sert de guide aux galets.

« Pour faire fonctionner l'appareil, voici comment on procède :

« La lame étant pincée dans les mordaches, on amène la bascule au contact de la fraise.

« L'ouvrier après avoir mis la fraise en mouvement, saisit la partie mobile du chariot et la « fait tourner. La lame étant concentrique au pivot, on façonne l'une des parties courbes de la « bascule. A ce moment la glissière est disposée de façon qu'en la poussant en avant on façonne « une partie droite.

« Ceci fait, on tourne à nouveau la pièce M pour façonner l'autre partie courbe de la bascule. « La partie mobile du porte-lames a alors fait un demi-tour, et la glissière est revenue dans la « même position que tout à l'heure, présentant la lame du côté opposé ; on pousse la glissière « en avant et la seconde partie droite est façonnée. »

Le travail ainsi obtenu est uniforme pour toutes les lames soumises à l'action de cette machine.

En donnant à la fraise différents profils, on obtient les différentes sortes de lames dont les principales sont connues sous le nom de lames *sans jonc* et lames *à jonc*.

Le *jonc*, aussi appelé *bourrelet*, est une petite moulure ronde en saillie, qui est ménagée sur le devant et sur le dos de la bascule et qui donne à la lame un cachet tout particulier pour un connaisseur.

Lorsqu'il s'agit de cette dernière sorte de lames, il reste une opération à faire, c'est celle d'arrondir le jonc. On se sert à cet effet d'une *fraise à gorge* taillée très finement.

On passe dans la gorge de cette fraise, qui produit l'effet d'une lime, la partie du jonc taillée à vif par la première fraise, et l'on donne ainsi au jonc la forme arrondie de la gorge de cette seconde fraise.

FAÇONNAGE MÉCANIQUE DES MANCHES DE COUTEAUX DE TABLE

La coutellerie de table, par ses modèles réguliers, se vendant par plusieurs douzaines à la fois, prêtait plus que la coutellerie de poche à l'emploi des machines. Aussi dès que la fabrication fut centralisée dans des usines, on chercha à exécuter mécaniquement le façonnage des manches pour avoir plus de régularité et plus d'économie.

C'est M. *Eugène Mermilliod*, qui le premier, a conçu et réalisé l'idée des machines à façonner les manches, alors qu'il dirigeait l'usine du Prieuré pour le compte de la Société *Vve Mermilliod et fils aîné*, de Paris.

(1) Dans différents corps de métiers, on donne le nom de *gabarit* à des calibres qui indiquent exactement le contour des pièces que l'on veut fabriquer. Ici la *came gabarit* est une pièce dont le contour règle la marche de l'appareil.

Il s'était abouché, à cet effet, avec un mécanicien de Paris, M. Lemarchand, auquel il avait fait part de ses projets pour la confection des machines qui lui étaient nécessaires. M. Lemarchand prit le brevet à son nom et, moyennant finance, le céda ensuite à la Société Vve Mermilliod et fils aîné.

Voici la copie du susdit brevet, pris le 5 octobre 1842, par M. Lemarchand, et que nous désignerons sous le nom de :

Brevet Vve MERMILLIOD ET FILS AINÉ, de Paris. — « Le manche de couteau « fabriqué, d'après mon système mécanique, dit-il, subit diverses opérations successives dont « suit la description :

« 1° *Couper le manche de longueur ;*

« 2° *Dresser les faces du manche* (la machine destinée à cette opération est représentée *fig. 1 et 2*).

« P est un support à chariot, monté cylindriquement sur sur son bâti E. La coulisse supé- « rieure G de ce chariot reçoit le manche, et la position de ce dernier sur la coulisse G étant « bien déterminée, on l'y maintient fixement par des joints H à vis de pression.

« Au-dessus du chariot est disposé un arbre J, muni de poulies, qui lui communiquent un « mouvement de rotation. Cet arbre reçoit dans une portée L, l'outil M destiné au dressage des « faces du manche B, à l'aplomb duquel il correspond. La hauteur du tranchant de cet outil, « au-dessus du manche, est réglée par une vis *n*, dissimulée à l'intérieur.

« Du reste le chariot D peut à volonté être levé ou baissé au-dessus de son bâti E, au moyen « de son écrou N.

« Quand l'outil M et le manche B ont leur position respective réglée, on communique par un « levier articulé, un mouvement de translation rectiligne à la coulisse C du chariot. Dans cette « translation,, la face supérieure du manche B se trouve dressée par l'action rotative de l'outil « tranchant M. Lorsqu'une face est dressée, on change sa position pour effectuer le dressage des « autres faces

« Pour activer l'opération, je puis disposer, accolés l'un à l'autre, plusieurs manches sur la « coulisse du chariot, de manière à dresser, dans un même trajet, les faces de plusieurs manches « au moyen d'un couteau M à plus large tranchant.

« 3° *Donner la forme du bout du manche.* — On arrondit généralement le bout des manches de « couteaux. Pour obtenir ce résultat, je me sers d'un chariot H, (*fig. 3 et 4*), peu différent du « précédent. Le manche B, saisi dans la coulisse supérieure I, reçoit à la main un mouvement « rotatif par une poignée J, qui oscille en L, et dans le mouvement oscillatoire, le bout du « manche est entamé par le tranchant de l'outil rotatif M, semblable au précédent, qui lui donne « la forme arrondie.

« 4° *Abattre une gouttière sur les arêtes du manche.* — Cette opération s'effectue au moyen de « la disposition (*fig. 5*).

« Sur la coulisse G du chariot D, sont maintenus deux manches B, au-dessus desquels est « placé l'arbre J portant les couteaux M. Ces derniers, qui sont assujetis au mouvement rotatif « de l'arbre J, donnent aux arêtes des manches B, pendant la translation rectiligne de la cou- « lisse G, la forme de la gouttière, et d'ailleurs toute forme quelconque qu'il convient. Il suffit « de tailler les couteaux M ad hoc.

« Cette opération, qui suit celle du dressage des faces du manche, s'effectue, comme on le « voit, de la même manière ; seulement les couteaux, au lieu d'agir sur les faces, tranchent les « arêtes du manche, ou des manches accolés.

« 5° *Percer le manche.* — La machine destinée à cette opération, n'est autre qu'une poupée de « tour *O*, (*fig. 6*). L'arbre A porte le foret C disposé de la longueur et du diamètre convenable. Le « percement du manche est effectué par le mouvement de rotation communiqué à l'arbre A par « l'une des poulies D.

« 6° *Tourner ovale le petit bout du manche pour l'ajustement de la virole.* — Le manche du « couteau, ayant une forme prismatique plus épaisse dans un sens que dans l'autre, on est « assujetti à donner la forme ovale au petit bout du manche pour le placement de la virole.

« Cette forme est obtenue par la machine (*fig. 7*).

« A est une poupée de tour avec armature pour tourner ovale. B est une poupée simple avec

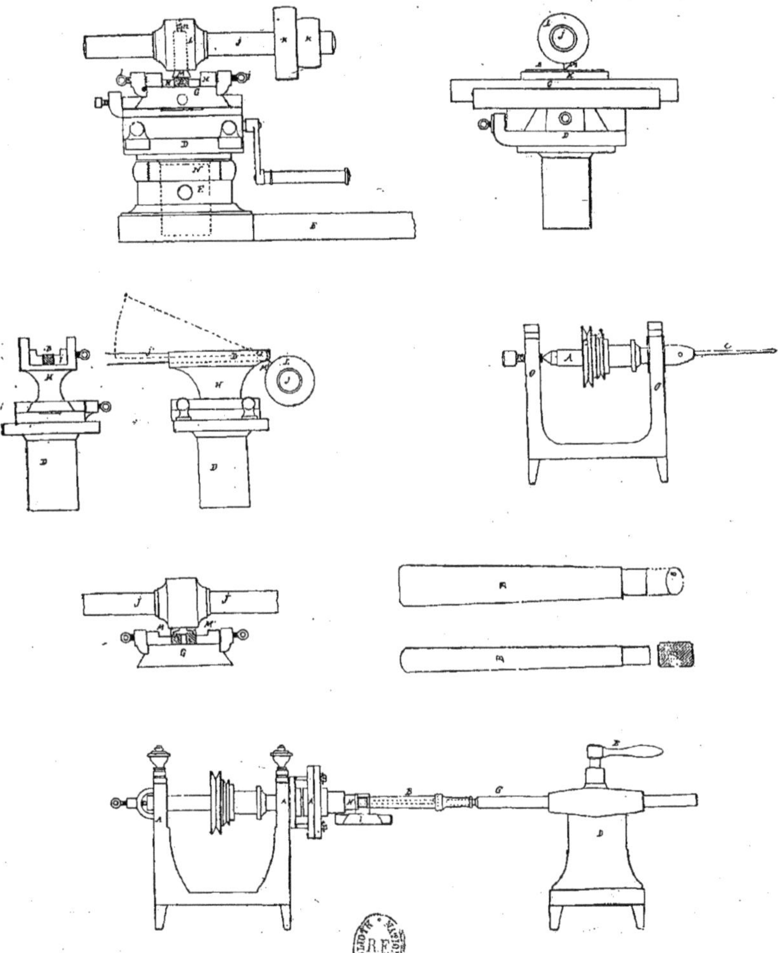

FABRICATION MÉCANIQUE DES MANCHES

Brevet MERMILLIOD FRÈRES

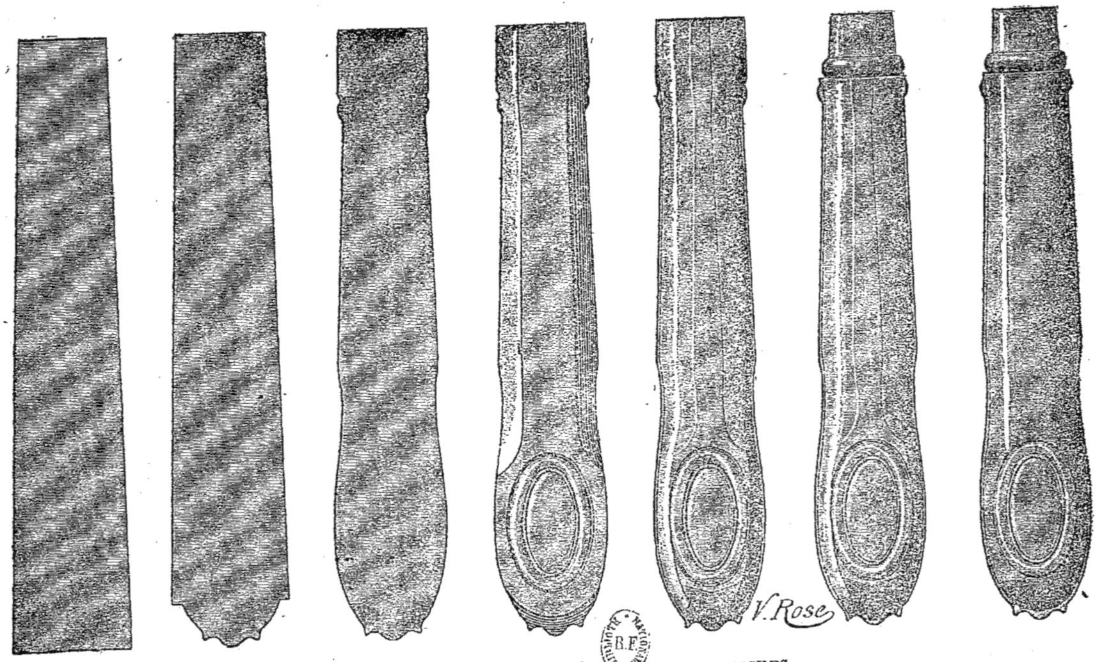

V. Rose

PHASES DE LA FABRICATION MÉCANIQUE DES MANCHES

Système MERMILLIOD FRÈRES

« vis de pression E. Dans le canon de cette poupée glisse à volonté une tige cylindrique G qui « sert à recevoir le gros bout du manche B. Ce dernier est maintenu du côté opposé par une autre « tige H, qui sert de prolongement au nez du plateau ovale.

« Quand le manche est ainsi assujetti de chaque bout, on place à hauteur de l'axe du manche « et à l'aplomb de la partie à dresser ovale, un support à chariot I, dont l'outil trace l'ovale « voulu. Quand ce tracé est obtenu, on dégage le manche en ramenant la tige G en arrrière. »

Certificat d'addition. — « Le 6 avril 1846, la Société *Vve Mermilliod et fils aîné*, cessionnaire du brevet Lemarchand, prenait un certificat d'addition pour divers perfectionnements « qui portaient :

« 1° *Sur l'appareil à dresser les manches ;*

« 2° *Sur l'instrument propre à tailler les pans et les moulures ;*

« 3° *Sur le mode de tourner l'emplacement de la virole ;*

« 4° *Sur l'addition du mandrin destiné à porter le manche pour y pratiquer des entailles ou des incrustations.*

« Nous ne nous arrêterons point à ces divers perfectionnements qui ne modifient point d'une « façon sensible le système de fabrication déjà breveté, si ce n'est que pour y apporter quelques « améliorations de détail qui en facilitent l'application ; cependant nous devons nous arrêter au :

« *Mandrin destiné à porter le manche pour y pratiquer des entailles ou des écussons.* — Pour « compléter la fabrication mécanique des manches, disent les inventeurs, nous avons ajouté un « système de mandrin fort simple et fort commode, au moyen duquel on pince le manche en l'y « assujettisant très solidement, tout en laissant à découvert la face sur laquelle on veut pratiquer « les incrustations.

« Si l'on place cet appareil sur un tour à ovale ordinaire, muni d'une poulie folle qui permette « de l'arrêter et que l'on présente vers le milieu du manche, un outil fixé à un support à chariot « on pratiquera sur la face de ce manche, une entaille elliptique que l'on fera plus ou moins « profonde ou plus ou moins grande à volonté »

M. E. Mermilliod avait tracé la voie, d'autres inventeurs cherchèrent à arriver au même résultat par des moyens différents.

Brevet BOYER. — M. Boyer de Thiers prenait le 14 août 1860, un brevet pour un *système de fabrication de manches de couteaux* ; en voici l'analyse :

« Cette fabrication se fait en deux opérations :

« 1° *Tournage transversal du manche ;*

« 2° *Découpage longitudinal des moulures.*

« Le *tournage* s'effectue sur un tour quelconque ; la masse dans laquelle le manche doit être « découpé, est disposée entre une pointe et un plateau pour pouvoir être entraîné d'un mouve- « ment de rotation régulier grâce à un train d'engrenage mû à la main par une manivelle.

« L'outil découpeur est disposé dans une mortaise ménagée sur l'arbre porte-outil qui fait « 600 à 800 tours par minute.

« Le *découpage* du manche s'effectue avec le même tour, mais le manche y est placé dans une « position perpendiculaire à la première position qu'il occupait dans le tournage. L'outil découpeur découpe longitudinalement en enlevant au manche, successivement plus ou moins de « matière selon les oscillations des deux plateaux horizontaux parallèles qui supportent le « manche. »

Brevet LECOULTRE. — Un autre brevet était pris le 13 octobre 1860 par M. *Lecoultre* de Nogent (Haute-Marne), pour *Application nouvelle d'outils appelés fraises, molettes ou lames fonctionnant au moyen d'arbres mobiles et de chariots dans la fabrication des manches de couteaux, etc.*

« La *fraise, molette* ou lame, s'adapte à un arbre mobile qui se lève et s'abaisse à volonté au « moyen d'un levier à main.

« La pièce à fabriquer se place sur un chariot qui à l'aide d'un levier coudé aussi à main, par « un mouvement de va et vient parcourt la distance voulue pour recevoir le travail de l'outil.

« Le mouvement de rotation de l'arbre est donné par la vapeur ou par tout autre agent moteur.

« Une plaque de fer sur laquelle s'appuie l'arbre, l'oblige à donner au produit en fabrication « les empreintes unies ou ondulées qu'elle porte elle-même à sa surface. C'est un guide qui peut « lui imprimer les façons les plus variées.

« La figure 1 représente la machine dans son ensemble ; elle se compose des pièces suivantes :

« A représente l'outil qui travaille;

« BB l'arbre auquel elle est adaptée;

« CC le levier à main qui sert à lever ou à abattre l'outil ;

« D représente la pièce à fabriquer;

« EE représente le chariot sur lequel se placent les pièces à façonner ;

« FF représente le levier coudé qui donne le mouvement au chariot;

« G poulie qui reçoit le mouvement du moteur;

« H représente la plaque en fer unie ou ondulée qui donne la forme désirée.

« La figure 2 représente en plan et en profil le levier mobile qui porte l'outil.

« La figure 3 représente des manches dans les diverses phases de leur fabrication. »

Brevet BÉNARD Juste-Frédéric-Edmond. — Ce brevet a été pris à la date du 28 septembre 1886 pour *Machine à faire les manches de couteaux et autres articles similaires.*

« La machine qui fait l'objet de la précédente demande, dit l'inventeur, est spécialement « destinée à la fabrication des manches de couteaux, poignards, stylets, etc ; mais elle peut être « employée à la confection des poignées de cannes, parapluies, ombrelles et autres articles simi- « laires en corne, ivoire, os, bois ou autres matières.

« Elle tourne ces objets sous les profils les plus divers, peut les faire torses, les canneler en « creux ou en relief; elle peut également les guillocher, les écussonner, y imprimer des filets ou « tout autre motif décoratif.

« Cette machine comprend un gabarit, une touche et un outil ; en voici la description :

« La figure 1 représente l'élévation longitudinale de la machine ; la figure 2 en est un plan « correspondant vu en dessus.

« Le gabarit A, ou forme à reproduire, est monté entre un arbre B et une pointe C ; l'arbre « tourne librement dans ses coussinets S ; il porte en bout un trou avec vis de pression, dans « lequel s'engage la queue de même forme *a* du gabarit, et à son extrémité opposée se trouve un « pignon *p* chargé de lui imprimer un mouvement de rotation. La pointe C se visse dans le « support E pour faciliter le montage ; un contre-écrou *d* assure le serrage. De plus, le support « D est à coulisse pour s'éloigner ou se rapprocher selon la longueur du gabarit représentant « soit une poignée de parapluie ou de canne destinée à être coudée après la façon, soit un manche « de couteau, de tire-bouchon, etc.

« La pièce à façonner A' est montée entre des organes identiques à ceux du gabarit ; pour « n'avoir pas à la décrire de nouveau, elles sont marquées des mêmes lettres de repère.

« Le gabarit et la pièce à façonner sont disposés symétriquement par rapport à l'axe général « de la machine, tous deux reçoivent un même mouvement rotatif de l'arbre principal V, occupant « le dit axe de symétrie et muni des poulies fixe et folle PP' et d'une roue R engrenant avec les « pignons *p* des arbres B. Une manivelle y est également accolée pour mettre l'outil O, juste au « départ et à l'arrivée avant le réglage des taquets de désembrayage et d'embrayage dont il est « question plus loin.

« L'outil façonneur O d'un profil et d'une taille appropriés, est monté entre les pointes EE' « sur un chariot capable d'un double mouvement longitudinal et transversal par rapport à l'axe « du gabarit et par conséquent à la pièce à façonner. Ce double mouvement est nécessaire pour « que la touche T qui y est également montée, suive le gabarit dans toute sa longueur et se « prête aux diverses sections transversales ou reliefs qu'il peut avoir.

« Ce chariot est formé de deux plateaux superposés, ajustés à queue d'aronde ; l'un d'eux, « celui du dessous, porte un écrou F dans lequel passe l'arbre-vis V qui lui imprime un mouve-

« ment longitudinal, tandis que l'autre, celui du dessus, est mobilisé par la touche T suivant « les diverses sections ou reliefs du gabarit A et que cette touche est maintenue en contact avec « le dit gabarit à l'aide du ressort *yy'* ou autre dont on règle la tension au moyen de la vis *v*.

« Le plateau supérieur est naturellement celui qui comporte les pointes EE' vissées dans leur « support respectif et assujetties par les contre-écrous *e*; en outre ce plateau est muni des coussi- « nets II', dans lesquels tourne l'arbre G, qui reçoit la commande de la poulie H et la transmet « par les poulies *rr'* au porte-outil J.

« Afin d'assurer l'automaticité du mouvement du chariot, deux tocs ou taquets K et K' à « plan incliné sont disposés sous le banc Q, qui constitue le bâti de la machine et se fixe par « les oreilles *q* sur la table d'un établi quelconque. Le toc K ouvre l'écrou F, c'est-à-dire le « dégage de la vis V, lorsque le chariot est arrivé au bout de sa course ; l'autre K' ferme ledit « écrou lorsque le chariot a été ramené en arrière à la main pour fournir une nouvelle course. « Ces tocs de désembrayage et d'embrayage de l'écrou sont fixés au banc à l'aide de boulons « engagés dans des coulisses ad hoc afin d'en régler la position suivant la longueur de l'objet à « façonner.

« La mission de l'ouvrier consiste à ramener le chariot en arrière et à mettre un nouveau bloc « A' lorsque la pièce est façonnée.

« Dans le cas où le façonnage ne peut se faire en une seule passe, il doit à chaque retour du « chariot agir sur le régulateur à manivelle N de la touche T pour que l'outil O se rapproche « progressivement de l'axe de la pièce en travail.

« Afin d'éviter tout tâtonnement. le régulateur porte des graduations qu'il doit mettre successi- « vement en regard d'un index fixe *n* ; suivant la dureté de la matière travaillée, il passe une ou « plusieurs graduations.

« Le régulateur N a aussi et surtout pour but de ramener la touche T au même degré de ten- « sion du ressort et à approcher l'outil O au même endroit de coupe pour donner aux objets « façonnés les mêmes diamètres.

« La vis de butée, tout en concourant au même but, sert aussi, une fois enfoncée, à dégager « la touche du gabarit et par conséquent l'outil de l'objet afin de pouvoir, sans risquer d'accro- « cher l'une ou l'autre, mettre et pousser le chariot désembrayé à son départ, soit pour façonner « un autre objet, soit pour une nouvelle passe.

« On évite les passes successives dans le cas de certaines matières en accolant deux ou plusieurs « fraises de diamètres différents sur le même porte-outil.

« Les premières fraises ébauchent progressivement selon leur diamètre, qui va en croissant, « et la dernière finit; c'est la plus grande.

« L'outil O à une ou plusieurs fraises, tel qu'il est indiqué figure 2, sert à tourner et à faire « torse ou canneler, soit en relief soit en creux, selon sa forme et la course fournie ; mais pour « guillocher, écussonner, etc., il convient de disposer l'outil, fraise ou foret, suivant la figure 3.

« Le porte-outil est, dans ce cas, placé en prolongement de la touche T et agit en bout ; le « mouvement de rotation lui est donné par les cônes LL', ce dernier calé sur l'arbre I qui, par « la disposition primitive, servait de porte-outil.

« Pour effectuer ce changement il suffit d'ajouter les supports UU', supprimant le porte-à-faux « qui en résulterait. »

Brevet REQUEDAT et Cie de Paris. — Ce brevet remonte au 23 janvier 1856 ; il a pour but la *fabrication des manches de couteaux de table et de dessert, moulés en corne, en écaille ou en d'autres substances*; en voici l'analyse :

« Dans cette fabrication de manches de couteaux, la corne de bélier, par exemple, est moulée « entre des matrices leur donnant la forme voulue, puis la pièce est enveloppée d'une certaine « épaisseur d'écaille, en la soumettant entre des moules chauffés afin de la rendre parfaitement « adhérente dans toutes ses parties avec la corne, de manière à ne faire qu'un seul corps.

« Si l'on veut ornementer la surface extérieure, soit en la parsemant d'*étoiles*, soit en la cou- « vrant de *dessins* en métal, on les découpe préalablement, puis on les place sur l'écaille même « et on soumet le tout entre les matrices chauffées qui font alors, par la pression, pénétrer les « pièces découpées dans la matière jusqu'à venir complètement à fleur. »

SYSTÈME PERFECTIONNÉ DE MONTAGE DE COUTEAUX DE TABLE

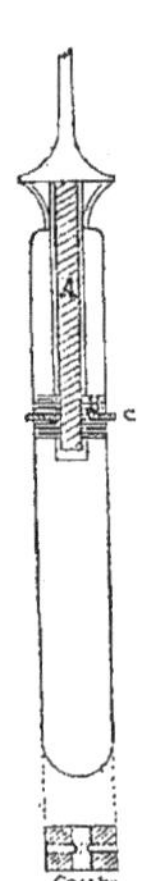

Brevet PAGÉ FRÈRES de Châtellerault. — Une des défectuosités du montage des couteaux de table, c'est le manque de solidité. Pour remédier à cet inconvénient, MM. Pagé Frères ont imaginé un système de montage qui défie toute épreuve.

« Le manche est percé longitudinalement pour recevoir la soie A de la lame. Il « est en outre percé transversalement pour recevoir un galet B en fer.

« Ce galet est percé de deux trous, l'un qui reçoit la soie de la lame, l'autre « destiné à recevoir la goupille C qui traversera la soie dans son passage au tra- « vers du galet.

« Lorsque le couteau est cimenté, on perce la soie de la lame, puis on place la « goupille et on la rive sur les deux faces du galet. »

Il est facile de se rendre compte combien ce système de montage est simple et solide ; la goupille maintient la lame de façon à résister à n'importe quel effort.

De sorte que l'on peut laisser dans l'eau bouillante, les couteaux montés par ce système, sans craindre que la lame se sépare du manche, ce qui arrive forcément avec les autres couteaux lorsque la chaleur a ramolli et fait gonfler le ciment.

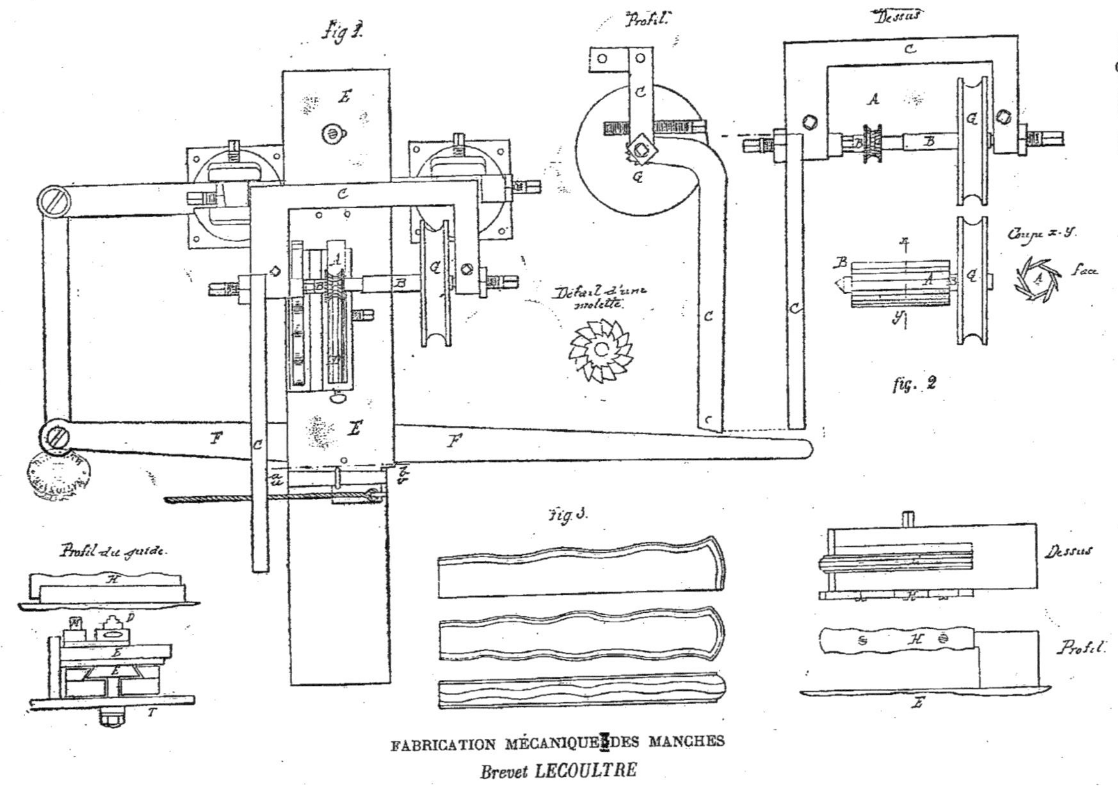

FABRICATION MÉCANIQUE DES MANCHES
Brevet LECOULTRE

PLANCHE XCVI

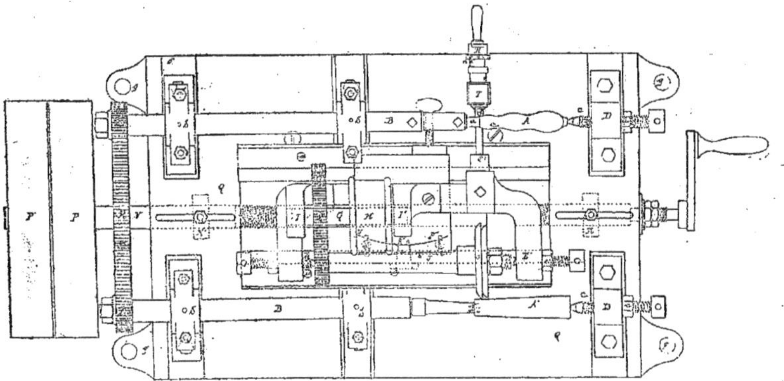

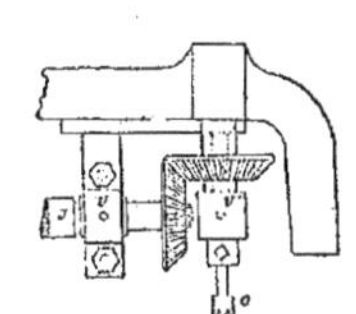

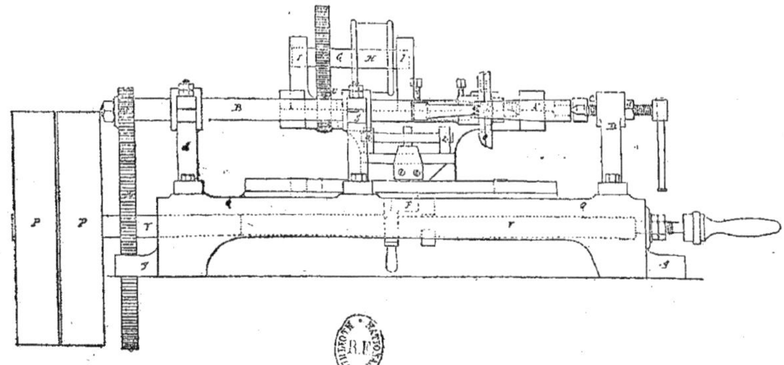

FABRICATION MÉCANIQUE DES MANCHES

Brevet BÉNARD

CHAPITRE X

LA COUTELLERIE D'ART

La Gravure — Le Guillochage — La Ciselure — La Sculpture
L'Incrustation — La Damasquinerie
Les Nielles — La Dorure — L'Argenture — Le Nickelage

Les couteaux que l'on conserve dans les Musées et dans les grandes collections, sont pour la plupart des objets d'art, gravés, ciselés, sculptés, incrustés, damasquinés, émaillés, dorés et argentés.

La coutellerie de luxe que l'on fait aujourd'hui, véritable *coutellerie d'art*, emprunte tantôt l'une, tantôt l'autre de ces ornementations, aussi croyons-nous utile d'entrer dans quelques détails relatifs aux procédés artistiques mis en œuvre à ce sujet.

LA GRAVURE

La *gravure* (1) est l'art de représenter les objets sur le métal, sur le bois, sur la pierre ou sur tout autre corps dur, par des contours *en creux*.

Sans parler de certains monuments en os ou en silex qui conservent encore, dit M. Cerfberr de Medelsheim (2), le vestige de figures tracées avec un instrument aigu, on trouve dans la Bible et dans les poèmes d'Homère (3) la description de plusieurs ouvrages exécutés à l'aide de procédés analogues et l'on pourrait citer

---

(1) *Gravure.* — Du mot grec γράφειν, écrire.

(2) *E.-O. Lami.* — Dictionnaire de l'Industrie et des Arts Industriels.

(3) *Homère*, le premier et le plus célèbre des poètes grecs, devait vivre vers l'an 900 avant J.-C.

parmi les plus anciens exemples de gravure, les scènes représentées sur les armes d'Achille.

Les Egyptiens, les Grecs, les Etrusques, nous ont laissé des pièces d'orfévrerie et des fragments de toute espèce qui prouvent du reste la pratique de la gravure dans leurs pays.

Gravure au burin. — La gravure s'obtient à l'aide du *burin* ou d'un acide; elle se fait sur le métal, la pierre, le bois, l'ivoire, la nacre, le verre, etc., et en général sur toute matière dure susceptible d'être attaquée par un outil d'acier ou mordue par un acide.

Le *burin* est une tige d'acier bien trempé d'environ 12 centimètres de longueur, affectant dans sa section, la forme d'un losange ou d'un carré, et emmanché dans un manche de bois court et arrondi qu'on peut facilement tenir dans la paume de la main. Il y en a de plusieurs sortes, on leur donne le nom de *grain d'orge, langue de chat, échoppe* (1), etc. ; on les emploie suivant le travail à exécuter.

Le burin ouvre le métal sans le rebrousser et en enlève de légers copeaux. On se sert aussi d'une pointe dite *pointe sèche* pour les traits d'une grande finesse que le burin ne pourrait tracer.

« La gravure au burin est un art long et difficile à apprendre ; elle exige des tailles de conven-« tion qui se composent de traits parallèles ou croisés, accompagnés souvent de points et qui « donnent les contours et les ombres.

« Le graveur doit être avant tout un excellent dessinateur, car les faux traits ne peuvent être « repris qu'avec la plus grande difficulté. Aussi appelle-t-il souvent à son secours l'eau forte « pour mettre en place le dessin, au moyen d'un tracé très légèrement mordu qui disparaîtra « ensuite facilement.

« On conduit le burin sur le métal en le tenant avec le pouce et les trois derniers doigts, « l'index étendu sur la lame, maintenant la direction et le manche en forme de champignon « s'appuyant dans le creux de la main.

Le graveur appuie les petits objets sur un coussin en cuir en forme de pelote pour avoir une plus grande liberté de mouvement.

La gravure en creux au burin est employée en coutellerie pour tracer sur les manches des couteaux, des ornements, des devises, des légendes ou bien les armes et surtout les initiales de la personne à laquelle sont destinés les dits couteaux.

On remplit les traits de la gravure d'une couleur quelconque blanche, noire, bleue, rouge, etc., de façon qu'elle ressorte sur la couleur du manche.

Gravure à l'eau-forte. — Lorsqu'il s'agit de tracer un motif sur la lame d'un couteau ou d'un rasoir ou d'une pièce quelconque en acier, on a recours à la *gravure à l'eau-forte* qui a pour but de fixer les dessins sur le métal, par la morsure d'un acide.

(1) *Echoppe*, du vieux français *eschalpre*, couteau à râcler, du latin *scalprum*, ratissoire. — LITTRÉ.

Nous n'avons pas de données certaines sur la date précise de l'invention de la gravure à l'eau-forte, dit M. Donjean (1).

Au commencement du XVe siècle, les orfèvres de Florence qui confectionnaient les nielles et qu'on appelait *niellatori*, pratiquaient la gravure en creux au burin.

Elle était également pratiquée à la même époque en Allemagne par une école de graveurs et c'est vraisemblablement à *Wenceslas d'Olmutz* que revient l'honneur d'avoir songé le premier à remplacer le travail du burin qui demande une habileté de main remarquable, par l'action d'un acide.

C'est sans doute à la fin du XVe siècle qu'eut lieu cette découverte, car on connaît une épreuve de ce maître qui porte la date de 1496.

Dans l'industrie, on utilise la gravure à l'eau-forte pour graver des ornements sur les pièces de métal, telles que : lames d'épée ou de sabre et de couteaux de chasse, garnitures de fourreaux ou de gaines, lames de pelles à pâtisserie, de bêches à pâté, de pelles à beurre, de pièces à hors-d'œuvre, platines de fusils et de pistolets, etc., etc.

Voici comment on opère :

« La pièce à graver doit être parfaitement polie et nettoyée ; on la recouvre d'une couche de « cire fondue ou de vernis, puis à l'aide d'une pointe on trace le dessin que l'on veut produire. La « pointe doit être faite de façon à pouvoir être dirigée dans tous les sens sans accrocher.

« Il faut appuyer de manière à bien découvrir le métal ; sinon on s'expose en laissant une « pellicule imperceptible de cire ou de vernis à ne pas trouver trace du travail que l'on aura fait « lorsque l'on aura enlevé la couche de cire ou de vernis.

« Lorsque le dessin est terminé, on répand sur le parcours de la pointe quelques gouttes « d'acide azotique étendu d'eau ou *eau-forte*.

« L'acide sans action sur le vernis ou la cire, n'attaque le métal que dans les parties découvertes par la pointe et grave par conséquent en creux chaque trait du dessin.

« Après une morsure d'une durée déterminée par la force de l'acide, la température ambiante « et le degré de vigueur que l'on veut imprimer au dessin, on lave la pièce gravée et on enlève « la cire en la plongeant dans l'eau bouillante ou le vernis avec de l'essence de térébenthine. »

Cette manière de procéder n'est employée que pour tracer une inscription ou un dessin au trait, mais lorsque l'on veut produire une ornementation brillante qui se détache sur un fond mat, on a recours à d'autres moyens.

« Ce genre de gravure ne se fait guère que sur l'acier. Après avoir bien nettoyé la pièce d'acier « qui doit avoir été parfaitement polie, on peint au vernis avec un pinceau, le dessin qui doit « rester poli tandis que le fond sera mat. Le vernis est coloré en noir pour mieux suivre le tra- « vail du pinceau ; il faut une certaine adresse pour le bien exécuter. Il est d'ailleurs facile d'y « faire quelques retouches avec une pointe afin de régulariser les contours ; on fait aussi à la « pointe les détails du dessin.

« Le travail au pinceau étant terminé, on laisse sécher puis l'on plonge la pièce dans un bain « d'acide nitrique à 10 ou 12 degrés et on l'y laisse environ un quart d'heure. On la retire, puis on « la lave et on enlève le vernis avec de l'essence.

« Le dessin étant protégé par le vernis reste poli, le fond qui était découvert est attaqué par « l'acide qui le creuse légèrement et il devient noir ; ce contraste produit un très bel effet sur « l'acier.

(1) *A. Donjean.* — La gravure à l'eau forte.

« Si l'on a eu soin de *bleuir* l'acier en le recuisant, on obtient des parties bleues et d'autres « blanches que l'on peut ménager pour faire ressortir tel ou tel endroit du dessin. »

La gravure à l'eau-forte se fait sur cuivre, sur acier et sur zinc, en appropriant le degré de l'acide à la nature du métal.

Nous devons aussi mentionner un procédé de gravure employé en Angleterre pour appliquer la marque sur les pièces de coutellerie.

« Il faut d'abord graver sur cuivre, au burin ou à l'eau-forte, la marque que l'on veut repro- « duire ; puis on l'imprime sur du papier de soie ; elle se trouve alors reproduite à l'envers ; on « la colle ensuite sur la lame du côté de l'impression. On laisse sécher puis l'on mouille et l'on « enlève le papier en le frottant légèrement avec un linge propre.

« On laisse sécher de nouveau et l'on vernit avec du vernis à l'alcool. Puis, lorsque le vernis « est sec, on frotte la marque avec un morceau de flanelle imbibé d'essence de térébenthine. Le « vernis qui recouvre l'encre s'enlève et l'encre s'en va ; le dessin apparaît très net et il ne reste « plus qu'à faire mordre. On trempe la lame pendant 5 minutes dans l'acide nitrique étendue de « moitié d'eau, puis on enlève le vernis avec de la potasse délayée dans de l'eau. »

La *gravure sur verre* se fait au moyen d'un *tourel*, sorte de broche terminée par une pointe d'acier ou une rondelle de cuivre que l'on adapte au barillet d'un tour ; on obtient ainsi des dessins très délicats. Mais pour les grandes pièces, on se sert d'*acide fluorhydrique* que l'on emploie en vapeur ou à l'état liquide. Le verre est enduit d'un vernis spécial et l'on dessine avec une pointe comme pour l'eau-forte.

GUILLOCHAGE

Le *guillochage* est un genre de gravure qui se pratique mécaniquement ; il sert à produire des dessins symétriquement enlacés les uns dans les autres et auxquels on donne le nom de *guillochis* parce qu'ils ont été inventés, au dire de Ménage, par un ouvrier nommé *Guillot*.

Le tour à guillocher est un tour dans lequel on rend la pièce à guillocher immobile tandis que l'on communique le mouvement à l'outil.

« Le tour à guillocher, dit M. de Valicourt (1), diffère peu du tour en l'air. Entre les deux « poupées et à peu de distance de la poulie de commande, est montée sur l'arbre, une poulie « qui porte sur sa face de devant, une plate-forme contenant plusieurs divisions. Il faut y join- « dre une alidade à compteur qui épargne les tâtonnements.

« Dans la rainure de l'établi est placé un support *b* muni d'une vis assez longue que l'on « manœuvre au moyen d'une manivelle *a* ; sur la vis est placée une pièce en cuivre servant de « compteur avec un index fixé sur la partie supérieure du support. La coulisse conduite par la « vis, porte deux coulisseaux dans lesquels s'ajustent les différents porte-forets munis d'une « petite poulie.

« Sur l'établi en face du tour, s'élève une colonne *d* de 30 à 40 centimètres de hauteur, au « centre de laquelle est montée une tige en fer de 15 à 20 centimètres *e* ; au bout de cette tige est « une charnière *f* qui reçoit un levier en fer *g* et lui permet de s'élever au-dessus ou de s'abaisser « au dessous de la ligne horizontale. Un tiers du levier se trouve à la gauche et deux tiers à la

(1) *E. de Valicourt.* — Nouveau Manuel complet du Tourneur.

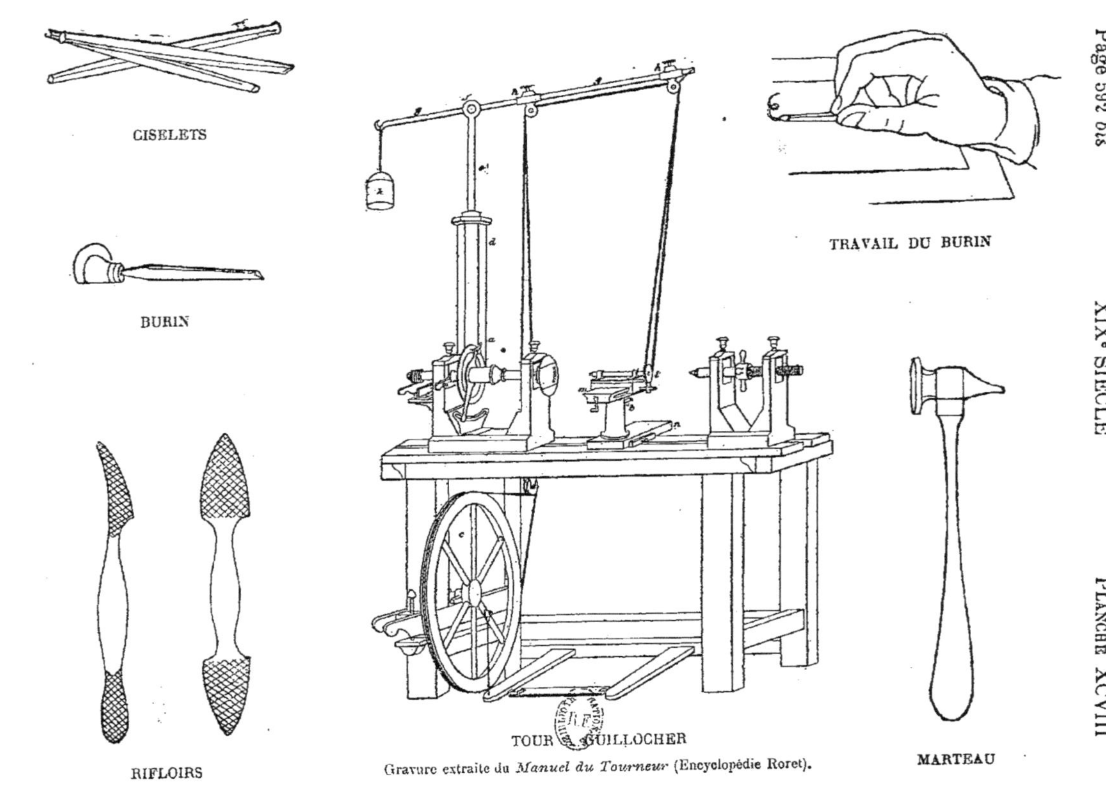

TOUR GUILLOCHER

Gravure extraite du *Manuel du Tourneur* (Encyclopédie Roret).

« droite de la charnière, sur la partie de droite coulent deux porte-chapes *hh'* armés chacun de « deux poulies.

« L'extrémité du levier à gauche est terminée par un crochet qui reçoit un contre-poids *k*.

« Tout étant disposé, la corde de la grande roue passant par une ouverture pratiquée au « travers de l'établi, monte le long de la colonne *d*, passe d'abord sur les poulies de la première « chape *h* et ensuite suivant la direction du levier sur celles de la seconde chape *h'*, d'où elle « descend pour s'enrouler autour de la poulie du porte-outil *l*. C'est au moyen du libre mouve- « ment du levier sur sa charnière et du contre-poids, qu'on donne à la corde le degré de tension « nécessaire.

« La vitesse imprimée à l'outil est très grande. »

Au moyen de cet appareil, on obtient des dessins en creux composés de différents arcs de cercles entrelacés, inclinés dans toutes les directions, répétés sur plusieurs points de la circonférence; on peut varier les dessins à l'infini.

Tout le monde se rappelle les dessins qui ornaient les boîtes de montres il y a environ vingt ans.

En modifiant certaines dispositions de ce tour, on produit ces fonds vermiculés et quadrillés qui accompagnent souvent les ornements ciselés et gravés des pièces d'orfévrerie.

On obtient l'espèce de réseau à mailles si légères qui décore les branches d'éventail en os et en ivoire par un procédé très simple de gravure mécanique.

« Pour cette opération, dit M. Poiré (1), une petite scie circulaire est montée sur l'arbre du « tour ; l'ouvrier place la lame à plat sur une plate-forme horizontale qu'il peut élever à volonté « pour amener la lame au contact de la scie ; il trace ainsi une série de sillons parallèles ; mais « sans traverser la lame dans toute son épaisseur ; puis il recommence sur l'autre face après « avoir retourné la lame, les nouveaux sillons étant tracés obliquement aux premiers. Il est « évident qu'aux points où se rencontre les sillons des deux faces, il se produit des jours ou « *mailles*. »

C'est une sorte de guillochage.

LA CISELURE

L'art de modeler le métal à l'aide des ciselets et du marteau, s'appelle la *ciselure* (2).

Nous empruntons à M. Falize (3) la description de cet art :

Le travail du ciseleur, dit-il, fait partie des industries du marteau; il diffère de celui du graveur en ce que celui-ci n'emploie que la pointe, l'échoppe ou le burin, qu'il trace et taille sans frapper. Le graveur décore le métal à sa surface sans en

(1) *Paul Poiré*. — La France Industrielle.

(2) *Ciselure*, de l'ancien français *cisel*, ciseau.

(3) *E.-O. Lami*. — Dictionnaire de l'Industrie et des Arts Industriels.

modifier les plans ; le ciseleur le sculpte ou le repousse; le graveur trace ou creuse un dessin; le ciseleur modèle une forme.

« Si le travail des métaux est l'un des premiers que pratiquèrent les hommes, si Tubalcaïn, « le forgeron de la Genèse fut fils de Zamech et frère de Noë, si Vulcain. l'unique fils de Jupiter « et de Junon, forgea la foudre, bâtit le temple d'or du Soleil, fit le trône des Dieux et cisela les « armes d'Achille. l'histoire et la fable sont d'accord pour placer haut et loin l'origine d'un art « dont les adeptes peuvent être fiers.

« La science a confirmé la tradition des historiens et des poètes ; partout où elle a interrogé le « sol, partout où ont vécu les peuples anciens, la terre a rendu des pierres brisées, des inscrip- « tions frustres, des armes rongées de rouille, mais là où l'airain lui-même avait subi l'action « du temps, là où les fouilles ne donnaient plus d'autres vestiges d'un passé disparu, l'or et « l'argent sortaient intacts et témoins des premiers âges, qu'ils eussent servi d'ornement aux « idoles, de parures aux guerriers, de bijoux aux femmes, ils portaient les traces d'un décor plus « ou moins fin, d'une ornementation plus ou moins primitive, traces qui attestent que l'un des « ciseleurs fut l'un des premiers ouvriers du monde

« Celui qui le premier frappa l'un contre l'autre deux morceaux de fer, inventa le marteau et « découvrit l'art de forger; son deuxième outil dut être le ciseau, car il lui fallut chercher le « moyen de couper le métal. Il usa le fer comme dans l'âge de la pierre on avait usé le silex : le « ciseau de pierre servit de modèle au ciseau de fer et le premier choc qu'il donna fut le premier « tracé de la giselure. L'entaille répétée fit ces zig-zags et ces dessins à bâtons rompus qui chez « tous les primitifs, sont le premier, le plus naïf et le plus logique des dessins ; on le retrouve « sur l'armure des anciens et sur la pagaïe des sauvages.

« Que le martelage ait précédé la fonte ou que la fonte ait devancé le martelage, le besoin de « ciseler dut naître de l'un ou l'autre de ces deux procédés. Il n'était pas moins nécessaire d'effa- « cer sur la pièce grossièrement fondue, la trace des jointures du moule et de corriger les imper- « fections de l'épreuve, que de façonner, de repousser et d'orner la plaque de métal unie. »

Travail du ciseleur. — Selon la nature des métaux, selon les industries qui les emploient et la destination des objets qui en sont fabriqués, le ciseleur qui les décore modifie son travail. Il ne procède pas pour orner un bouclier de tôle comme pour sculpter les pantures de fer d'une porte d'église. Marteau et ciselet s'exercent différemment sur la statuette de bronze ou sur le vase d'argent; le bijou d'or embouti repoussé, caressé par l'outil, s'achève sans que le poids du précieux métal ait été diminué, tandis que sous un ciseau tranchant l'acier s'enlève en copeaux quand le ciseleur dégrossit et sculpte la garde d'une épée, le manche d'un poignard ou la batterie d'un fusil de chasse.

De là trois modes bien différents :

La *ciselure sur fondu*, la *ciselure repoussée* et la *ciselure prise sur pièce*.

Le ciseleur emploie pour son travail : le *marteau*, les *ciselets*, les *rifloirs*, les *traçoirs*, les *gouges*, les *burins*, les *matoirs*, les *grattoirs*, les *perloirs*, les *molettes*; il se sert également du *ciment*, de l'*étau*, du *boulet* et des *blots*, emploie la *gratte-boësse*, la *ponce* et l'*émeri*.

Le *marteau* du ciseleur est généralement léger et s'il en est de plus petits ou de plus lourds, celui qu'on préfère, varie de 125 à 150 grammes, la tête ou plane en est plate et moins large qu'une pièce de 2 francs; la panne arrondie ne sert que rarement à frapper, le manche est généralement en bois de frêne et plus rarement en baleine. Le marteau doit être emmanché non pas perpendiculairement mais sous un léger angle pour éviter de lever le coude en frappant.

Ce n'est jamais directement sur le métal que le ciseleur frappe avec le marteau, mais sur des outils d'acier de formes et de grosseurs variées qu'on nomme *ciselets*; ce sont de petits ciseaux non tranchants ou mieux des tiges d'acier d'une longueur de 0,12 centimètres environ, recevant sur l'une des extrémités le choc du marteau et agissant de l'autre sur le métal par contre-coup. Les ciselets sont trempés du côté qui agit mais ne le sont pas par le bout que frappe le marteau; leur grosseur varie de 3 à 5 millimètres.

On donne à ces outils les formes les plus variées; ils sont plats ou bombés, carrés ou arrondis, anguleux ou concaves, polis ou grenus; on les appelle *planoirs, traçoirs, bouterolles* ou *perloirs*; si leur extrémité s'effile jusqu'à ressembler presque à une pointe, c'est la *bouge* si l'acier en est poli, c'est un outil clair; s'il est grenu, taillé, strié, c'est un *matoir*, mais le grain et la taille de ces outils varient à l'infini et les ciseleurs les usent et les façonnent eux-mêmes.

Les *rifloirs* sont des morceaux d'acier carrés, arrondis ou méplats, longs de 20 à 30 centimètres dont on façonne à la lime les deux extrémités, leur donnant les formes les plus variées et qu'on taille ensuite; on en fait de *plats*, de *ronds*, de *demi-ronds*, en *dos d'âne*, en *feuille de sauge*, en *bouts ronds*, en *langue de chat*, en *haricot*, en *crochets*, en *bouts relevés*, on les taille *rude, bâtard, doux, demi doux*, on les cambre de cent manières avant de les tremper, de façon que l'ouvrier les puisse faire pénétrer dans les creux des draperies et partout où un outil droit ne pourrait atteindre.

Le *ciment* des ciseleurs est un mélange de résine, de suif et de colcotar; c'est au moyen du ciment que le ciseleur colle sa pièce sur un boulet de fer plein qui posé lui-même sur un coussinet ou un rond de cuir, permet de tourner l'objet dans tous les sens et de le frapper d'un coup sûr.

Ciselure sur fondu. — Lorsque le métal sort de la fonte, il passe au ciseleur. Si le moulage a été irréprochable, si la fonte a été bien réussie, sans doute le rôle du ciseleur aura moins d'importance quoiqu'il ne suffise pas de rabattre les coutures produites par la jonction des différentes parties du moule pour avoir une pièce achevée, il doit faire disparaître avec le *rifloir* et la *matte*, les grains du métal accuser tous les détails et adoucir les contours.

C'est alors que le travail du ciselet commence. Le marteau dans la main droite, le ciselet dans la main gauche, l'artiste s'applique à pétrir la matière, à corriger les défauts de la fonte.

La ciselure des objets fondus s'exerce sur les objets les plus différents; qu'il s'agisse d'un colosse de bronze ou du chaton d'une bague, les procédés sont à peu près les mêmes.

La *ciselure repoussée* n'est pas employée en coutellerie.

Les artistes du XVIe et du XVIIe siècle, qui ont produit les superbes modèles que l'on trouve dans les collections, on fait de la *ciselure prise sur pièce*.

Ce travail, dit M. L. Falize, est à proprement parler, une sculpture véritable, il ne s'agit plus de relever ou pétrir le métal, mais de le tailler comme on taille la pierre. Dans un bloc de fer ou d'acier préalablement dégrossi à la lime et solidement tenu dans l'étau, l'ouvrier ébauche à coups de ciseau et met au point comme fait le praticien dans l'atelier du sculpteur.

Les outils dont il se sert d'abord, ne sont plus des ciselets, mais des ciseaux tranchants, des *gouges*, des *aguettes*, des *burins*, des *grattoirs*, c'est-à-dire des aciers résistants et trempés dont l'extrémité est taillée suivant certains angles et certaines courbes et qu'il manie non pas comme l'échoppe et le burin du graveur, mais qu'il frappe avec le marteau comme fait le sculpteur.

Ce n'est qu'après que la forme a été obtenue par l'outil tranchant, lorsque tout est mis au point et que les détails eux-mêmes sont dessinés et ramolayés que le ciseleur reprend les outils dont nous avons parlé d'abord : ciselets, rifloirs, matoirs, molettes, etc., et qu'il modèle, pétrit, caresse et achève son œuvre.

LA SCULPTURE

On a donné le nom de *sculpture* (1) à l'art de tailler dans le *bois*, l'*ivoire*, la *pierre*, le *marbre* ou autre matière dure, des figures et des ornements.

C'est comme on le voit, le travail de la ciselure prise sur pièce appliqué à des matières autres que les métaux.

La sculpture a la même origine que la ciselure; elle a été pratiquée par les Egyptiens plusieurs milliers d'années avant Jésus-Christ.

Les Grecs l'ont portée à un degré de perfection que l'on n'a jamais dépassé.

L'histoire de la sculpture, dit M. Cerfberr de Meldesheim (2), si on en excepte les Assyriens et les Hindous, paraît circonscrite entre les peuples qui bordent la Méditerranée.

Nous n'avons point l'intention de suivre le développement de cet art, nous nous arrêterons au Moyen-Age où nous trouvons les *Imagiers-Tailleurs*, qui avaient le privilège de sculpter les *manches de couteaux* en ivoire, en os et en bois.

Le Musée de Cluny possède quelques beaux spécimens de couteaux du XVIe siècle à manches d'ivoire sculpté, ainsi que des gaines en bois sculpté.

---

(1) *Sculpture*, du latin *sculptum*, supin de *sculpere*, sculpter.

(2) *E.-O. Lami.* — Dictionnaire de l'Industrie et des Arts Industriels.

Travail du sculpteur. — En coutellerie, on ne scuplte guère que le bois et l'ivoire.

Pour sculpter le *bois*, il faut d'abord ébaucher l'ensemble du sujet que l'on veut exécuter. On se sert à cet effet de râpes, on emploie aussi des gouges méplates et creuses pour détacher les parties concaves.

Puis on finit l'ouvrage, c'est-à-dire que l'on enlève les coups d'outil de l'ébauche, on fait ressortir les détails et l'on corrige les contours.

Les outils que l'on emploie sont nombreux car il faut en changer à chaque instant, suivant la forme que l'on veut donner à la matière.

Ce sont les *ciseaux*, les *burins*, les *rifloirs*, les *perloirs*, les *sabloirs*, en un mot tous les outils que l'on emploie pour la ciselure prise sur pièce.

L'*ivoire* présente à l'outil une résistance très grande et ne se travaille qu'avec beaucoup de difficultés. La pièce, fixée à un étau, est d'abord dégrossie à l'aide de la scie et de grosses limes, puis achevée avec des burins et de petites râpes plates *(écouennes)*, taillées par rangées horizontales ou obliques, dont les arêtes très tranchantes font l'office d'autant de rabots.

Le travail est enfin repassé avec soin et corrigé s'il est nécessaire à l'aide de *grattoirs*.

La matière est tellement dure que, pour toutes ces opérations, le sculpteur doit appuyer fortement avec la main gauche, la droite guidant l'outil.

Mais aussi les travaux les plus fins et les plus délicats peuvent être exécutés sur ivoire en toute sûreté et recevoir un poli admirable.

On sculpte également l'*os* par les mêmes moyens et de la même façon que l'ivoire, mais cette matière a si peu de valeur et se tache si facilement que ce n'est qu'exceptionnellement qu'elle a été employée pour les objets de coutellerie sculptés.

La *nacre*, avec ses reflets brillants, se prête peu à la sculpture.

C'est à Paris que l'on trouve la plupart des graveurs, des ciseleurs et des sculpteurs, mais les habitants de Dieppe se sont fait, pour ainsi dire, une spécialité de la sculpture sur ivoire.

On travaille aussi admirablement l'os, l'ivoire et la nacre à Méru, à Andeville et dans beaucoup d'autres localités du département de l'Oise.

L'INCRUSTATION

L'usage a détourné le sens du mot *incrustation*, sens suffisamment indiqué par son étymologie, et qui exprime l'acte de former une croûte *(crusta)*, ou revêtement à la surface d'un corps, d'une matière quelconque au moyen d'une autre matière de substance généralement différente (1).

(1) *E.-O. Lami.* — **Dictionnaire de l'Industrie et des Arts Industriels.**

Aujourd'hui ce mot suscite dans la plupart des esprits l'idée d'un corps à la surface duquel on a engagé, selon un contour donné, des ornements d'une matière différente, mais sans revêtir entièrement cette surface. Ajoutons que, même dans ce dernier cas, l'incrustation de la matière décorative est, le plus souvent, pratiquée de façon à ce qu'elle ne forme pas relief et demeure au plan même de la surface incrustée qui reste apparente.

Cette surface est donc creusée selon certains contours déterminés, puis dans les vides ainsi obtenus, on insère les motifs de décoration.

L'*incrustation* a engendré divers arts qui ont reçu des noms différents, suivant les matières incrustées et celles que l'on incruste ; ainsi l'incrustation d'un métal sur un autre métal a donné naissance à la *damasquinerie* ; celle du bois sur le bois à la *marquetterie* ; celle du marbre sur du marbre ou sur de la pierre a pris le nom de *mosaïque* ; enfin on a appelé *émail* l'emploi de couleurs artificielles incrustées dans un métal, tels sont les *émaux cloisonnés* et les *émaux de niellure* ou *nielles*.

Par contre, l'inscrustation d'un métal sur le bois, la corne, l'ivoire, la nacre, n'a reçu aucun nom particulier.

Parmi ces diverses sortes d'inscrustation, nous aurons à nous occuper de celles qui ont été employées en coutellerie : l'*incrustation* proprement dite, la *damasquinerie* et les *émaux de niellure*.

Travail d'incrustation. — Ce sont généralement des armes, des chiffres ou des écussons que l'on incruste sur les manches de couteaux.

Les motifs sont d'abord tracés sur de petites feuilles d'argent ou d'or et découpés à la scie à repercer. On trace, sur le manche, le contour du motif que l'on creuse au burin, puis, dans cette cavité que l'on remplit d'un mastic de cire, on place la feuille d'or ou d'argent découpée, au dos de laquelle on a eu soin de pratiquer, au moyen de quelques coups de burin, des aspérités qui sont retenues plus facilement dans la cire et on la force d'entrer dans cette cavité de façon à affleurer la surface du manche.

Lorsque le mastic est refroidi, on enlève la cire qui est sortie de la cavité, et l'on polit ensemble le manche et la partie rapportée, de manière qu'ils ne paraissent ne former qu'une seule et même surface.

Enfin on trace au burin les dessins qui doivent orner les parties incrustées ; on obtient ainsi des décors du meilleur effet.

Ces incrustations sont exécutées sur les manches de couteaux par des graveurs spéciaux ; mais les couteliers incrustent eux-mêmes des écussons sur lesquels on peut graver les initiales et les armoiries. Le procédé qu'ils emploient est à peu près celui que nous venons d'indiquer, et afin de donner plus de solidité à leur ouvrage, ils ont soin, pour les couteaux de table, de percer au fond de la cavité qui doit recevoir l'écusson, une ouverture qui débouche dans le trou du manche ; l'écusson est muni d'un anneau qui pénètre par cette ouverture et dans lequel s'engage la soie de la lame.

Les plus habiles incrusteurs du monde sont les Tonkinois, leur adresse s'exerce surtout à incruster de la nacre dans du bois, et ils exécutent ainsi des travaux vraiment remarquables. Ils font avec cette sorte de marquetterie des objets de toutes sortes et des manches de couteaux fort jolis.

LA DAMASQUINERIE

La *damasquinerie*, dit M. Blondel (1), est l'art d'incruster un métal dans un autre, sous forme de petits filets ou d'ornements qui, martelés et quelquefois rivés par-dessous, ne font qu'un avec le métal qu'on veut orner.

Ce système d'ornementation particulier à l'Orient, tire son nom de la ville de Damas, en Syrie, d'où beaucoup d'objets damasquinés furent introduits en Europe durant les Croisades. C'est dans cette ville que les damasquineurs arabes firent atteindre à cette art la dernière perfection.

Les Grecs connaissaient l'art de damasquiner les ouvrages de métal, mais ils utilisèrent peu ce genre de décoration.

Les Burgondes excellaient dans le damasquinage, nous citerons comme témoignage les deux épées franques damasquinées d'or, exposées par M. Benjamin Fillon.

Au XVe siècle, l'on cultiva avec beaucoup de succès, en Italie, l'art du *damasquinage*. C'est alors que l'on couvrit de riches arabesques et de superbes rinceaux les cuirasses et les épées.

Au XVIe siècle, quelques artistes italiens vinrent en France et y importèrent leur art ; Henri II logea au Louvre les frères César et Baptiste *Gamberti*, qu'on peut regarder comme les auteurs de la magnifique *armure dite de Henri II*, qui est conservée au Musée du Louvre.

Avec la disparition des armures, la damasquinerie perdit beaucoup de son prestige, cependant elle s'est continuée jusqu'à nos jours.

Le damasquinage comprend trois genres :

La *damasquine proprement dite* ;

Le *damasquinage rasé* ;

Le *damasquinage en relief*.

---

(1) *E.-O. Lami.* — **Dictionnaire de l'Industrie et des Arts Industriels.**

La Damasquine. — « La *damasquine,* dit M. le duc de Luynes dans son rapport sur l'Ex-« position de 1851, est une espèce d'or haché, mais elle se distingue par une particularité très « notable. Le métal sur lequel on veut damasquiner, est haché finement avec une lame d'acier « bien tranchante ; la surface ainsi travaillée, présente les mêmes aspérités qu'une lime d'une « finesse extrême mais à tailles profondes. L'ouvrier pose sur cette surface âpre, des fils d'or ou « d'argent auxquels il donne tous les contours qu'il veut ; plus ils sont multipliés et serrés, plus « les surfaces d'or sont larges ; on obtient ainsi des dessins délicats comme les arabesques les « plus déliées ou des champs entiers couverts d'or. On chauffe ensuite à la température qui fait « passer l'acier au bleu et donne à la pièce hachée l'aspect du velours, puis à l'aide d'un brunis-« soir en hématite ou en sanguine, on écrase les fils qui pénètrent dans les hachures en les « renversant et s'y emprisonnent solidement. »

Le damasquinage rasé. — Voici le moyen généralement employé pour le damasquinage rasé, tel qu'il est décrit dans le *Dictionnaire de l'Industrie et des Arts Industriels,* de E.-O. Lami :

« Après avoir passé la lame à un feu doux pour la bleuir, on la couvre d'une couche de vernis « composé de cire blanche, de mastic en larmes et de spath en poudre qu'on noircit à la flamme « d'une lampe. On dessine ensuite avec une pointe obtuse, trempée dure, de façon à érailler le « métal, le sujet que l'on veut représenter. Le dessin terminé, on environne la partie dessinée « avec un ruban en mastic et l'on fait mordre à l'acide nitrique un temps plus ou moins long, « suivant la profondeur des tailles que l'on veut obtenir. On procède alors à l'enlèvement du « vernis ; il ne reste plus qu'à placer dans le dessin les incrustations d'or et d'argent.

« Plusieurs procédés peuvent être employés pour atteindre ce dernier résultat. Souvent on « rentre les tailles, c'est-à-dire qu'avec un burin, on les approfondit de manière qu'elles aient « en creux les deux tiers du diamètre du fil d'or ou d'argent que l'on doit y introduire. Autant « que possible, il faut laisser au sillon toutes les aspérités naturelles, car ces asperités servent « à retenir le fil que l'on incruste.

« Quand l'incision est terminée, on remplit les sillons avec les fils d'or ou d'argent que l'on « fait pénétrer à l'aide d'un petit ciseau ; puis, avec un *matrio,* on aplatit, on *amatit* l'or. Cette « pression force les aspérités à entrer dans le fil d'or ou d'argent, ce qui rend l'incrustation « complètement adhérente Les bavures qui se trouvent refoulées par le matoir, forment une « sertissure qui donne toute la solidité nécessaire. Cette opération terminée, on polit soigneuse-« ment la lame avec une lime douce et on termine en lui donnant un bleuissage uniforme. »

Le damasquinage en relief. — Nous lisons dans le rapport de M. le duc de Luynes, sur l'Exposition Universelle de 1851 :

« Le damasquinage en relief est une variété du damasquinage rasé. Au lieu d'araser l'or ou « l'argent, on les laisse en relief pour les modeler et les ciseler ensuite. »

Nous croyons intéressant de citer les noms de quelques damasquineurs célèbres depuis le XVIIe siècle :

Cursinet, fourbisseur parisien, mort vers 1670.

De la Couture, établi en 1692, cloître Saint-Nicolas, suivant le *Livre Commode,* avait *un particulier talent pour damasquiner sur l'acier fin en figures et ornements de la Chine.*

Les frères *Delaroche,* aux Galeries du Louvre, sous le règne de Louis XV, exécutèrent de fort jolis travaux en damasquinerie.

BASSINE POUR L'AGERNTURE AU TREMPÉ

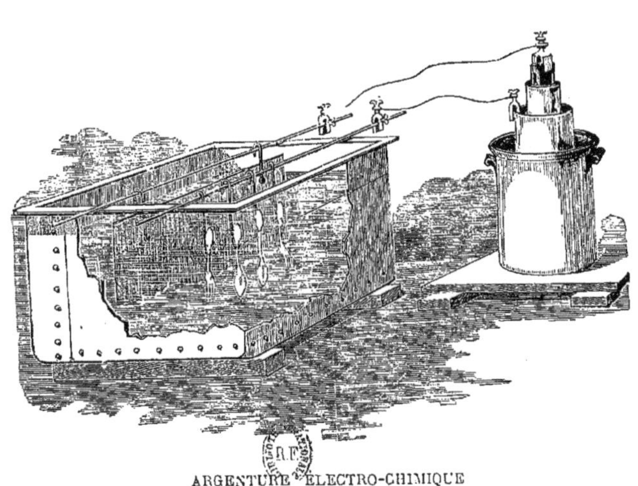

ARGENTURE ÉLECTRO-CHIMIQUE

Candiau, Gérard, Pérot, Dardet étaient d'habiles damasquineurs sous le Directoire, le Consulat et l'Empire.

Roucou, élève de Dardet, fut l'un des plus habiles damasquineurs de Paris pendant la première moitié du XIXe siècle.

Riocreux et *Colomb* furent pendant la même période d'habiles damasquineurs de Saint-Etienne.

Imitation. — Le prix élevé des objets damasquinés fit rechercher les moyens de les imiter. On y est arrivé par divers procédés dont nous empruntons la description au *Dictionnaire de l'Industrie et des Arts Industriels*, de E.-O. Lami.

« Pour faire la *damasquine*, dit M. Blondel, on commence par recouvrir d'un vernis à épargne, « les parties réservées pour le relief et on creuse l'acier à l'aide d'un liquide corrosif. Dès que « le creux est assez profond, on enlève le vernis préservateur et après nettoyage et séchage à la « sciure chaude, on recouvre avec une mixtion toutes les surfaces gravées, sans avoir égard aux « reliefs; puis lorsque le vernis à dorer n'adhère plus que faiblement aux doigts, on pose les « feuilles d'or ou d'argent qu'il est bon de presser légèrement avec un petit tampon de velours « bourré de ouate; la pièce est alors portée au séchoir; puis, quand elle est refroidie, on enlève « avec une lame d'acier, toutes les parties métalliques qui sont sur les reliefs et le dessin réservé « apparaît en métal poli, avec tous ses détails en saillie sur fond d'or ou d'argent. C'est par ce « procédé qu'ont été exécutées au XVIe siècle, les armures de parade.

« Mentionnons encore avec M. Romain, deux sortes de *damasquines*.

« La première consiste à bleuir fortement la pièce d'acier, particulièrement les lames d'épée « ou de poignard et, après y avoir tracé des réserves au pinceau, à décolorer par le contact du « vinaigre les parties non recouvertes ; on obtient ainsi de la damasquine bleue sur acier.

« Enfin dans le deuxième mode d'opérer ce travail, on se borne à dorer ou à argenter à la pile « les endroits bleuis, et après avoir gravé les ornements avec une épargne, à dissoudre l'or par les « cyanures et la potassee caustipue ; le verni enlevé donne alors un dessus d'or ou d'argent sur « fond bleu. Ce travail est d'un bet effet ; il peut être retouché par le ciseleur et rappeler assez « parfaitement le damasquinage d'or et d'argent. »

Damassage. — Il faut rattacher au damasquinage l'imitation du *damassé* des lames orientales qui, pendant longtemps, a exercé l'imagination des chercheurs.

Comme nous l'avons indiqué dans la deuxième partie de cet ouvrage, en reproduisant le mémoire de Clouet, on est arrivé à imiter le vrai *damas* par l'assemblage dans de certaines conditions des lames de fer et d'acier.

On a cherché aussi à produire le même effet par une sorte de gravure à l'eau forte, sans aucune valeur artistique et qui a la prétention d'avoir atteint ce résultat.

Nous devons en rendre compte, car elle a été assez employée en coutellerie dans la première moitié de ce siècle ; voici les procédés indiqués par M. L.-Séb. Lenormand dans le *Nouveau Dictionnaire de Technologie*, publié en 1824 :

Damas en petits grains blancs. — « On place les lames sur une assiette, et après « avoir pris, avec le bout des poils d'une petite brosse rude et étroite, quelques gouttes d'huile « répandues sur la surface d'une autre assiette, on la fait tomber en petites gouttes presque « imperceptibles sur les lames en frottant les poils avec une petite tige de fer. Cette huile se « répand comme une fine pluie sur la lame qu'on place dans une troisième assiette et sur « laquelle on verse de l'acide nitrique étendu d'eau. L'acide ne produit aucun effet sur les parties « touchées d'huile et attaque toute l'autre surface de l'acier, qui prend une teinte grise uniforme. « On laisse cette lame immergée le temps suffisant pour que le damassé soit bien apparent ; on « lave dans de l'eau pure et l'on essuie avec soin ».

Damas à grands dessins. « On prend un vase à large ouverture et plus profond que la « longueur de la lame ; on remplit le vase d'eau pure et l'on y répand au-dessus une légère « couche d'huile ; on y plonge la lame de quelques lignes et on l'agite dans l'eau dans le sens « de la largeur en la faisant descendre de quelques lignes seulement à chaque mouvement.

« Pendant ce trajet, la lame s'empare de quelques gouttes d'huile qui se répand par l'agita- « tion dans l'eau en formant une espèce de racinage. Lorsque l'on est arrivé au bout, on la plonge « dans l'acide nitrique comme dans l'autre opération, et l'on obtient un damassé à dessins « irréguliers et à grands effets, mais on sent bien que ce damassé n'existe qu'à la surface et que « tout disparaît lorsqu'on passe la lame sur la polissoire. Il en est de même pour le *damassé en* « *petits grains* dont nous avons parlé tout à l'heure ».

LES ÉMAUX DE NIELLURE

Le mot *émail* vient de l'ancien haut allemand *smelzan, smaltjan*, fondre, il s'applique à des verres très fusibles tantôt transparents ou opaques, tantôt incolores ou diversement colorés qu'on étend sur les métaux, les lames, les ardoises, les grès, les vitraux, les briques, les faïences et certains autres produits de la céramique, soit pour les enrichir d'ornements tranchant sur le fond, soit même tout simplement pour les rendre plus durables en les soustrayant à l'action de l'air, de la lumière et des substances corrosives. Ils adhèrent au moyen de la fusion aux corps sur lesquels on les applique et qu'on appelle d'une manière générale des *excipients*.

Les *nielles* paraissent avoir été connus de l'antiquité, ils furent surtout employés par les orfèvres byzantins ; les orfèvres du IXe siècle employèrent souvent les nielles.

Le moine Hugo, de l'abbaye d'Oignies, près Namur, passe pour le plus habile nielleur du XIIIe siècle.

Les meilleurs artistes italiens dans l'art de nieller, au XVe et XVIe siècle, sont *Finiguerra, Pollaïnolo, Turini, Francia, Taradosso*, etc.

Les Russes ont religieusement conservé les traditions qui leur ont été données sur cet art par les Byzantins et ce sont les nielles importés de Russie en 1825 qui ont été l'origine de la rénovation de cet art par *Wagner* et *Meutron* en 1830.

Wagner avait exposé en 1834 divers objets niellés parmi lesquels figuraient des *manches de couteaux*.

Les *émaux de niellure* sont des incrustations noires sur fond clair, obtenues en coulant un émail spécial dans les entailles et les ciselures de certaines pièces en métal ; ces émaux sont communément appelés *nielles*, du latin *nigellum*, à cause de leur couleur noire.

Le nielle s'exécute en gravant sur l'argent au burin, les traits creux sont ensuite remplis et recouverts d'une substance pâteuse noire et très fusible dont les sulfures d'argent, de cuivre et de plomb sont les éléments (1).

Ces sulfures sont obtenus en fondant 38 parties d'argent, 72 de cuivre, 50 de plomb, 36 de borax et 384 de soufre.

« Les sulfures ainsi obtenus, sont coulés dans l'eau ; il se forme alors une grenaille qu'on « pulvérise et qu'on lave avec une légère dissolution de sel ammoniac, puis avec de l'eau légè- « rement gommée. On emplit les parties gravées, qui sont destinées à venir en noir, avec l'émail « réduit en bouillie compacte.

« La pièce ainsi préparée est portée au moufle d'émailleur. L'émail fond, se boursoufle et la « cuisson est reconnue complète lorsque les globules ont disparu de la pâte.

« On retire le nielle, on le laisse refroidir, puis à la lime on use l'émail jusqu'à ce que « réapparaissent les traits de la gravure. La pièce est ensuite polie, puis reprise par le graveur « qui retouche certains détails. »

L'ARGENTURE

L'*argent* (2) est un des métaux qu'on emploie le plus en coutellerie, soit à l'état massif, soit comme argenture.

L'une des premières applications de l'argent à l'état d'argenture est le placage de l'argent le cuivre, il remonte à la plus haute antiquité ; on a retrouvé des monnaies et des médailles assyriennes en cuivre plaqué d'argent.

On a aussi trouvé à Pompéi des objets de vaisselle plaqués d'argent ; les Mérovingiens connaissaient également le plaqué d'argent.

Pendant le Moyen-Age, les Arabes montrèrent une grande habileté dans l'application du plaqué d'argent et de la dorure.

Plaqué d'argent. — En 1742, dit M. le duc de Luynes (3), un compagnon de la corporation des couteliers de Sheffield, nommé *Thomas Bolsover*, racommodait un manche de couteau recouvert d'argent par les procédés des anciens plaqueurs. Ce travail le fit réfléchir aux moyens de fabriquer des objets semblables avec solidité, facilité et économie.

---

(1) Les *niellatori*, nielleurs, avaient coutume, dit M. Donjean dans sa brochure sur la *Gravure à l'eau forte*, de prendre une empreinte en terre, puis une contre-empreinte en soufre, des plaques une fois gravées, afin de se rendre compte de leur travail. Finiguerra eut le premier l'idée de prendre une épreuve sur papier, des nielles qu'il gravait (1452). Il ne vit dans ce procédé qu'un moyen plus commode de se renseigner ; sans s'en douter, il avait découvert la *gravure en taille douce*.

(2) *Argent.* — Burnouf pense que ce mot vient du sanscrit *arjuna*, qui signifie *blanc*, et du grec *ἄργός*, *blanc*. — LITTRÉ.

(3) *Exposition universelle de 1851.* — Travaux de la Commission française sur l'industrie des Nations publiés par ordre de l'Empereur. — XIIIe Jury : Industrie des métaux précieux par *M. le duc de Luynes.*

Mettant à exécution les idées qu'il avait conçues, il fit d'abord quelques tabatières et des objets de faible valeur.

Voici en quoi consiste l'invention de Bolsover :

« Un lingot de cuivre bien limé est placé entre deux lingots d'argent d'une épaisseur bien « moindre, par exemple le dixième, le vingtième ou le trentième ; les trois lingots enduits de « de borax humide et superposés comme on vient de le voir, sont serrés avec du fil de fer et « placés dans un fourneau à courant d'air. Dès que le bouillonnement sur le bord des lingots « annonce que la brasure s'opère, l'opération principale est achevée. Le lingot retiré du feu se « lamine ensuite à l'épaisseur que l'on désire, et la résistance réciproque des deux métaux est « telle que le lingot plaqué d'argent peut s'étirer à 500 fois sa longueur sans altérer l'épaisseur « relative du cuivre et des deux feuilles d'argent dont il est accompagné.

« On fait encore plus facilement du plaqué simple en n'appliquant d'argent que sur un côté « du lingot de cuivre.

« Dès que les feuilles de *plaqué* sont ainsi obtenues, on comprend que tous les moyens d'exé- « cution usités dans l'orfévrerie leur sont applicables Mais pour épargner les frottements du tour « et des instruments qui, usant la couche d'argent, feraient reparaître le cuivre, on a recours à « l'estampage.

« Un inconvénient du plaqué, que l'on prévit sans doute dès l'origine, c'est que partout où « l'on aperçoit son bord, le cuivre doit paraître. On y remédia de bonne heure et vers 1792 on « adoptait déjà aux ouvrages de plaqué, des bords en argent soudés à l'étain. »

On argente aussi à la *feuille*, au *trempé* et à la *pâte*.

Argenture à la feuille. — « Ce mode d'argenture, dit M. G Jouanne [1], ne s'applique « qu'aux objets façonnés en cuivre jaune et cuivre rouge.

« On commence par recuire les pièces à argenter, puis on les trempe toutes chaudes dans une « solution d'acide sulfurique additionnée d'acide chlorhydrique et d'acide azotique, après quoi « on les sèche en les frottant avec de la sciure de bois ou en les passant au feu.

« L'objet à argenter est alors fixé sur un étau ou dans un tour, suivant sa forme, et chauffé à « environ 150° avec du charbon incandescent. Ensuite, au moyen de pinces d'acier faisant ressort, « nommées *brucelles* ou *précelles*, l'ouvrier dépose sur un tampon des feuilles d'argent battu et « les applique sur la pièce en les faisant adhérer, par une pression légère d'abord, puis par un « frottement énergique au brunissoir d'acier. »

Blanchiment d'argent. — « L'ancienne méthode désignée sous les noms de *bouillitoire* « ou *blanchiment d'argent*, n'est employée que pour les objets de minime valeur qu'on veut « recouvrir d'une couche presque impondérable d'argent.

« On l'emploie par exemple pour les œillets métalliques de corsets, les boutons, les boucles « de bretelles, les agrafes les épingles, etc.

« On commence par dissoudre une certaine quantité d'argent vierge dans le double de son « poids d'acide azotique pur ; l'azotate d'argent ainsi obtenu, préalablement étendu d'eau, est « alors traité par le sel de cuisine ou par l'acide chlorhydrique, qui détermine un dépôt de « caillots blancs de *chlorure d'argent*.

« On décante et on lave à plusieurs reprises le dépôt de chlorure d'argent ainsi obtenu. « Ensuite on le mélange intimement grâce à l'addition d'une certaine quantité d'eau avec quatre- « vingts fois son poids de crème de tartre en poudre fine.

« La pâte ainsi préparée est délayée dans de l'eau bouillante pour constituer le bain d'argen- « ture.

« A cet effet, une bassine en cuivre rouge contient le bain chauffé à l'ébullition ; on y place une « seconde bassine moins profonde dont le fond percé de trous nombreux, reçoit les objets à « tremper durant leur immersion dans le bain. En enlevant cette bassine intérieure et en la

(1) *E.-O. Lami.* — Dictionnaire de l'Industrie et des Arts Industriels.

BAIN DE NICKELAGE

ATELIER DE DOREUR

Paris. — ATELIER DE NICKELAGE

« laissant égoutter quelques instants au-dessus du bain, on évite ainsi toute déperdition du « liquide »

Argenture au trempé. — « Ce procédé se divise en deux méthodes : le *trempé à chaud* « et le *trempé à froid*

Trempé à chaud. — « Nous ne pouvons entrer dans tous les détails des opérations et des « préparations, qui varient du reste au gré des fabricants.

« Nous signalerons seulement la formule suivante comme étant l'une des meilleures que l'on « puisse adopter pour la préparation des bains d'argenture au *trempé à chaud*.

« Dans une marmite émaillée, on met ensemble :

« Eau distillée	4 litres.
« Potasse caustique.	150 grammes.
« Bicarbonate de potasse	100 —
« Cyanure de potassium	60 —

« Puis lorsque le tout est dissous, on ajoute une solution de 20 grammes d'azotate d'argent « fondu avec un litre d'eau distillée. »

Trempé à froid. — « Ce procédé, plus commode que la précédente méthode, puisqu'il « n'exige pas le chauffage des bains, produit aussi une argenture plus belle et plus solide.

« Dans un vase de porcelaine ou de grès, on verse jusqu'aux trois quarts une solution de « bisulfite de soude marquant 22 à 26° au pèse-sels. On y ajoute, en remuant constamment avec « une baguette de verre une solution d'azotate d'argent dans de l'eau distillée. Le précipité de « bisulfite d'argent, qui se forme d'ailleurs en caillots blancs, est bientôt dissous par l'excès de « bisulfite de soude et se transforme en sulfite double de soude et d'argent qui constitue le bain « d'argenture.

« C'est dans ce bain que l'on trempe les objets que l'on veut argenter »

Argenture à la pâte. — « Cette pâte se prépare en broyant à la molette, à l'abri des « rayons directs de la lumière, un mélange composé de :

« Chlorure d'argent	100 grammes.
« Bitartrate de potasse	200 —
« Sel marin	300 —

« La pâte préparée et conservée dans un flacon opaque pour la soustraire à l'action de la « lumière, est délayée à l'état de bouillie, par petites quantités, dans un godet en porcelaine ou « en verre, et appliquée au pinceau sur les pièces bien décapées ou sur des pièces déjà dorées « ou argentées. Après dessication, la couche d'argenture peut être polie au gratte-bosse ou au « brunissoir. »

Argenture électro-chimique. — La découverte de l'argenture électro-chimique bouleversa complètement cette industrie.

M. Jouanne [1] fait ainsi l'historique de cette invention :

« Dès 1802, un physicien de Pavie, *Brugnatelli*, avait signalé un moyen d'obtenir avec la pile « électrique, que Volta venait d'inventer, un dépôt d'or ou de platine sur les métaux. De nou- « velles recherches entreprises dans le même but par M. *de la Rive*, à Genève, en 1825, amenèrent « ce physicien à trouver un procédé de dorure galvanique par l'action d'un courant électrique sur « un bain de chlorure d'or.

« Quoique ces recherches n'aient pas produit de résultat industriel, elles ouvrirent une voie « nouvelle et bientôt MM. *Elkington*, de Birmingham, qui avaient déjà perfectionné la dorure au « trempé par l'emploi de bains alcalins, eurent l'idée de substituer ces bains à ceux que M. de la « Rive avait essayé sans succès. Leur réussite fut complète et, en 1840, des brevets, l'un pour la « dorure, l'autre pour l'argenture, furent pris par MM *Henri et Richard Elkington*

(1) *E.-O. Lami.* — Dictionnaire de l'Industrie et des Arts Industriels.

« M. *de Ruolz* fit breveter, presque à la même époque, des procédés analogues à ceux de « MM. Elkington. »

Nous n'entrerons pas dans l'examen technique de la théorie de l'argenture galvanique, il est aujourd'hui reconnu que le dépôt d'argent est toujours dû à la décomposition par la pile du sel double d'argent *(cyanure double de potassium et d'argent)*, qu'on forme dans l'une ou l'autre des méthodes employées pour la préparation des bains, et de même pour le dépôt d'or, par le cyanure double de potassium et d'or quand il s'agit de la dorure.

Décapage. — « Il faut, dit encore M Jouanne, avant le dépôt d'argent, procéder à un « décapage très soigneusement fait.

« Deux moyens sont employés, le *décapage chimique* et le *décapage mécanique.*

« Le *décapage chimique* qui s'applique au bronze et au laiton, consiste dans une série d'opéra- « tions. Le bronze est soumis d'abord au recuit, puis au *dérochage* dans un bain d'acide sulfu- « rique étendu ; le laiton ne peut subir de recuit et est passé directement aux bains acides. En « sortant de ces bains, les pièces sont séchées avec de la sciure de bois maintenue à une tempé- « rature d'environ 40°.

« Le *décapage mécanique*, qui consiste en un ponçage vigoureux avec des brosses dures, à la « main ou à la machine, s'applique à l'argent, au maillechort et aux autres alliages analogues.

Bains d'argenture — « Les pièces décapées sont alors placées dans le bain d'argenture dont « voici la composition .

« Ce bain, formé d'un *cyanure double d'argent et de potassium*, s'obtient en employant :

« Eau	10 litres.	
« Cyanure de potassium . . .	500 grammes.	
« Cyanure d'argent produit par. .	250 —	d'argent vierge.

« Les bains d'argenture peuvent s'employer à chaud ou à froid ; toutefois l'intervention de la « chaleur n'étant pas indispensable, on opère généralement à froid.

Dépôt galvanique.— « Le bain étant préparé convenablement, on y plonge les pièces à argenter, « que l'on suspend à une tringle de cuivre qui est en communication avec le *pôle négatif* d'une « pile ; vis à vis des pièces ainsi suspendues, on place dans le même bain une lame d'argent « qui est désignée sous le nom d'*anode*, et qui est attachée à une tringle de cuivre qui commu- « nique avec le *pôle positif* de la pile.

« Dès que le circuit est fermé, sous l'action du courant électrique qui traverse le bain, le « cyanure d'argent se décompose en argent naissant dont les molécules se transportent et vont « adhérer sur les pièces suspendues au pôle négatif, tandis que le cyanogène, mis en liberté, se « porte au pôle positif, et là, rencontrant l'anode d'argent, l'attaque, le dissout à l'état de cyanure « d'argent et, par cette réaction, reproduit constamment une quantité de cyanure équi- « valente à celle qui a été déposée, de sorte que le bain d'argenture se trouve ainsi toujours « maintenu au degré de richesse suffisant pour effectuer le dépôt d'argent sur les pièces soumises « à son action.

« Dans l'industrie, on emploie des bains de grandes dimensions pour l'argenture des couverts « de table et pour les pièces d'orfévrerie.

« Les bains destinés à l'argenture des couverts, sont placés dans des cuves en bois de forme « rectangulaire, doublées de gutta-percha. Ces cuves doivent avoir des dimensions telles que les « pièces qui y sont plongées soient recouvertes d'une couche au moins de dix centimètres de « liquide, en laissant au-dessous d'elles une couche d'égale épaisseur, et à peu près la même « distance entre elles et les parois verticales. »

Cette industrie est très complexe, et nous sortirions du cadre de cet ouvrage si nous voulions en suivre tous les détails ; nous dirons seulement que pour obtenir une régularité parfaite du dépôt il faut agiter légèrement les bains afin de rémédier aux différences de densité qui se produisent à mesure que l'opération s'avance.

Le cyanure de potassium mis en liberté, étant moins dense que le reste de la dissolution, s'élève vers la partie supérieure, tandis que le cyanure d'argent formé par la décomposition de l'anode, tend à descendre à la partie inférieure et, par suite, le fond du bain se trouve plus chargé d'argent que la partie supérieure.

En outre, comme l'épaisseur de la couche d'argent déposée sur les couverts a besoin d'être déterminée d'une façon très exacte, on fait usage d'un appareil appelé *balance argyrométrique* imaginée par M. Roseleur, lequel appareil sert à régler automatiquement la quantité d'argent déposée sur les objets.

Lorsque les pièces argentées ont reçu la couche d'argent dont elles doivent être recouvertes, leur surface est mate et il faut les soumettre au *gratte-bossage* et au *brunissage*, opérations que nous avons décrites dans un chapitre précédent (1).

LA DORURE

L'or est peu employé en coutellerie, mais en revanche on dore beaucoup de pièces, lames, fourchettes, pelles et tiges de toutes sortes en acier, en argent et en maillechort, ainsi que les viroles et culots en argent qui servent à garnir les manches.

La *dorure* (2) était connue des anciens, Homère en parle dans l'Odyssée (Chant III).

Au temps de Pline, on pratiquait aussi la dorure. On décapait l'objet en argent ou en cuivre que l'on voulait dorer, on le frottait ensuite de mercure qui adhérait à sa surface, puis on appliquait des feuilles d'or sur toutes les parties que l'on voulait dorer ; l'or se fixait sur le mercure, que l'on faisait évaporer pour achever l'évaporation.

C'était, avec des substances différentes, le même procédé que nos doreurs sur bois emploient encore de nos jours ; le cuivre est représenté par le bois, le mercure par l'apprêt qui fixe l'or.

Aujourd'hui, on emploie divers procédés pour dorer, mais quel que soit le procédé que l'on ait choisi, avant d'appliquer le métal précieux sur les pièces, il faut mettre leur surface à nu par un décapage très minutieux.

Décapage. — Les pièces sont d'abord dérochées dans un bain d'acide sulfu-

(1) Voir IIIe partie, chapitre VIII, page 509, *gratte-bossage*, et page 510, *brunissage*.

(2) *Dorure*, de *dorer*, formé de la préposition *de* qui exprime l'action d'étendre, et du mot *aurum*, bas latin *orum*, *or*. La racine est le sanscrit *ush*, brûler ou briller à cause de l'éclat de l'or. — LITTRÉ.

rique étendu, puis séchées dans de la sciure de bois maintenue à la température de 40°. Cette préparation est indispensable pour obtenir l'adhérence des deux couches métalliques et s'applique toutes les fois que l'on veut recouvrir une surface métallique d'un dépôt de métal quelconque.

Mais lorsqu'il s'agit de dorure, les objets à dorer doivent subir une autre préparation qui se dédouble suivant qu'ils doivent présenter une apparence mate ou une apparence brillante, et qu'on désigne sous les noms de *passage aux acides à mater* ou *à brillanter*.

Le *bain d'acide à brillanter* se compose de :

Acide nitrique	100 parties
Acide sulfurique	100 —
Sel de cuisine	1 —

On ne doit y laisser séjourner les pièces que deux secondes, et le bain doit être conservé dans des flacons bouchés et placés à l'abri de l'humidité.

Les *bains d'acide à mater* sont assez nombreux, nous nous contenterons d'en citer un.

Acide nitrique à 36°	200 parties
Acide sulfurique à 66°	200 —
Sulfate de zinc	5 —
Sel marin	1 —

On le prépare en versant l'acide sulfurique sous le manteau d'une cheminée ou en plein air, à cause des vapeurs qui se dégagent, on laisse refroidir et l'on met les sels à dissoudre.

Lorsque les pièces doivent rester mates, il faut corroder les surfaces avec le bain à mater, puis on rince et l'on passe les objets au bain à brillanter, et l'on rince de nouveau.

Dorure au mercure. — L'un des plus anciens procédés, et des meilleurs, pour dorer, est la *dorure au mercure* ou *dorure au feu* ; elle est basée sur la propriété que possède le mercure de s'amalgamer avec l'or et de se volatiser ensuite au feu en abandonnant l'or.

« On décape d'abord le métal qu'on veut dorer, dit M. Romain [1], puis on le chauffe et on « l'enduit d'azotate de mercure pour faire adhérer l'amalgame plus fortement.

« On prépare alors un amalgame d'or composé de huit parties de mercure pour une d'or ; on « exprime l'amalgame à travers un nouet de peau de chamois pour le rendre plus consistant ; il « se trouve composé de une partie de mercure et de deux d'or. Puis on l'applique sur la pièce ; « on l'étend d'abord sur une pierre plate dure dite *pierre à dorer*, on trempe ensuite un gratte- « bosse dans une solution d'azotate de mercure pour le blanchir, on puise dans l'amalgame et

(1) *E.-O. Lami.* — Dictionnaire de l'Industrie et des Arts Industriels.

« on l'étend sur l'objet jusqu'à ce qu'on ait obtenu une couche uniforme de l'épaisseur désirée.

« Cela fait, on rince la pièce à grande eau et l'on volatilise le mercure en portant l'objet sur « un feu de charbon et le tournant dans tous les sens.

« On retire la pièce avec des pinces dites *moustaches*, puis la saisissant de la main gauche, « garantie par un gant matelassé, on la frappe en brossant avec une brosse à long manche pour « bien égaliser l'amalgame, opération que l'on répète cinq ou six fois si cela est nécessaire ; on « voit alors la pièce devenir *jaune paille* et, d'après le bruit que fait une goutte d'eau projetée sur « la pièce en s'évaporant, on juge si le mercure est entièrement volatisé. »

Il y a plusieurs autres sortes de dorures :

Dorure au sauté. — Cette dorure ne diffère de la dorure au mercure que par la manière de produire l'amalgamation des petits objets. Les objets décapés et passés à l'azotate de mercure sont mis dans une terrine avec l'amalgame et sautés pour produire l'amalgamation des pièces.

Dorure au trempé. — On appelle aussi ce procédé dorure par *immersion* ; il est fondé sur ce principe de chimie que toutes les fois qu'on plonge dans une dissolution saline, un métal plus oxydable que celui qui a servi à faire la dissolution, une partie de ce métal se dissout tandis que l'autre se précipite sur la lame plongée.

Cette dorure, qui ne donne que des couches d'or très faibles, s'emploie surtout pour la bijouterie en faux.

Pour dorer l'argent et le fer ou l'acier par ce procédé, il faut les recouvrir d'abord d'une couche de cuivre.

Dorure à la feuille. — On dore par ce système en préparant le métal de manière que les feuilles d'or déposées à sa surface y restent adhérentes. Pour cela, on peut plonger la pièce de métal dans une solution mercurielle, déposer les feuilles d'or, chauffer pour volatiser le mercure et brunir. On peut aussi employer une mixture qui fasse adhérer l'or, mais, comme dans ce cas on ne peut brunir, on recouvre l'or d'une couche de vernis que l'on fait sécher au four.

Dorure à la pâte. — Cette dorure comprend une série de procédés au moyen desquels on prépare, soit à l'état pâteux, soit à l'état liquide, des matières qui contiennent l'or très divisé, que l'on applique sur les surfaces à dorer et qui, au feu ou au brunissage, laissent l'or seul en évidence.

Or doublé. — Nous ne pouvons terminer cette rapide revue des procédés de dorure sans parler de l'*or doublé*, plus connu sous le nom de *doublé*, employé en bijouterie.

Le *doublé* date de 1827 ou 1828, c'est à M. Huiart que l'on doit la réussite de cette innovation. Il eut à lutter contre le bureau de la garantie qui s'opposait à la fabrication des objets en doublé, mais il obtint gain de cause et le doublé put se produire au grand jour.

Le doublé se compose de deux plaques, l'une mince, qui est d'or, que l'on soude sur une autre plus ou moins épaisse, selon que l'on veut le doublé plus ou moins élevé en titre, qui est d'un autre métal.

La plaque ainsi formée d'or et de métal est passée sous le laminoir où elle s'allonge en conservant dans toute sa longueur la même proportion d'or et de métal.

On donne au doublé les formes les plus diverses en l'estampant au moyen de matrices.

Les bijoux en doublé sont généralement formés de deux coquilles réunies par une soudure invisible.

Dorure électro-chimique. — La dorure se pratiquait par les divers procédés que nous venons d'indiquer, lorsque la *dorure électro-chimique* vint opérer une véritable révolution dans cette industrie.

Les expériences de Galvani [1] et de Volta [2], qui ont amené cette découverte, sont connues de tout le monde.

Ce sont MM. *de la Rive* [3] de Genève, en 1825, *Elkington* de Birmingham, en 1840, et vers la même époque M. *de Ruolz* [4] de Paris, qui ont doté l'industrie des moyens électro-chimiques employés aujourd'hui pour dorer et argenter.

Voici la description de ces procédés, que nous empruntons au *Dictionnaire de l'Industrie et des Arts Industriels*, de E.-O. Lami.

« On peut, dit M. Romain, opérer le dépôt d'or galvanique à froid ou à chaud ; mais la diffi-
« culté de chauffer les bains, fait recourir plus souvent à la première manière quoique la seconde
« donne de meilleurs résultats.

Dorure à froid. — « Lorsque les pièces ont été décapées et passées aux bains d'acides à
« mater ou à brillanter, on la place dans le bain de dorure composé de différentes façons ; nous
« n'en indiquerons que les trois suivantes :

« 1°	Or réduit en chlorure. . . .	5 grammes
«	Cyanure de potassium pur. . .	25 grammes
«	Eau.	1 litre
« 2°	Or réduit en ammoniure . . .	5 grammes
«	Cyanure de potassium pur. . .	25 grammes
«	Eau.	1 litre
« 3°	Or réduit en chlorure. . . .	5 grammes
«	Cyanure jaune de potassium . . (Prussiate jaune de potasse) . .	150 grammes
«	Eau.	1 litre

« Ces bains se préparent en faisant fondre à l'ébullition les sels autres que le sel d'or qu'on
« ajoute ensuite, puis on laisse refroidir et l'on filtre.

« Le sel d'or en se dissolvant, se combine avec le cyanure de potassium et forme un cyanure
« double de potassium et d'or.

« Le bain étant préparé, on y plonge les pièces à dorer et on les suspend à une tringle de
« cuivre mise en communication avec le pôle négatif d'une pile de Bunsen ; puis on place vis à
« vis des pièces, toujours dans le bain, une plaque d'or que l'on nomme *anode* et que l'on sus-

---

(1) *Galvani Louis* ou *Aloïsio*, médecin et physicien, né à Bologne en 1737, mort en 1798.

(2) *Volta Alexandre*, célèbre physicien né à Côme en 1745, mort en 1827.

(3) *De la Rive Auguste*, chimiste suisse, né à Genève en 1801.

(4) *Comte de Ruolz François-Albert-Henri-Ferdinand*, chimiste français né en 1810, mort en 1892.

« pend à une seconde tringle de cuivre qui communique avec le pôle positif de la pile.
« Le courant électrique qui traverse le bain aussitôt que le circuit est fermé, décompose le « cyanure double de potassium et d'or, en or naissant qui vient adhérer sur les pièces suspen-« dues au pôle négatif tandis que le cyanogène mis en liberté se porte sur l'anode d'or qui est « au pôle positif, l'attaque et le dissout et par suite reproduit constamment une quantité de « cyanure équivalente à celle qui a été décomposée.

Dorure à chaud. — « Les bains pour la dorure à chaud, sont composés de la manière « suivante :

« Or réduit en chlorure	5 grammes
« Cyanure de potassium	10 grammes
« Bisulfite de soude	50 grammes
« Phosphate de soude.	300 grammes
« Eau	5 litres

« Le chlorure d'or est versé dans la solution froide de phosphate, puis l'on ajoute les deux autres sels.
« Les bains sont maintenus à la température de 50 à 80 degrés et l'anode d'or est remplacé « par une plaque de platine.

Ors de couleur. — « L'addition dans les bains d'azotate d'argent, donne à la dorure « une couleur *verte*. On obtient une *dorure rouge* en se servant de bains anciens où ont été plon-« gés de nombreux objets de cuivre ou en ajoutant au bain, un cyanure de potassium et de « cuivre.

Epargnes. — « Pour obtenir des dorures de différentes couleurs sur la même pièce ou pour « ne produire le dépôt d'or que sur certaines parties, on a recours à l'emploi de substances qui « protègent les parties où l'on ne veut pas déposer de métal. Ce sont des vernis rendus siccatifs « par du chromate de plomb et que l'on colore avec des acides ou sels colorés pour en faciliter « l'emploi. Ces vernis se posent au pinceau ; on les enlève ensuite par des lavages à l'alcool ou « à la benzine. »

On *gratte-bosse* et l'on *polit* ou l'on *brunit* ensuite les objets qui ont été recouverts d'or.

LE NICKELAGE

Il y a une vingtaine d'années, les objets nickelés étaient peu répandus ; cette industrie a fait de rapides progrès, et aujourd'hui les plus infimes objets de fer ou d'acier ne sauraient être présentés sans être nickelés.

Nous allons reproduire les procédés enseignés par MM. Delval et Pascalis dans leur *Guide du doreur, de l'argenteur et du galvanoplaste :*

« Le cuivre, le laiton, le fer, l'acier et le maillechort peuvent être nickelés à l'aide d'un même « bain dont voici la composition :

« Eau	10 litres
« Sulfate double de nickel. . . .	600 grammes
« Sel excitateur.	300 grammes

« Pour composer ce bain, on fait dissoudre simplement en chauffant légèrement les deux sels « dans une partie des dix litres d'eau ; on verse la dissolution, filtrée ou décantée dans la cuve « destinée à contenir le bain, on ajoute le complément des 10 litres d'eau et on mélange en « agitant.

« Ce bain s'emploie à froid et demande un courant électrique un peu supérieur à celui que « nécessitent les bains d'or et d'argent. On se sert comme anodes de plaques de nickel fondues « ou laminées ; ces dernières sont de beaucoup préférables.

« Les bains neufs ne fonctionnent jamais bien ; ils ont besoin d'être électrolysés, c'est-à-dire « traversés pendant quelque temps par le courant électrique pour donner un dépôt satisfaisant.

« Un procédé bien simple, lorsqu'on se trouve en présence d'un bain neuf, consiste à y plon- « ger une pièce de cuivre sacrifiée et à l'y laisser 24 heures Au bout de ce temps, le bain s'est « électrolysé et les pièces qu'on y porte se recouvrent d'une belle couche brillante de métal « blanc.

« Il est de toute nécessité que les pièces aient été soigneusement préparées.

« Celles qu'on veut recouvrir d'un nickel brillant sont polies avant le nickelage.

Dégraissage. — « Si elles ont été graissées, il faut les dégraisser avant de les porter au « bain. Pour le fer, l'acier, le maillechort, ce dégraissage se fait à la potasse et au cyanure de « potassium ; on plonge les pièces dans une dissolution de cyanure de potasse tiède, jusqu'à ce « que le liquide les mouille bien ; puis on les passe dans un bain de cyanure très étendu. Enfin « on rince à grande eau.

« Les pièces non polies sont décapées par les procédés ordinaires.

Avivage. — « Une fois les pièces nickelées, il est toujours nécessaire de les aviver, c'est-à- « dire de les frotter d'une poudre fine pour rendre le brillant parfait.

« On supprime ce travail pour les petits objets, boucles, boutons, œillets. On emploie pour « ces objets ce qu'on appelle le bain au *nickel vif*. C'est un bain qui donne un dépôt assez bril- « lant pour permettre de supprimer l'avivage.

« Ce bain s'emploie à chaud ; il est contenu comme le bain d'or dans une chaudière de fonte « émaillée; sa composition est la même que celle du bain à froid. La différence essentielle con- « siste dans la durée de l'immersion qui doit être presque instantanée pour obtenir le nickel vif ; « aussi ce procédé de nickelage ne donne aucune épaisseur.

« Souvent les objets nickelés à froid, sont passés vivement après rinçage, dans le bain à chaud « qui leur donne le brillant.

« Un autre procédé consiste à préparer un mélange d'étain en grains, de tartre et d'eau, et à « ajouter lorsque ce bain est en ébullition une faible quantité d'oxyde pur de nickel porté au « rouge; celui-ci se dissout et donne au liquide une coloration verte.

« Les objets de cuivre ou de laiton plongés dans ce bain, sont rapidement couverts d'une « couche brillante de nickel presque pur. »

USINE DE COUTELLERIE DU PRIEURÉ DE CENON, PRÈS CHATELLERAULT

D'après un croquis de l'Auteur.

USINE DE COUTELLERIE DES COINDRES, PRÈS CHATELLERAULT

CHAPITRE XI

LES FABRIQUES DE COUTELLERIE

DE CHATELLERAULT

Transformation de la Coutellerie Châtelleraudaise
La Manufacture d'Armes
Le Prieuré de Cenon — Chézelles — Les Coindres — Môllé — Domine

Dans l'examen que nous avons fait précédemment (1) de la coutellerie de Châtellerault, nous nous sommes arrêté à l'année 1845 ; il nous faut revenir un peu en arrière pour étudier les changements survenus à cette époque dans cette branche de l'industrie châtelleraudaise.

Après les revers de 1815, trouvant la Manufacture d'Armes de Klingenthal trop près de la frontière, l'Etat résolut de la transporter vers le centre de la France et c'est la ville de Châtellerault qui par sa position sur la Vienne et sa fabrique de coutellerie, arrêta son choix.

L'ordonnance qui décida la création de la Manufacture d'armes, fut rendue le 14 juillet 1819; les travaux du barrage de la Vienne commencèrent le 13 août 1821 et furent terminés en 1825.

A partir de cette époque jusqu'en 1829, on acheva la construction des usines et des bâtiments.

En 1831, l'entreprise des travaux de fabrication des armes fut adjugée à MM. *Pichet frères* et au 1er janvier 1833, ils occupaient 516 ouvriers dont la plupart avaient été amenés de Klingenthal.

---

(1) IIIe partie, chapitre IV, page 309.

Vers la même époque, une modification importante se produisait dans la fabrication de la coutellerie; Gavet, coutelier de Paris, venait de créer le modèle de lames à bascule qui rendait la fabrication du couteau de table plus facile et plus économique et par suite le mettait à la portée de toutes les bourses en même temps qu'il en rendait l'emploi plus commode.

Les couteliers de Châtellerault qui se servaient encore des anciennes roues mues à bras pour faire tourner leurs meules et leurs polissoires, ne purent suffire aux commandes; il fallut trouver des moyens plus expéditifs.

Plusieurs manèges mûs par des chevaux furent montés; un sieur *Demarsay* organisa la fabrication des lames dont nous venons de parler, dans un ancien moulin à foulon situé au *Prieuré de Cenon* sur le Clain à 5 kilomètres de Châtellerault et travailla pour les maisons de Paris (1).

En 1836 MM. *Creuzé, Proa et Cie* étant devenus adjudicataires de l'entreprise de la Manufacture d'armes, le travail vint à manquer, ils furent autorisés à installer la fabrication de la coutellerie dans cet établissement.

La division du travail adoptée pour la fabrication des armes fut appliquée à celle de la coutellerie de table.

Mais en 1840, une amélioration étant devenue nécessaire dans l'armement des troupes, l'Etat reprit ses ateliers et MM. Creuzé, Proa et Cie transportèrent leur matériel au *moulin Joany* (2) où des baraquements furent construits pour le recevoir.

Vers 1842, MM. *Faneau, Dubuisseau et Laviolette* transformèrent en coutellerie le moulin de *Chézelles* sur le Clain à quelque distance du Prieuré de Cenon. Ils achetèrent le matériel de coutellerie de MM. Creuzé, Proa et Cie; mais la société Faneau, Dubuisseau et Laviolette dura peu de temps et ce fut la société Creuzé, Proa et Cie qui à son tour acheta en 1844, l'usine de Chézelles où elle installa la société Rassinoux et Cie (3).

M. *Mermilliod-Piault* avait acheté en 1838, l'usine du sieur Demarsay et en avait confié la direction à son fils aîné M. *Eugène Mermilliod* qui prit en 1843 un brevet pour la fabrication mécanique des manches de couteaux de table.

En 1847, ce dernier s'associa avec son frère *Charles* pour exploiter l'usine du Prieuré de Cenon sous la raison sociale *Mermilliod frères*.

(1) A quelque temps de là, le sieur Demarsay qui occupait à son usine de jeunes apprentis sortant de l'hôpital de Châtellerault, eût une discussion avec l'un d'eux.
Le maître et le compagnon se poursuivirent armés d'une lame pointue; ils en vinrent aux mains et en se défendant, le sieur Demarsay, sans le vouloir, porta un coup mortel à son ouvrier. Il fut arrêté, passa en cour d'assises et fut acquitté.

(2) Le moulin Joany est situé sur la Vienne à l'extrémité du faubourg Sainte-Catherine.

(3) M. *Rassinoux Louis-Antoine* qui avait été notaire à Couhé, était neveu de M. Proa.

Cette maison bien dirigée s'agrandit et prospéra au delà de toute espérance; la fabrication mécanique des manches lui donnait une supériorité considérable comme prix de revient sur la maison Rassinoux qui était en concurrence directe avec elle et qui cessa la lutte en 1857, époque à laquelle MM. Mermilliod frères achetèrent l'usine de Chézelles.

Pendant ce temps, s'élevait peu à peu à force d'économie et de volonté, une autre maison qui devait un jour marcher au premier rang des fabriques de coutellerie françaises.

Vers 1810, M. *Pagé-Gallois* était un de ces ouvriers qui avec 3 ou 4 compagnons travaillaient à la fabrication des couteaux fermants. Plus tard il ouvrit boutique place du carrefour Joyeux et à sa mort en 1845, son fils *Eugène Pagé* prit la suite de ses affaires.

En 1859, ce dernier s'associait son frère *François Pagé* et la maison prenait la raison sociale *Pagé frères;* la fabrication fut installée à l'usine de Môllé, la même année.

L'industrie châtelleraudaise subissait à ce moment une transformation complète.

Lorsque l'essor donné au commerce sous le règne de Louis-Philippe, par la facilité des communications, mit en présence les fabriques de Thiers, de Nogent et de Châtellerault, cette dernière eut beaucoup à en souffrir.

Thiers fabriquait à meilleur compte et Nogent produisait des articles mieux faits. Pour soutenir la concurrence, il aurait fallu réduire les salaires; les couteliers en boutique, qui fabriquaient les couteaux fermants, attirés à la Manufacture d'armes par des salaires plus élevés, abandonnèrent peu à peu leur premier métier pour se faire armuriers. La coutellerie de Châtellerault aurait disparu complètement si MM. Mermilliod et MM. Pagé n'avaient pas trouvé le moyen de sauver la coutellerie de table du naufrage en perfectionnant la fabrication et en la transportant dans les communes de Cenon et de Naintré.

Parmi les derniers représentants de la coutellerie fermante de Châtellerault, nous devons signaler :

MM. Contencin ;
Goutte ;
Chéri Gauvain (1) ;
Voisin.

(1) *Chéri Gauvain* s'intitulait *poète aspirant de la rue d'Antran*. Voici un spécimen d'une poésie qu'il avait composée à propos d'un boulanger du faubourg Châteauneuf, qui avait pris pour enseigne : *Boulangerie Chinoise :*

Les boulangers autrefois portaient la hotte,
Mais maintenant,
Ils ont des voitures à capote ;

La fabrication de la coutellerie de table se trouva répartie en deux groupes :

1° Celui de la ville, où se trouvaient les *forgerons*, les *limeurs* et les *monteurs*.

2° Celui de la campagne, où étaient réunis les ouvriers qui avaient besoin d'un moteur pour leur travail, les *aiguiseurs*, les *polisseurs* et les *façonneurs de manches*.

Ce second groupe renfermait l'avenir de la coutellerie châtelleraudaise, car il était appelé à se développer de façon à remplacer les ouvriers que la Manufacture d'armes devait appeler à elle.

Avant de suivre les fabriques de coutellerie dans leur développement, nous allons examiner le fonctionnement de la fabrication à cette époque.

Lorsque le travail manquait à la Manufacture d'armes, les ouvriers cherchaient à s'en procurer dans les fabriques de coutellerie ; le prix de la main d'œuvre diminuait et les fabricants mettaient en magasin un stock, souvent considérable, de marchandises en prévision des moments où la main-d'œuvre serait plus rare.

Au contraire, lorsque la Manufacture d'armes était en pleine activité, les ouvriers couteliers, peu nombreux, forgerons, limeurs et monteurs élevaient leurs prix.

Les *forgerons*, dont le métier était assez pénible, étaient des plus désagréables ; du moment qu'ils savaient qu'on avait besoin de leur travail, la plupart ne voulaient plus rien faire. Il fallait en outre leur fournir des outils, du charbon, répondre de leur pain chez le boulanger et faire des avances d'argent qu'ils ne payaient presque jamais.

Les *limeurs* suivaient ce mauvais exemple, aussi la *Saint-Lundi* était-elle régulièrement fêtée.

Pour obvier à la pénurie des forgerons, on avait imaginé de créer des ateliers où le travail était divisé, de sorte que l'on pouvait former plus rapidement des ouvriers ; le travail était réparti comme suit :

Première phase, enlevure.
Deuxième — allongeage.
Troisième — tassage.
Quatrième — rabattage.

Ils gagnent donc bien de l'argent,
Ils sont donc bien à l'aise,
Pour pouvoir mettre : Boulangerie Chinoise.

Pour la rime, il faut prononcer *chinouaise*, suivant la prononciation usitée dans le faubourg Châteauneuf.

Ceci nous remet en mémoire un autre poète du même acabit, le père *Bruneau*, plus connu sous le nom de *Brunille*, pêcheur, batelier, cabaretier, à Cenon, près Châtellerault. Il tenait la guinguette devenue le restaurant Saint-Martin ; tous ceux qui sont allés à Cenon, de 1820 à 1870, ont entendu ces vers :

Vous qui êtes de bons enfants,
Venez à Cenon plus souvent.

Les forgerons et les limeurs étaient presque tous des nouveaux venus dans la fabrication de la coutellerie, tandis que les monteurs étaient la plupart d'anciens couteliers qui s'étaient adonnés à cette partie du travail. Ils étaient beaucoup plus raisonnables et, quoique gagnant moins que les forgerons et les limeurs, ils arrivaient à faire des économies.

Voici les noms de quelques-uns des ouvriers de cette époque, c'est-à-dire de 1850 à 1870.

Forgerons

Clément Hardy, chef d'atelier
Chivert, id.
Brault, id.
Biéron fils, id.
Catin
Valydire
Villaumé fils
Varaillon père, dit *Cadet*
Varaillon fils, dit *Jacquard*
Doussineau
Gauthier
Vallet, dit *Jean-Augustin*
Tardif
Cibert, dit *Bel-Œil*
Fouré
Dupont

Limeurs

David
Barroux
Aurioux
Durand
Serreau
Thenault père
Thenault fils
Barbot
Bonnet

Façonneurs de nacre et d'ivoire

David-Parent
Daillé-Augeard
Daillé-Audiger
Piault-Daillé
Chaume père
Chaume fils
Daillé fils
Varaillon fils

Façonneurs d'os

Bachelier. *des Ormes*
Gautier, dit *Sacrenon*
Chaume aîné
Chauvin-Hébé
Huau, dit *Ochille*
Piault

Monteurs

Amirault, dit *Catara*
Audiger, dit *Camalot*
Dupuis, dit *Gascon*
Fouré
Gagneux
Thibault-Para fils
Grateau aîné
Grateau jeune
Guillon
Marin-Poirier

Fabricants de lames d'argent

Chabréry
Gagneux
Vallée
Rabazou
Lambert
Varaillon jeune

Fabricants de fourchettes

Dubois
Vallée
Perrot
Viauvy
Fort

Aplatisseur de cornes

Thibault

Fabricants de viroles

Jahan
Rabazou

Citons aussi les marchands de coutellerie qui se sont succédés à Châtellerault depuis 1845 jusqu'en 1892 :

MM.

Brunet-Cardinault dit *Rondin* a quitté Châtellerault en 1856 ;
Maurice, près du pont, a cessé en 1859 ;
Gauvin fils avait succédé à son père Gauvin-Tireau au coin du Pont, il a eu en 1874 pour successeur :
Rabazou, qui est mort en 1885 ;
Gouillé, en 1880, avait créé boulevard Blossac, près de la Tête-Noire, un magasin de coutellerie qui a été fermé en 1888 ;
Denichère-Rabazou avait créé, en 1877, dans la Grand'Rue Bourbon, une maison de coutellerie qui a cessé en 1881 ;
Lirand-Lhuilier, ancien voyageur de commerce, avait établi en 1876, rue des Mignons, un commerce de coutellerie qui a pris fin en 1889 ;
Touchois, lors de la dissolution de la société Rassinoux, en 1857, fit fabriquer de la coutellerie pendant deux ou trois ans ;
Viauvy, ouvrier monteur de fourchettes, créa au carrefour Joyeux une boutique de coutellerie qu'il transporta ensuite place du Marché, et qui a cessé d'exister en 1889 ;
Touzalin-Baudeau a cessé la coutellerie en 1877 ;
Piault-Pagé a cessé le commerce de coutellerie en 1879 ;
Largeau essaya d'organiser, en 1890, à Châtellerault, la fabrication de la coutellerie, il dut y renoncer peu de temps après.

Toutes les maisons dont nous venons de parler n'existent plus; il y a encore à Châtellerault plusieurs maisons de coutellerie, savoir :

M. *Dugué Alphonse*, qui a pris la suite d'affaires de M. Dugué-Nivet, son père, dont la maison de vente de coutellerie était autrefois rue de l'Arceau, il l'a transférée boulevard Blossac, au coin de la rue de l'Aqueduc ;
M. *Limousin fils*, fabricant de manches de couteaux de table, dont la maison a été fondée rue Sainte-Catherine par M. Limousin-Quaux son grand-père, en 1853, à l'époque d'expiration du brevet Mermilliod ;
Elle a été ensuite dirigée par M. Limousin-Touzalin, fils du précédent, qui l'a cédée à son fils. Cette maison s'est fait une spécialité des manches de couteaux de table qu'elle exécute avec beaucoup de soin.
M. *Herbault Auguste*, coutelier et fabricant de ciseaux, son magasin et son atelier sont situés dans la Grande Rue, près le carrefour de la Barre ;
M. *Chauvin-Hébé*, nouvellement établi, rue Creuzé, dans le faubourg Châteauneuf.

LES FABRIQUES DE COUTELLERIE

La coutellerie de Châtellerault est aujourd'hui absolument réduite à la fabrication des couteaux de table et des rasoirs, fabrication entièrement transportée dans les communes de Cenon et de Naintré où elle occupe de 450 à 500 ouvriers.

La ville de Châtellerault a perdu cette physionomie qu'elle avait eue pendant si longtemps avec ses deux faubourgs garnis de boutiques de couteliers.

Elles sont remplacées par des boutiques d'épiciers, de chapeliers, de marchands de vins et il ne reste plus à Châtellerault en fait de coutellerie que la fabrique de manches de M. Limousin fils qui occupe environ 15 ouvriers, il y a aussi 2 ou 3 ouvriers qui font des lames d'argent, 4 ou 5 façonneurs de manches d'os et de nacre et enfin une douzaine d'ouvriers retraités de la Manufacture d'armes, qui font des fourchettes et des manches à gigots.

En 1865, M. *Adolphe Pingault* achetait le moulin des *Coindres* situé sur le Clain près de la gare des Barres et y organisait la fabrication de la coutellerie.

La maison Mermilliod et la maison Pagé qui avaient été seules de 1857 à 1865, se trouvèrent en présence d'un nouveau concurrent.

En 1873, M. *Letellier fils* qui avait remplacé son père dans la direction de la fabrication des rasoirs au Prieuré de Cenon, s'installait dans un petit moulin situé à Chézelles, près de l'ancienne usine de la société Rassinoux.

Quelque temps après il s'associait M. *Tavernier*, ancien voyageur de la maison Mermilliod, et ajoutait la fabrication de la coutellerie à celle des rasoirs.

Cette quatrième maison ne put soutenir la concurrence et disparut en 1884.

M. *Catin*, propriétaire du moulin où était installé M. Letellier, racheta une partie du matériel et son fils *Paul-Emile Catin* se mit en devoir de fabriquer de la coutellerie.

Une mort prématurée vint en 1890 mettre fin à ces essais qui continués pendant quelque temps par un certain nombre de ses ouvriers, paraissent aujourd'hui complètement abandonnés.

Il reste donc actuellement trois fabriques de coutellerie dont nous allons suivre la marche.

Maison MERMILLIOD. — Le fondateur de cette maison est un certain *Gaspard Mermilliod*, originaire de la Savoie, qui parcourait la France avec une espèce de cariole qu'on appelait à cette époque une *marengotte*, dans laquelle il avait diverses marchandises de mercerie, qu'il vendait sur son passage.

Il venait assez souvent s'approvisionner de coutellerie à Châtellerault, où il finit par se marier et se fixer au moment de la Révolution.

Son nom figure sur la liste des certificats de civisme accordés le 4 nivose an II à divers citoyens châtelleraudais.

Il eut deux enfants, une fille qui devint Mme Jouet-Mermilliod, et un fils, *Gaspard Mermilliod* qui s'allia plus tard à la famille *Piault* (1).

Vers 1825, ce dernier prit la suite du commerce de son père et continua le même genre d'affaires ; à partir de ce moment ses excursions eurent lieu surtout en Bretagne et en Normandie où l'attiraient les foires de *Caen* et de *Guibrai* ; et dans le centre de la France, ayant pour point d'arrêt *Châtellerault* et *Paris*.

Dans la capitale, M. Mermilliod-Piault descendait à l'hôtel du *Chariot d'Or*, rue Gréneta, 18, qui était le rendez-vous des négociants châtelleraudais qui faisaient le même commerce et où chacun d'eux trouvait un magasin pour déballer ses marchandises.

Cela leur donna l'idée d'établir un dépôt à Paris :

Piault aîné s'installa à Paris, rue Saint-Denis, 293 ;
Piault jeune — rue Saint-Denis, 229 ;
Briault-Talon — rue du Petit-Lion-Saint-Sauveur, 2 ;
Sabourdin père et fils — rue Bourg-Labbé, 5 ;
Mermilliod-Piault — rue Saint-Denis, 312.

Le commerce de la coutellerie diminuant de jour en jour à Châtellerault, ils se fixèrent à Paris ; plusieurs d'entre eux eurent même une maison d'achats à Nogent.

En 1838, Demarsay, dont les affaires ne prospéraient point, vendit le moulin du Prieuré de Cenon à MM. Mermilliod-Piault.

A la mort de ce dernier, arrivée en 1841, la raison sociale devint *Vve Mermilliod et Fils aîné* ; c'est pendant la durée de cette Société que M. Eugène Mermilliod, qui dirigeait l'usine du Prieuré, prit en 1853 le brevet d'invention pour la fabrication mécanique des manches.

C'est à lui que revient le mérite d'avoir appliqué le premier les machines à la fabrication des manches de couteaux (2).

M. de Hennezel les apprécie ainsi dans son rapport sur la coutellerie à l'Exposition universelle de Londres, en 1862 :

« Le travail de ces machines procure à la fois l'avantage de permettre l'emploi des manœuvres « les plus ordinaires, et celui de fabriquer les manches avec plus de régularité, de promptitude « et d'économie. Telle façon, qui coûte encore aujourd'hui 3 francs par douzaine de manches « quand elle est obtenue à la main, ne revient pas à plus de 30 centimes avec le secours des « machines. »

---

(1) Nous devons ces renseignements à l'obligeance de *M. Auguste Jouet*, neveu de M. Mermilliod-Piault ; nous ne saurions trop l'en remercier.

(2) M. Charles Girard qui, au dire de M. Arthur Daguin *(Nogent et la Coutellerie dans la Haute-Marne)*, semble avoir été le premier à installer à Nogent des machines à façonner les manches de couteaux n'a monté sa première machine que vers 1862, près de vingt ans plus tard.

MOULIN DE DOMINE, PRÈS CHATELLERAULT, EN 1865

D'après un croquis de l'Auteur.

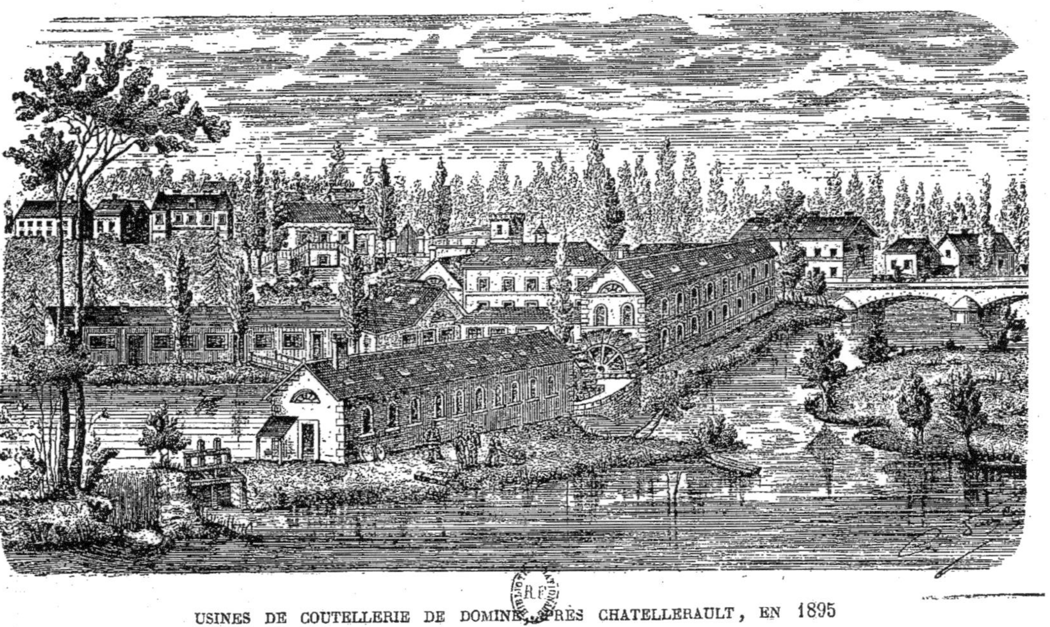

USINES DE COUTELLERIE DE DOMINE, PRÈS CHATELLERAULT, EN 1895

D'après un croquis de l'Auteur.

En 1847, les frères Mermilliod se partagèrent la maison paternelle ; le cadet, *Ferdinand*, conserva la maison de Paris, et les deux autres, *Eugène*, l'aîné, et *Charles*, le plus jeune, s'associèrent sous la raison sociale *Mermilliod frères* pour exploiter l'usine du Prieuré de Cenon.

Il faut leur rendre cette justice qu'ils surent profiter de la situation exceptionnelle qui leur était faite, et qu'ils ne négligèrent rien pour faire de l'usine du Prieuré de Cenon un établissement de premier ordre.

Ils durent d'abord s'occuper de former autour d'eux le personnel de leur usine.

Le village du *Boucheau-Marin*, qui se trouvait près de l'usine du Prieuré, est devenu l'un des plus forts de la commune de Naintré.

Dès 1840, ils avaient appelé de Nogent, un contre-maître d'une rare intelligence de son métier, M. *Victor Picquette*, et ils avaient amené de Sens, M. *Letellier* avec ses ouvriers pour organiser la fabrication des rasoirs.

M. Eugène Mermilliod était d'un esprit très inventif et M. Charles Mermilliod qui avait fait ses premières armes pour la maison de son père à Paris, avait acquis des aptitudes commerciales qu'il sut mettre à profit pour aider au succès de l'entreprise. Ils firent même tant et si bien que leur concurrent le plus sérieux, la maison Rassinoux et Cie, était obligée d'abandonner la lutte en 1857.

Afin de supprimer une concurrence, ils achetèrent l'usine de Chézelles qu'exploitait la maison Rassinoux, et dont ils n'utilisèrent, pendant longtemps, qu'une faible partie.

A quelques années de là, MM. Mermilliod qui rêvaient de se débarrasser de la tyrannie exercée par les forgerons de lames de couteaux, prirent un brevet en 1862, pour la fabrication des lames, au moyen de laminoirs dont nous avons donné la description dans un chapitre précédent (1).

Ce système quoique incomplet (2), apportait une amélioration sensible dans les procédés de fabrication des lames, mais il laissait beaucoup à désirer au point de vue de la qualité *que l'on ne peut obtenir que par le martelage* et comme le dit si justement M. Marmuse dans son rapport sur la coutellerie à l'Exposition de 1889, *par le pétrissage du métal au moyen du marteau.*

En 1873, MM. Mermilliod frères voulant appliquer leur système de laminage aux rasoirs, M. Letellier refusa d'accepter cette combinaison et quitta la maison avec tous ses ouvriers ; c'est alors qu'il s'installa à Chezelles.

La fabrication du rasoir fut presque anéantie à l'usine du Prieuré et depuis elle n'a pu se relever du coup qui lui avait été porté.

Le 1er juillet 1877, MM. Mermilliod frères cédaient leur maison à M. *Maurice*

(1) IIIe partie, chapitre IX, page 578.

(2) Jusqu'en 1891, les enlevures ont dû être faites à la main.

Mermilliod et à M. *Edmond Jouet*, l'un fils, l'autre gendre de l'un d'eux, Charles Mermilliod et la raison sociale devint *M. Mermilliod et E. Jouet.*

Enfin en 1884, le fils de M. Mermilliod ainé qui comme lui s'appelait Eugène, s'associait avec ses cousins et par suite une modification était apportée à la raison sociale qui fut : *M. et E. Mermilliod et E. Jouet* jusqu'en 1889, époque à laquelle la société fut dissoute.

Durant cette période de 1877 à 1889, il ne fut guère apporté de changements à la fabrication de la coutellerie dans cette maison qui vivait sur son ancienne renommée lorsque s'ouvrit l'Exposition Universelle de 1889 (1).

Une discussion survenue entre les trois cousins au sujet de la nomination de l'un d'eux comme membre du Jury de l'Exposition de 1889, amena la dissolution de la société et la vente de l'usine du Prieuré ainsi que de celle de Chézelles, avec leur outillage, les marchandises et la clientèle.

Les associés qui sentaient bien que l'affaire périclitait, firent une assez grande publicité pour amener des acheteurs, mais ils se trouvèrent seuls le jour de la vente, le 15 octobre 1889.

M. Jouet avait annoncé qu'il se désintéressait de la vente; M. Eugène Mermilliod laissa l'adjudication à son cousin *Maurice Mermilliod* qui chercha à s'en débarrasser dès le lendemain.

Un peu plus tard, il vendait sa maison à une société en commandite formée sous la raison sociale *Bernard et Cie* qui en prit possession le 1er septembre 1891.

M. Bernard était chef d'escadron d'artillerie en retraite et avait été pendant assez longtemps sous-directeur de la Manufacture d'armes de Châtellerault. Il mourut deux mois après et le 1er décembre 1891, les actionnaires de la nouvelle société choisissaient pour gérant M. *René Chéron*, ingénieur, qui jusqu'alors ne s'était point occupé de coutellerie, et la raison sociale devenait *René Chéron et Cie*.

Le nom de la famille Mermilliod se trouve donc ainsi supprimé de la coutellerie châtelleraudaise après y avoir figuré au premier rang pendant près de cent ans.

Durant cette longue période, MM. Mermilliod furent secondés par diverses personnes qui ont rempli chez eux pendant longtemps d'importants emplois. Ce furent :

MM.

Jouet Auguste, leur cousin, qui fit les voyages depuis 1840 jusqu'en 1869.

Letellier Jean-Baptiste, qui dirigea la fabrication des rasoirs depuis 1840 jusqu'à sa mort arrivée en 1865, époque à laquelle il fut remplacé par son fils.

Varaillon Célestin, qui dirigeait la fabrication à l'usine de Chézelles pour le compte de la société Rassinoux et qui continua, pour MM. Mermilliod, la surveillance de cette usine et celle des ouvriers qu'ils avaient conservés à Châtellerault, jusqu'à la fin de 1891, époque de sa mort.

(1) A cette époque, la maison Mermilliod occupait 150 ouvriers, ainsi qu'il résulte d'une note qui figure au rapport du Jury de la coutellerie à cette Exposition.

Biéron Augustin, qui était chargé de retoucher les manches ; il était entré au Prieuré de Cenon en 1846, il y était encore occupé lorsqu'il mourut en 1893.

Rimbert Jean qui, entré chez eux en 1840, est devenu leur contre-maître et y est resté jusqu'en 1890.

Alligné Constant, qui s'occupa de diriger la fabrication des manches depuis 1853 jusqu'à sa mort en 1885.

Nous signalerons aussi les ouvriers suivants qui ont été récompensés comme *coopérateurs* :

1° En 1855 :

MM. *Alligné*, forgeron de rasoirs ;
Péronnet, débiteur de manches ;
Million Théophile, dit *Vincent*, polisseur de rasoirs ;
Pollon, forgeron de couteaux ;
Emile Drault, monteur.

2° En 1889 :

MM. *Alligné Alexandre*, contre-maître mécanicien ;
Alligné Octave, contre-maître de la fabrication mécanique des manches.

Maison PINGAULT. — Comme nous l'avons déjà dit, c'est en 1865 que M. *Adolphe Pingault*, ayant pour commanditaires M. le baron de Soubeyran et M. Robert de Beauchamp, tous deux députés de la Vienne, acheta le *moulin des Coindres* pour le transformer en fabrique de coutellerie.

M. Pingault était, à ce moment, adjoint au maire de Châtellerault et président de la Société Philanthropique ; il exploitait en même temps un commerce de vaisselle en gros pour lequel il était associé avec son beau-frère, M. Clérice (1).

Il était à peine sorti des embarras de l'installation, puisque la Société *Pingault et Cie* n'a été constituée que le 19 novembre 1866, lorsque s'ouvrit l'Exposition Universelle de 1867. Cependant le Rapporteur du Jury de la coutellerie signale les produits de M. Pingault, directeur de l'usine des Coindres, *qui a perfectionné les fraises à découper les manches, de manière à obtenir des moulures cintrées et variées.*

Cette remarque a étonné beaucoup de gens à cette époque, mais les deux personnes les plus surprises ont été certainement M. Dubocq, le rapporteur, qui a dû être étonné d'avoir fait une pareille découverte, et M. Pingault qui a dû l'apprendre avec étonnement.

Contrairement à ce qu'auraient pu faire supposer de si brillants débuts, l'usine des Coindres ne prospéra point malgré l'énergie et la tenacité de son Directeur. Après y avoir englouti la plus grande partie de sa fortune, M. Pingault déjà âgé,

(1) Ce commerce fut cédé à cette époque à MM. Pajard frères, qui l'exploitent encore actuellement.

étant devenu malade, céda sa fabrique le 12 juillet 1890 à une Société anonyme, au capital de 200 000 francs. Il occupait à cette époque environ 60 ouvriers.

Comme toutes les Sociétés anonymes, celle-ci fut pourvue d'un conseil d'administration composé de :

PRÉSIDENT . . . MM. *Baudoz*, agent de M. de Soubeyran ;
ADMINISTRATEURS, *A. Blais*, imprimeur du *Journal de l'Ouest*, journal de M. de Soubeyran ;
— *Pierre-Ernest Couillault*, ancien boulanger ;
— *Victor Cassegrain*, ancien quincailler.

Cette société n'ayant pas été plus heureuse que la première, cessa ses opérations au mois de janvier 1892 et l'usine resta inoccupée jusqu'au 1er avril de la même année, époque à laquelle elle passa entre les mains de M. *G.-H. Barreau* (1), ingénieur, auquel la fabrication de la coutellerie était complètement inconnue.

Maison PAGÉ. — Ainsi que nous l'avons vu, M. *Pagé-Gallois* (2) était, vers 1810, à la tête d'un atelier où il occupait avec lui 3 ou 4 ouvriers, à la fabrication des couteaux fermants.

Ayant réalisé quelques économies, il ouvrit boutique place du carrefour Joyeux vers 1833 et put ainsi agrandir son commerce. Un de ses principaux débouchés était la vente qu'il faisait aux voyageurs qui descendaient à l'hôtel de la *Robe de Loup*, situé dans le voisinage.

En 1840, il entreprit la vente de gros, et ses affaires étaient très prospères lorsque la mort vint le surprendre en 1845. Son plus jeune fils, *Eugène Pagé*, lui succéda ; il s'adonna spécialement à la coutellerie de table qui prenait beaucoup d'extension à cette époque et dont il venait de faire l'apprentissage à Paris.

En 1853, il achetait du sieur *Benjamin Chevalier* un manège mû par des chevaux, et installait rue Saint-André, non loin de la maison paternelle, une fabrication de lames de couteaux de table dont il confiait la direction à M. *Victor Picquette*, qui sortait de la maison Mermilliod (3).

Ses affaires ayant beaucoup grandi, il s'associa son frère aîné, *François Pagé* (4), en 1859 ; la nouvelle maison s'établit sous la raison sociale *Pagé frères*, qu'elle a conservée depuis cette époque.

Aussitôt associés, les frères Pagé transportèrent leur fabrication au *moulin de Môllé* (5), situé près de l'embouchure du Clain dans la Vienne, à environ 4 kilomètres de Châtellerault, sur la commune de Naintré.

(1) M. *G.-H. Barreau* est originaire d'Ourouer-les-Bourdelins (Cher)

(2) M. *Pagé-Gallois*, aïeul paternel de l'Auteur.

(3) M. *Victor Picquette* a conservé ce poste jusqu'à sa mort, en 1869.

(4) *François Pagé*, père de l'Auteur.

(5) Cette usine est aujourd'hui occupée par une scierie.

Usines de Domine. — ATELIER DES FRAISES ET DÉCOUPOIRS

D'après une photographie de M. Jules Pagé.

Usines de Domine. — ATELIER DE TREMPE

D'après une photographie de M. Jules Pagé.

A l'expiration de leur bail, en 1865, la force motrice dont cette usine disposait, étant devenue insuffisante, ils achetèrent *l'écluse et le moulin de Domine* sur le Clain, à 10 kilomètres de Châtellerault, sur la commune de Naintré.

Si nous remontons à une époque antérieure, nous trouvons que ce nom de *Domine* vient du mot *Domine* qui se lisait autrefois sur une borne en pierre placée à l'entrée de l'ancien pont de bois (1) et qui venait sans doute du *Vieux Poitiers*, monument romain en ruines situé à peu de distance et près duquel on a trouvé quantité de pierres sculptées et portant diverses inscriptions.

Près de là se trouve aussi le village de *Moussais-la-Bataille* où fut livrée la fameuse bataille que Charles Martel remporta en 732 sur les Arabes et qui a été improprement appelée bataille de Poitiers ou de Tours.

Lorsque MM. Pagé frères devinrent acquéreurs du moulin de Domine, en 1865, il y avait dans cet endroit, 3 maisons qui pouvaient compter 12 ou 15 habitants.

L'année suivante, une belle usine s'élevait à côté du moulin et l'on commençait à y travailler au mois d'avril; puis une cité était créée pour recevoir les ouvriers qu'il fallut amener de la ville, car il n'y en avait point dans le voisinage.

La grande distance à laquelle l'établissement de Domine se trouvait de Châtellerault, obligea MM. Pagé frères de chercher à simplifier le travail au moyen de machines qui permirent de faire des ouvriers où il n'y avait que des laboureurs. C'est ainsi qu'ils furent amenés à créer vers 1873, leur outillage de forge mécanique qui laisse loin derrière lui tous les autres systèmes et qui répond à tous les besoins de leur fabrication.

Grâce à ce perfectionnement, l'usine prospéra; les ouvriers vinrent se grouper autour d'elle et y firent construire de coquettes maisons; aujourd'hui le village de Domine compte près de 200 habitants.

Les autres ouvriers qui travaillent à Domine, habitent les communes environnantes, Naintré, Cenon, Vouneuil, Beaumont et Colombiers.

Revenons en arrière; au mois de mars 1867, quelque temps après l'installation définitive de l'usine à Domine, M. *François Pagé* mourait laissant quatre enfants dont l'aîné, *Camille Pagé*, dirigea de concert avec son oncle, *Eugène Pagé*, la fabri-

(1) Le pont de bois a été remplacé par un beau pont de pierre, nous croyons devoir conter à la suite de quelles circonstances :

Au moment de la guerre de 1870-1871, le pont de bois était assez peu solide pour qu'on en ait interdit la circulation aux voitures.

Pendant l'armistice, l'armée de Chanzy vint prendre position à Châtellerault où elle devait reprendre l'offensive.

Le soir du jour où l'armistice prenait fin, le gouvernement de Paris n'ayant pas fait connaître le résultat des négociations, l'autorité militaire qui s'attendait à reprendre les hostilités le lendemain, fit couper le pont aux deux bouts.

Après la guerre, on se servit de ce prétexte pour demander la reconstrnction du pont aux frais de l'Etat et elle venait d'être décidée en 1872 lorsqu'il s'écroula dans la rivière.

cation et l'organisation de la fabrique, sous la même raison sociale.

En 1869, M. *Georges Pagé* entrait à l'usine.

Pendant la guerre franco-allemande, la fabrication de la coutellerie fut remplacée par celle des sabres ; 5,000 sabres d'officier furent livrés à l'armée.

Aussitôt après la guerre, en 1871, les essais de forgeage mécanique qui avaient été commencés en 1870, furent continués sous la direction de M. *Célestin Arnault* et aboutirent au résultat que nous avons signalé.

En 1872, M. *Gaston Pagé* embrassait la même carrière que ses frères, la coutellerie.

Quelques années plus tard, en 1879, M. Eugène Pagé se retirait et cédait la fabrique à ses trois neveux, *Camille*, *Georges* et *Gaston* qui conservèrent la raison sociale *Pagé frères*.

Malheureusement l'un d'eux, *Gaston*, mourut en 1880 ; la société fut continuée par MM. *Camille* et *Georges* qui s'associèrent en 1888 leur plus jeune frère *Jules Pagé*.

Après le départ de leur oncle, les neveux poussèrent la fabrication avec vigueur ; l'outillage fut amélioré et, dès 1880, le travail était entièrement centralisé à Domine, ils n'eurent plus un seul ouvrier à Châtellerault (1).

Les fraises mécaniques vinrent compléter l'outillage en 1881 et la fabrication entière se fit mécaniquement tandis que partout ailleurs le travail de lime se fait encore à la main.

Matériel. — La *Manufacture de coutellerie* de Domine se compose actuellement de 3 usines dotées du matériel mécanique le plus perfectionné.

Les ateliers occupent une superficie de près de 3,000 mètres carrés ; trois roues hydrauliques d'une force de 85 chevaux mettent en mouvement :

25 meules ;
45 polissoires ;
10 marteaux-pilons de différents systèmes ;
7 balanciers dont 3 à friction ;
3 découpoirs ;
15 tours pour le façonnage des manches ;
5 scies circulaires ;
2 machines à percer ;
1 étau limeur ;
1 tour à engrenages ;
1 ventilateur ;
1 machine à tailler les fraises ;
1 laminoir ;
1 mouton.

(1) Cette transformation ne s'opérait qu'en 1890 à l'usine des Coindres lorsqu'elle passa aux mains de la Société anonyme et en 1892 aux usines du Prieuré et de Chézelles lorsque la société René Chéron et Cie en eût pris possession.

En outre *40 étaux* sont occupés pour les travaux de montage et d'ajustage.

Personnel. — Voici la composition du personnel de la manufacture :

5 voyageurs et représentants dont les emplois ont été successivement remplis par :

M. *Brangeard Théophile* (1) qui est à l'usine depuis 1858 et par chacun des frères Pagé, *Camille*, *Georges*, *Gaston* et *Jules*, puis par M. *Longy*, actuellement coutelier à Melun ; enfin par MM. *Tavernier*, *Auber*, *Béranger* et *Tournier*.

8 employés de bureau dont l'un d'eux, spécialement chargé de l'exécution des commandes, M. *Pierre Jahan*, est à l'usine depuis l'année 1859 (2);

M. *Braguier fils*, chef de la comptabilité, s'occupe en même temps de la gravure.

1 contre-maître, M. *Antoine Cartier*, dirige la fabrication des lames depuis 1872; il a sous sa direction :

5 limeurs,
1 marqueur dresseur,
1 trempeur,
17 aiguiseurs,
20 polisseurs,
3 essuyeurs.

1 contre-maître de la fabrication des manches, M. *Eugène Braguier*, occupe cet emploi depuis 1867 ; il a sous ses ordres :

4 débiteurs,
2 façonniers d'ébène,
5 façonniers de nacre,
5 façonniers de corne,
8 ouvriers aux machines,
2 polisseurs,
1 apprenti.

1 contre-maître, M. *Laurent Lunot* fabrique les viroles d'argent depuis 1872; il a avec lui :

2 ouvriers, ses fils, qui fabriquent les viroles de maillechort ;
1 apprenti.

2 contre-maîtres monteurs :

M. *Plat Augustin* est chargé du montage des couteaux à manches d'ébène et de buffle depuis 1871 ; il a sous sa direction :

(1) M. *Brangeard* a obtenu la médaille d'honneur du Ministère du Commerce en 1888.

(2) M. *Pierre Jahan* a obtenu la médaille d'honneur du Ministère du Commerce en 1890.

12 monteurs,
5 apprentis,
2 lustreurs ;

M. *Vézien Hippolyte* s'occupe spécialement depuis 1871, du montage des couteaux à manches d'os, de corne, d'ivoire et de nacre et occupe avec lui :

5 monteurs.

1 contre-maître mécanicien, M. *Jules Reau,* entré à l'usine en 1870, est chargé de la partie mécanique; il est aidé dans l'entretien du matériel par :

1 forgeron,
3 mécaniciens,
1 menuisier.

Il dirige en outre le forgeage des lames qui occupe :

12 forgerons,
4 chauffeurs,
5 ouvriers aux fraises et découpoirs.

2 contre-maîtres à la fabrication des rasoirs, M. *Théophile Million* dit *Vincent* a créé cette fabrication à l'usine de Môllé en 1861 et la dirige depuis cette époque ; il a sous ses ordres : (1)

1 forgeron,
1 limeur,
3 aiguiseurs,
4 polisseurs,
1 affileur,
1 apprenti.

M. *Gustave Letellier* a installé en 1889, la fabrication des rasoirs au moulin de l'*Archillac,* à quelque distance de Domine, et il occupe :

2 aiguiseurs,
2 polisseurs,
1 affileur,
1 apprenti.

Enfin *1 camionnieur* fait le service du transport des marchandises de l'usine à la gare des Barres et *vice versâ.*

En dehors de l'usine on peut compter :

Dans le village :

8 femmes qui s'occupent chez elles au réparage des viroles et au frottage des manches d'os ;

(1) M. *Théophile Million* a obtenu en 1891 la médaille d'honneur du Ministère du Commerce.

Usines de Domine. — ATELIER D'AIGUISAGE
D'après un croquis de l'Auteur.

Usines de Domine. — ATELIER DE POLISSAGE

D'après une photographie de M. Jules Pagé.

A Châtellerault :

2 façonniers de manches de nacre,
1 façonnier de manches d'os,
3 ouvriers fourchettiers,
1 fabricant de lames d'argent,
1 graveur ;

A Paris :

1 gainier,
1 doreur argenteur,
1 ouvrier façonnier de petite orfèvrerie,
1 graveur incrusteur,
1 estampeur,
1 fabricant de manches à gigots et fourchettes ;

A Andeville et à Méru :

1 façonnier de couverts à salade,
1 façonnier de chasses à rasoirs.

C'est donc un personnel de 190 ouvriers, apprentis, contre-maîtres et employés.

Division du travail. — Nous sommes bien loin de l'époque (1864) où Turgan décrivait dans les *Grandes Usines*, la fabrication de la coutellerie au Prieuré de Cenon ; l'outillage a bien changé depuis et nous allons voir tous les perfectionnements que MM. Pagé frères lui ont fait subir dans leurs ateliers de Domine.

Comme dans la description qui va suivre, nous emploierons certaines expressions techniques, nous croyons utile d'entrer dans quelques détails à ce sujet.

Un couteau de table se compose de trois parties essentielles :

1° Le *manche* que l'on tient à la main ;

2° La *lame* qui sert à couper ;

3° La *virole* qui maintient le manche et sert de soutien à la lame.

Le manche. — Le manche d'un couteau de table a généralement de 9 à 10 centimètres de longueur, et celui d'un couteau de dessert de 7 1/2 à 8 1/2.

Il est moins épais que large ; la partie plate se trouve sur le dessus et le dessous du manche et forme la continuation de la partie plate de la lame ; l'épaisseur forme les *côtés*. Le manche est plus large du *bas* que du haut où se trouve l'*emplacement* de la virole ; il est en outre percé dans toute sa longueur d'un *trou* destiné à recevoir la soie qui sert à fixer la lame dans le manche.

On donne aux manches différents profils qui ont chacun leur désignation. Les plus connus sont le *canot*, le *violon*, la *massue*, la *crosse*, la *mascotte*, le *sifflet*, le *japonais*, etc.

Les manches sont ornés sur les côtés de moulures que l'on appelle *filets*, *bandes*, *pans*, *gouttières*, etc.

Sur le plat, on dessine des *écussons*, des *tulipes*, des *feuilles*, des *torsades*, etc.

L'emplacement de la virole est souvent accompagné d'un *jonc* ou *bourrelet*.

La lame. — On distingue différentes parties dans une lame de couteau de table.

D'abord c'est le *bout* ; il est *rond*, ou *arrondi*, ou *mousse*, ou *pointu*.

Puis le *tranchant* ; c'est la partie utile du couteau, sans laquelle le couteau n'existe plus et qui est aussi indispensable au couteau commun qu'au couteau de luxe.

On passe sur les autres défauts du couteau pourvu que le tranchant soit bon.

Le *dos*, partie épaisse de la lame qui soutient le tranchant et qui, très forte auprès de la bascule, va en diminuant jusqu'au bout de la lame.

Le *mentonnet* est la partie inférieure de la lame d'où part le tranchant et qui s'avance en dehors de la bascule.

La *bascule* est un épaulement pratiqué au bas de la lame et qui repose sur la virole en la débordant tout autour. De cette manière, lorsqu'on appuie le couteau sur la table, elle forme une sorte de pivot de chaque côté duquel basculent le manche et la lame ; or comme le manche est plus lourd, il maintient la lame éloignée de la table et l'empêche de salir la nappe.

Ce perfectionnement apporté à la lame en 1827 par Gavet, est l'une des causes du grand développement pris par la coutellerie de table.

La bascule est souvent accompagnée d'un *jonc* ou *bourrelet*, qui fait saillie sur le dos et au-dessous du mentonnet ; quelquefois c'est une gouttière qui remplace le jonc ; d'autres fois la bascule a une double épaisseur au bas de laquelle se détache le jonc ; on lui donne alors le nom de *bascule à fil* ou *double bascule*.

D'autres lames ont à la place de la bascule, une *mitre*, ou renflement qui s'ajuste sur la virole, sans la dépasser et est généralement accompagnée d'une entablure que l'on détache à la lime et qui vient, pour ainsi dire, coiffer la virole comme une *mitre*, d'où son nom.

Enfin, la *soie* ou *queue* se détache au-dessous de la bascule et sert à fixer la lame dans le manche.

Les formes des lames varient beaucoup, celles qu'on emploie le plus sont les formes *ronde*, *turque*, *yatagan*, *pointe au milieu*, *pointe rabattue*, *pointe renversée*, *renaissance*, etc.

La lame du couteau de table a 0m135 de longueur et celle du couteau à dessert 0m105.

La virole. — Cette troisième partie du couteau de table est un anneau en métal qui emboîte la partie supérieure du manche, disposée pour la recevoir et qu'elle consolide en même temps.

C'est sur elle que vient s'appuyer la bascule de la lame. La virole est la partie la plus décorative du couteau ; il y en a de toutes les formes et de tous les styles. Les plus connues sont les viroles *filets*, *vase*, *bosse*, *néogène*, *perles*, *gouttière*, *torse*, *tête de lion*, *bouquet*, *fleurs*, *rose*, *médaillon*, *manchettes*, *casque*, *bague*, etc.

Qualités du couteau. — Il résulte de la diversité des matières qui entrent dans la composition d'un couteau, une difficulté très grande pour réunir toutes les qualités que réclame son emploi.

Il faut qu'il soit *bon*, c'est-à-dire *bien trempé* et *bien en tranchant.*

Il faut qu'il soit *beau*, c'est-à-dire *élégant*, *bien façonné*, *bien fini.*

Il faut qu'il soit *solide* ; c'est-à-dire *bien ajusté* et *bien cimenté.*

Il faut en outre que le prix n'en soit pas élevé.

C'est vers ce but que tendent les efforts de tous les fabricants et nous pensons que nulle part on n'est arrivé plus près d'atteindre ce résultat qu'à la coutellerie de Domine.

FABRICATION DES COUTEAUX

Dans les ateliers de MM. Pagé frères, la fabrication de la coutellerie de table se divise en quatre parties :

1° Fabrication de la lame,

2° Fabrication du manche,

3° Fabrication de la virole,

4° Montage ou assemblage des 3 pièces.

Fabrication de la lame. — La lame passe par les phases suivantes ;

1° *Forgeage.* — Les barres sont d'abord coupées en parties égales ou *mises* que l'on étire d'un côté pour former la lame proprement dite, de l'autre pour faire la *soie* destinée à se loger dans le manche.

L'*étirage* s'obtient à l'aide de petits *marteaux pilons* frappant de 4 à 500 coups à la minute (1).

Puis, à l'aide de découpoirs, on donne à la lame la forme qu'elle doit conserver.

Diverses préparations de chauffage et de battage à froid rendent à l'acier la qualité nécessaire pour obtenir une bonne trempe.

2° *Fraisage.* — Ce travail se faisait autrefois à la lime qui a été remplacée par des fraises spécialement appropriées et dont la description a été faite précédemment (2). Ces outils procurent un grand avantage comme régularité et comme rendement.

3° *Blanchissage.* — En sortant des fraises, les lames reçoivent un premier coup de meule destiné à régulariser l'épaisseur du tranchant, afin de laisser à l'aiguiseur moins de travail lorsque la lame sera trempée et aussi pour que l'empreinte de la marque se produise mieux.

Pour ce travail appelé *blanchissage*, les ouvriers se servent d'un outil à charnières dans lequel la lame se trouve engagée et qu'ils tiennent des deux mains, ce qui leur donne beaucoup de force.

4° *Poinçonnage.* — Pour marquer les lames, on applique le *poinçon* sur la lame posée à plat sur une enclume, puis on l'imprime en frappant un coup de marteau sur la tête du poinçon pendant qu'on le tient dans cette position.

S'il s'agit de poinçons ayant une empreinte un peu grande, on fait légèrement chauffer la lame et l'on se sert d'un balancier.

5° *Réparage.* — Lorsque les lames sont revêtues de leur marque, elles passent entre les mains du *repareur* qui les retouche pour leur donner une régularité parfaite.

6° *Trempe.* — La trempe de l'acier a été de tous temps la partie la plus délicate de la fabrication; aussi apporte-t-on à ce travail une attention toute particulière.

Pour les *lames fines*, on emploie les anciens procédés :

On chauffe d'abord la lame au *rouge clair*, dans un feu de charbon de bois et on la plonge dans l'eau. On la laisse refroidir puis on la chauffe légèrement pour recuire l'acier et lui donner de l'élasticité; enfin on l'expose à l'air et lorsque l'acier prend la couleur jaune paille ou bleue, suivant sa qualité, on arrête le recuit en plongeant à nouveau la lame dans l'eau froide

Pour les *lames communes* qui se fabriquent en grandes quantités pour l'exportation, voici comment on opère :

On dispose dans un fourneau en briques, un creuset rempli de plomb que l'on porte à l'ébullition. L'ouvrier plonge dans ce bain métallique, l'une après l'autre les lames à tremper. La lame qui a peu d'épaisseur, prend immédiatement la température du plomb ; on la retire et on la plonge vivement dans un baquet plein d'huile de colza épurée.

Au dessus du baquet est adaptée une grille en fer au travers de laquelle on passe la lame qui se trouve arrêtée par les parties saillantes de la bascule; les grilles sont faites de façon que l'ouvrier ne puisse mettre dans chaque baquet qu'un nombre déterminé de lames, de manière à ne pas trop élever la température de l'huile.

Pour le recuit, il faut un autre fourneau du même genre où se trouve également un creuset

(1) Voir IIIe partie, chapitre IX, page 580.

(2) Voir IIIe partie, chapitre IX, page 582.

rempli de plomb porté seulement à son point de fusion. On plonge une à une les lames trempées qui prennent la température nécessaire pour le recuit que l'on arrête en les plongeant dans l'eau.

Ce moyen est plus expéditif et donne un résultat très régulier, l'adresse de l'ouvrier consiste à bien connaître la température de ses bains de plomb et la qualité de l'acier.

D'ailleurs il est facile de s'assurer, par des essais fréquemment renouvelés pendant la durée de l'opération, de la qualité de la trempe obtenue.

7° *Dressage*. — Un autre ouvrier redresse ensuite au marteau les lames qui se tourmentent toujours à la trempe.

8° *Aiguisage*. — Pour aiguiser les lames on emploie des meules en grès des Vosges. Ces meules ont 1m,33 de hauteur sur 15 cent. d'épaisseur; elles sont prises entre deux plateaux et tournent avec une vitesse de 850 tours à la minute. Elles sont soumises à une épreuve d'une heure avec une vitesse beaucoup plus grande que celle avec laquelle elles ont besoin de tourner pendant le travail, on la confie ensuite à l'ouvrier.

Une meule peut faire de 6 à 700 douzaines de lames, elle se trouve alors réduite à 0m,66 de diamètre et ne peut plus être utilisée pour ce genre de travail.

Chaque meule est munie d'une auge qui est constamment entretenue pleine d'eau. En tournant, la meule entraîne l'eau nécessaire pour que la chaleur développée par le frottement de la meule ne brûle pas les doigts de l'ouvrier et ne détrempe pas la lame.

L'ouvrier travaille debout et doit à chaque instant examiner sa lame pour s'assurer qu'il la met bien en *tranchant*.

9° *Polissage*. — Ce travail consiste à donner à la lame le poli nécessaire à la finesse du tranchant.

Il se fait sur des *polissoires* en bois ayant 50 à 60 cent. de diamètre et animées d'une vitesse de 1,600 à 2,200 tours à la minute. Ces polissoires sont garnies de morceaux de *buffleterie* que l'on enduit d'*émeri*.

Les diverses opérations du polissage sont assez nombreuses.

Un premier ouvrier polit la bascule, un autre le dos, un troisième la lame; puis il faut recommencer avec des polissoires enduites d'émeri plus fin.

Enfin un autre ouvrier donne à la lame le dernier poli à l'aide d'une polissoire d'un genre particulier appelée *lustrade*, et qui est enduite d'une composition de cire et d'émeri en poudre impalpable.

On obtient un poli noir très beau avec du *rouge anglais* délayé dans de l'eau.

On fait aussi sur les lames des biseaux qui produisent un très bel effet. On se sert pour cela de la meule et de la polissoire.

Les polisseurs travaillent assis sur des *chevalets* qui emboîtent la polissoire jusqu'à moitié, de manière à garantir les ouvriers de l'huile qu'elle projette.

Fabrication du manche. — Les manches d'*ébène et de buffle* subissent les diverses opérations qui suivent :

1° *Débitage*. — Les bûches sont d'abord débitées à la *scie circulaire* en *tronçons* que l'on débite ensuite en *planches* de l'épaisseur du manche, puis en *manches*.

2° *Dressage*. — Les manches sont ensuite dressés au moyen d'une *raboteuse* qui les calibre et les plane bien exactement. Le ciseau de cette machine est animé d'une vitesse de 3,200 tours à la minute.

3° *Façonnage du manche*. — Ce travail se décompose en quatre phases :

Lorsqu'ils sont calibrés, on place successivement les manches dans un outil ou chariot qui les saisit de façon à en présenter le bout à un ciseau préparé pour ce travail et emmanché dans un arbre tournant avec une vitesse d'environ 3,800 tours à la minute.

Ensuite le manche est pris par le travers sur une *machine à raboter* disposée à cet effet, et

Usines de Domine. — ATELIER DE FABRICATION MÉCANIQUE DES MANCHES

D'après une photographie de M. Jules Pagé.

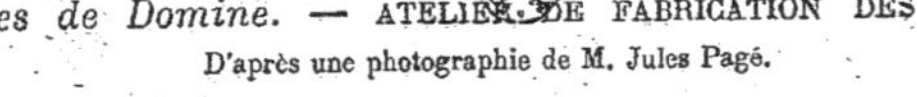

Usines de Domine. — ATELIER DE FABRICATION DES VIROLES

D'après une photographie de M. Jules Pagé.

dont le ciseau affecte la forme que l'on veut donner au manche. Lorsque le manche doit rester droit, cette façon est supprimée.

Puis à l'aide d'un guide ouvert au milieu, on présente successivement les quatre angles du manche sur lesquels un ciseau, tournant au-dessous avec une vitesse de 6 500 tours à la minute, vient tracer des moulures de diverses sortes.

Enfin, pour obtenir l'emplacement de la virole, on se sert d'un *tour ovale* armé d'un mandrin creux dans lequel on engage le manche et on le tourne avec un ciseau monté sur un chariot disposé pour cet usage ; la vitesse de ce dernier tour est d'environ 650 tours à la minute.

4° Perçage. — On perce ensuite le manche au moyen d'un *tour à percer* représentant l'ancien tour à main dont se servaient autrefois les couteliers.

Une mèche est fixée au bout d'un arbre actionné par une courroie qui lui imprime une vitesse de 5 400 tours à la minute. L'ouvrier pousse le manche sur un chariot à coulisse qui se manœuvre très rapidement.

5° Polissage. — Puis on polit le manche avec de la *ponce* et de l'*huile*, sur différentes sortes de polissoires ; pour les parties plates, elles sont garnies de *cuir* sur le côté ; pour les parties rondes, la polissoire est composée de *rondelles de drap* serrées entre deux plateaux en bois.

Nota. — Il est facile de comprendre qu'en variant le profil des ciseaux on arrive à donner aux manches des couteaux toutes les formes auxquelles ils peuvent se prêter.

En ménageant certaines parties pour faire des retouches à la main, on fait des modèles de l'effet le plus gracieux.

Quelques-uns de ces modèles ont, au milieu ou dans le bas du manche, un écusson que l'on produit à l'aide d'un tour ovale qui présente le manche à plat.

Les manches d'*os*, de *bois des îles*, de *corne* et d'*ivoire* se façonnent de la même manière, mais on les polit avec de la ponce et de l'eau.

Les manches de *nacre* sont travaillés à la main (1).

Fabrication de la virole. — Les viroles sont en *fer*, en *cuivre*, en *maillechort* ou en *argent*.

Les viroles de *fer* ne sont guère employées en coutellerie que pour les couteaux de cuisine ; elles sont unies et se fabriquent de la même façon que les viroles en maillechort du même genre.

Les viroles en *cuivre* ou en *maillechord* sont de deux sortes :

1° Les viroles à *filets* ou *unies* que l'on met sur les couteaux communs.

Elles sont faites avec des rubans de maillechort laminé uni ou cannelé. On coupe les rubans en morceaux de longueur voulue pour faire une virole ; puis on replie chaque morceau à l'aide d'une pince pour réunir les deux bouts que l'on maintient rapprochés avec un fil de fer très mince ; enfin on soude.

Le monteur pour leur donner la forme ovale, les passe sur un mandrin ovale en fer et les bat légèrement avec un morceau de bois pour leur en faire prendre la forme.

2° Les viroles *estampées* dont voici les détails de la fabrication :

Estampage. — Le maillechort employé est laminé à 2 1/2 dixièmes de millimètres d'épaisseur, en rouleaux de 30 cent. de large que l'on coupe à l'aide d'une cisaille circulaire en bandes de la largeur d'une virole et enfin en morceaux destinés à faire une demi-virole.

Chaque morceau placé sous un *mouton*, reçoit l'empreinte d'une matrice représentant la virole à fabriquer, puis un *découpoir* enlève le métal inutile. On obtient ainsi des moitiés de viroles que l'on fait *recuire*.

Soudure. — Il faut ensuite préparer la virole pour être soudée. Pour cela on passe vivement à plat les deux côtés des moitiés de viroles sur une pierre de Lombardie afin de les dresser.

(1) Voir le travail de la nacre, III° partie, chapitre VI, page 424.

On les attache avec un fil de fer très fin en les réunissant par deux pour former une virole et l'on garnit l'intérieur de *soudure* mélangée de *borax* en poudre (1).

Les viroles sont alignées sur une *planchette à rainures* disposée pour en recevoir 3 ou 4 douzaines que l'on enfile à l'aide d'une longue broche de fil de fer et on les passe au fourneau.

Lorsqu'elles sont soudées d'un côté, on recommence de l'autre; après cela on les *décape* avec de l'*eau-forte* et du *vitriol*; ensuite on enlève au moyen d'une petite lime demi-ronde, la *bavure* produite par la soudure; enfin on les polit à la *brosse*.

Les viroles d'argent se fabriquent à peu près de la même façon, mais il faut de plus *forger* et *laminer* l'argent que l'on reçoit en lingots. En outre ces viroles demandent beaucoup plus de soins.

Les modèles de viroles varient à l'infini. On fait des *garnitures* fort riches en argent, ce sont des espèces de *culots* qui s'adaptent au bas du manche et accompagnent ainsi la virole

Montage des couteaux de table. — Le montage consiste à réunir les trois pièces qui composent le couteau de table ; ce travail se divise ainsi qu'il suit :

Ajustage. — L'ouvrier ajusteur pose d'abord la virole sur le manche puis, soit en agrandissant le trou du manche, soit en diminuant la soie de la lame, il arrive à faire reposer la bascule de la la lame sur la virole, de manière que la lame ne penche ni à droite ni à gauche sur le dos, ni en avant ni en arrière sur le plat.

Cimentage. — Un autre ouvrier prend le couteau ajusté, sort la lame du manche et met la soie chauffer à un feu de charbon de bois. Pendant qu'elle chauffe, il remplit le trou du manche avec un ciment composé de résine et de brique pilées ensemble dans certaines proportions.

Il retire la lame du feu lorsque la soie est rouge il l'enfonce dans le manche pour faire fondre le ciment, puis il s'assure qu'elle est restée d'aplomb sur la virole.

On se sert aussi de ciment liquide que l'on verse dans le trou du manche.

Lustrage de la virole et du manche. — Lorsque le ciment a eu le temps de refroidir, un troisième ouvrier frotte la virole avec du blanc et passe le couteau au *lustreur* qui donne le brillant au manche.

Un apprenti prend alors le couteau et, pour le nettoyer complètement, il frotte la lame avec un buffle sur lequel il a mis du blanc en poudre et essuie ensuite la virole et le manche.

Affilage. — Il reste à *affiler* le couteau, c'est-à-dire à enlever la partie du tranchant qui est trop mince et se retournerait en s'en servant ce qui l'empêcherait de couper.

On le passe à cet effet sur une pierre de *Normandie* en le tenant incliné et appuyant fortement le tranchant sur la pierre. On répète la même opération avec une pierre de *Lorraine*, dont le grain est plus fin.

Le couteau est alors terminé et prêt à être mis en paquets.

Si l'on récapitule les diverses phases de la fabrication, on arrive à trouver que le couteau de table le plus ordinaire passe dans 48 mains et si l'on pense qu'il faut vérifier et compter les pièces à chaque opération, on sera surpris de savoir que ce couteau est mis dans le commerce à raison de 2 fr. 50 la douzaine.

Il y a des couteaux qui passent dans 67 mains ; voici les diverses façons de ces deux sortes de couteaux :

Couteau de table à lame ordinaire, à manche de bois teint avec virole à filets, du prix de 2 fr. 50 la douzaine.	*Couteau de table à manche d'ébène façonné avec virole perle en nickel et lame à jonc polie au rouge et biseautée.*
1 Coupe des mises d'acier,	1 Coupe des mises d'acier,
2 Allongeage de la lame,	2 Allongeage de la lame,
3 Allongeage de la soie,	3 Allongeage de la soie,
4 Tassage à chaud,	4 Tassage à chaud,

(1) Voir pour la soudure des métaux, III° partie, chapitre VII, page 541.

5 Recuit,
6 Découpage de la bascule,
7 Découpage de la lame,
8 Blanchissage,
9 Creusage,
10 Limage du tour de labascule,
11 Limage du dos,
12 Poinçonnage,
13 Dressage,
14 Trempe,
15 Recuit,
16 Aiguisage,
17 Polissage de la bascule,
18 Polissage du dos,
19 Polissage de la lame au gros,
20 Polissage de la lame au fin,
21 Lustrage de la lame,
22 Tronçonnage des bûches,
23 Débitage des planches,
24 Débitage des manches,
25 Dressage à la rabotteuse,
26 Façonnage du bout,
27 Tirage des pans,
28 Perçage du manche,
29 Façonnage de l'emplacement de la virole,
30 Teinture,
31 Polissage,
32 Découpage du maillechort à la cisaille,
33 Attachage,
34 Pose de la soudure,
35 Soudure au four,
36 Détachage,
37 Décapage de la virole,
38 Mandrinage de la virole,
39 Ajustage des pièces,
40 Cimentage,
41 Découpage de la rosette,
42 Rivure,
43 Nettoyage,
44 Lustrage du manche,
45 Lustrage et frottage de la virole,
46 Essuyage,
47 Affilage,
48 Empaquetage,

5 Recuit,
6 Battage à froid,
7 Découpage de la bascule,
8 Découpage de la lame,
9 Tassage à froid,
10 Blanchissage,
11 Creusage,
12 Limage du tour de la bascule,
13 Limage du dos,
14 Poinçonnage,
15 Dressage,
16 Réparage de la lame,
17 Trempe,
18 Recuit,
19 Aiguisage de la lame,
20 Polissage de la bascule,
21 Polissage du dos,
22 Lustrage de la bascule,
23 Lustrage du dos,
24 Réparage du bout,
25 Façonnage du biseau à la meule,
26 Polissage du biseau à l'émeri,
27 Polissage du biseau au rouge,
28 Polissage de la lame au gros,
29 Polissage de la lame au fin,
30 Lustrage de la lame,
31 Polissage de la lame au rouge,
32 Tronçonnage des bûches d'ébène,
33 Débitage en planches,
34 Débitage en manches,
35 Dressage à la raboteuse,
36 Façonnage du bout,
37 Rabotage sur le travers,
38 Tirage des pans,
39 Tirage des moulures,
40 Perçage du manche,
41 Façonnage de l'emplacement de la virole,
42 Retouche à la main,
43 Grattage,
44 Frottage à la main,
45 Polissage du manche,
46 Découpage du métal à la cisaille,
47 Estampage de la virole,
48 Découpage au balancier,
49 Recuit,
50 Passage à la pierre,
51 Attachage de la virole,
52 Pose de la soudure premier côté,
53 Soudure au four premier côté,
54 Pose de la soudure deuxième côté,
55 Soudure au four deuxième côté,
56 Détachage,
57 Décapage de la virole,
58 Réparage de la virole,
59 Polissage de la virole,
60 Ajustage des pièces,
61 Cimentage,

62 Nettoyage,
63 Lustrage du manche,
64 Lustrage de la virole,
65 Essuyage,
66 Affilage,
67 Empaquetage,

Les couteaux à viroles d'argent exigent de plus deux façons, le *forgeage* des lingots d'argent et le *laminage*.

On fabrique aussi à Domine par le même système, des *couteaux de cuisine* et *de boucherie* de toutes sortes, des *couteaux à huîtres*, des *couteaux d'office*, des *coupe-fromages*, des *hachoirs*, des *couperets*, etc.

FABRICATION DES RASOIRS

Avant de nous occuper de la fabrication des rasoirs, nous allons donner quelques explications sur certains termes techniques que nous aurons occasion d'employer.

Le rasoir se compose de deux pièces, la lame et le manche.

La lame. — On distingue dans la lame : le *dos*, le *tranchant*, le *bout*, le *talon* et la *queue*.

Le *dos* est la partie épaisse du rasoir, opposée au tranchant ; l'épaisseur du dos est la même dans toute sa longueur, elle doit être proportionnée à la largeur de la lame pour déterminer l'inclinaison du biseau formé par l'affilage. Le dos est *rond* ou *plat* ou *à pans* ; quelquefois il est taillé à l'étain.

Le *tranchant* est la partie essentielle du rasoir, celle dans laquelle réside toute sa qualité.

Le *bout* de la lame est *rond* ou *plat* ou *creux* ou *anguleux*.

Le *talon* sert à tenir le rasoir et à fixer la lame au manche, il y en a de *droits*, d'autres sont *à gorge* ou à *double gorge* ; on leur fait aussi quelquefois des *facettes*, espèce de large biseau.

Enfin la *queue* se trouve au bout du talon, elle sert à placer le doigt annulaire lorsque l'on tient le rasoir à la main

Le Manche. — Le *manche* du rasoir s'appelle *châsse* ; il sert à tenir le rasoir et surtout à protéger la lame lorsque l'on a fini de s'en servir

Il se compose de deux plaques de *buffle*, d'*os*, d'*ivoire*, d'*écaille*, de *nacre* ou d'*aluminium* qui sont séparées dans le bas par une petite pièce en *os*, en *ivoire* ou en *étain* que l'on appelle *entre-deux* et qui a pour objet de maintenir écartés les deux côtés de la châsse, de façon qu'ils livrent passage à la lame.

Ces trois pièces sont fixées à l'aide d'une *broche* en fer ou en maillechort que l'on rive de chaque côté. On met souvent une *rosette* en maillechort sous la rivure pour la rendre plus solide.

Dans cet état on place le talon du rasoir entre les deux autres extrémités de la châsse puis on rive de la même façon que l'on a procédé pour le bas et de manière que le tranchant puisse se loger sans toucher à l'entre-deux

Le dos qui est plus épais, empêche la lame de passer de l'autre côté de la châsse dont la largeur est calculée en conséquence.

La fabrication des rasoirs a été ajoutée par MM. Pagé frères à leur fabrication

Usines de Domine. — ATELIER DE MONTAGE DES COUTEAUX.

D'après une photographie de M. Jules Pagé.

Usines de Domine. — ATELIER D'AIGUISAGE DES RASOIRS

D'après une photographie de M. Jules Pagé.

de coutellerie vers 1861 ; ils en confièrent la direction à M. *Théophile Million* dit *Vincent* qui la dirige depuis cette époque.

Les soins apportés à ce travail par cet habile contre-maître, ont développé cette branche de leur industrie dont la qualité des produits est universellement reconnue.

Ils ont aujourd'hui deux ateliers, l'un à Domine sous la direction de M. Million, l'autre à l'*Archillac* à quelque distance de là, dirigé par M. *Letellier Gustave;* 19 ouvriers sont occupés dans ces deux ateliers.

La fabrication des rasoirs a peu changé depuis 1840, époque à laquelle elle a été importée de Sens au Prieuré de Cenon.

Deux modifications y ont cependant été apportées ; le *forgeage* se fait au marteau pilon au lieu de se faire à la main et le travail de la *lime* est en partie remplacé par celui de la meule.

Fabrication. — Pour les bons rasoirs, on prend un acier très fin et on le chauffe au charbon de bois avec une grande attention, car en le chauffant trop on peut en altérer la qualité.

Il faut que le forgeron soit dans un endroit sombre pour bien juger sa chauffe qui ne doit pas dépasser la couleur *rouge cerise clair.*

La queue et le talon sont forgés à la main et la lame est *élargie* au marteau-pilon.

Sortant de la forge, le rasoir est *limé* on *meulé* pour en régulariser la forme. C'est aussi à ce moment que l'on taille le talon au ciseau ; cette taille a pour but d'empêcher le rasoir de glisser entre les doigts.

Puis on le *trempe ;* cette opération demande beaucoup d'attention car c'est elle qui décide de la qualité du rasoir.

Voici comment on procède :

On chauffe, toujours au charbon de bois, la lame du rasoir *jusqu'au rouge cerise clair* et on la plonge dans l'eau froide.

La trempe ainsi donnée au rasoir est trop cassante ; pour remédier à ce défaut, on *recuit* la lame en la chauffant à nouveau sur un lit de sable sur lequel on la présente par le dos. On examine attentivement la couleur que prend l'acier, et lorsque la couleur *jaune paille* arrive au tranchant, on plonge la lame à nouveau dans l'eau pour arrêter l'effet du recuit qui détremperait entièrement le rasoir si on le poussait plus loin.

Alors vient l'*aiguisage* qui s'obtient sur des meules en grès de la Haute-Marne, ayant de 25 à 28 centimètres de diamètre, que l'on use jusqu'à 14 et même jusqu'à 6 centimètres suivant les dimensions du rasoir, car il faut que la circonférence de la meule prenne exactement la forme de la lame par le travers ; c'est ce qui produit l'*évidage* du rasoir.

Enfin le *polissage* est donné à l'aide de polissoires de différentes sortes et dimensions, suivant que l'on veut polir le dos, le talon ou la lame.

Les unes sont en *noyer* et enduites d'émeri et d'huile.

Les autres sont en *bois blanc* garni de peau de buffle également enduites d'émeri et d'huile.

Pour les rasoirs fins, on se sert d'une troisième sorte de polissoires en bois garnies de peau de buffle, que l'on arrose d'un mélange d'eau et de *rouge anglais,* qui donne un poli plus noir et plus fin.

Enfin, on se sert de polissoires en *étain* pour façonner le dos des rasoirs et tailler les entablures que l'on fait sur certaines lames, près du talon.

La lame du rasoir étant terminée, on la fixe par un rivet au manche ou *châsse.*

La dernière opération est l'*affilage* ; c'est la plus importante, car elle consiste à donner au rasoir le tranchant que les autres opérations que nous venons de décrire ont eu pour but de préparer.

A cet effet on se sert de pierres calcaires de Belgique très fines et dures, du genre des pierres lithographiques. Elles sont généralement longues de 33 centimètres et larges de 9 centimètres ; on répand sur leur surface de l'huile d'olive de première qualité.

On passe le rasoir à plat, plusieurs fois, d'un bout à l'autre de ces pierres et successivement des deux côtés, de façon que le dos et le tranchant portent en même temps sur la pierre. On forme ainsi en dessus et en dessous du tranchant un léger biseau qui doit être très régulier pour que le rasoir coupe bien. C'est à l'ouvrier de se rendre compte du résultat obtenu.

Production. — Les usines de Domine possèdent certainement l'outillage le plus complet et le plus perfectionnné qui existe en coutellerie. Toutes les opérations s'y exécutent mécaniquement comme nous venons de le voir, et la division du travail y est adoptée dans sa plus grande extension.

Avec cette puissante organisation, la production de cette manufacture atteint annuellement le chiffre de 500 000 francs, qui représentent 66 000 douzaines de couteaux de table et de cuisine et 3 600 douzaines de rasoirs, soit 220 douzaines douzaines de couteaux, et 12 douzaines de rasoirs par jour.

L'établissement possède un atelier de mécaniciens qui produisent toutes les pièces de l'outillage. Cet atelier est placé sous l'habile direction de M. *Jules Reau*, qui non seulement s'occupe de l'entretien du matériel, mais encore apporte à l'outillage tous ces perfectionnements indispensables à la bonne exécution du travail, et qui sont, pour ainsi dire, l'âme de la fabrication.

La consommation des matières premières s'élève à environ 270 tonnes pour produire à peine 100 tonnes de marchandises fabriquées.

Voici le détail des matières premières :

100	tonnes	de coke ;
45	—	de meules à couteaux et à rasoirs ;
45	—	d'acier ;
30	—	d'ébène et bois des îles ;
10	—	de bois de cormier ;
4	—	de pointes de cornes de bœufs ;
4	—	de charbon de bois ;
3	—	de charbon de terre ;
3	—	d'huile de colza ;
3	—	d'émeri ;
2	—	de briques et terre à four ;
3	—	de bois blanc ;
1	—	de bois de vergne et de sapin ;
3	—	de papier ;
1	—	de corne de buffle ;
1	—	de fonte de fer ;
1	—	de graisse et d'huile à graisser ;
1	—	de chiffons, de drap, de toile, de percale ;
1/2	—	de maillechort;
1/2	—	de fonte malléable ;
1	—	de fer et de fonte de fer ;
1/2	—	d'ivoire ;
1/2	—	de nacre ;
1/2	—	de plomb ;
1	—	de pierre ponce ;
1/2	—	de blanc de Meudon ;
1/2	—	d'os ;
1/2	—	de résine et de produits chimiques

4 tonnes de matières diverses : argent, soudure, cuivre, soufre, borax, peau de buffle, cuir, terre pourrie, rouge, tripoli, cire, limes, ficelle colle, acide azotique, acide sulfurique, esprit de bois, essence minérale, etc., etc.

Tous les déchets sont utilisés :

Les *déchets d'acier* sont renvoyés dans les fabriques d'acier.

Les *déchets de maillechort* retournent aux fabriques de maillechort.

Les *déchets de corne* sont de deux sortes ; *les plus menus* sont vendus comme engrais pour la vigne ; *les plus gros* sont, ainsi que les *déchets d'os et d'ivoire*, utilisés pour fabriquer du noir animal.

Les *déchets de nacre* servent à faire des boutons.

Les *déchets d'ébène* et *de bois de toutes sortes* sont employés au chauffage ; le *bran de scie* sert à sécher les lames après la trempe et après le polissage, ainsi que les manches lorsqu'ils sont polis.

Les *descentes de meules à couteaux* sont achetées par les marchands de fer qui les vendent aux *fermiers, minotiers, maréchaux*, etc., pour aiguiser leurs outils. Les *mosaïstes* achètent celles qui sont cassées en morceaux pour polir la mosaïque.

Les *déchets des meules à rasoirs*, réduits en poudre, sont employés pour le polissage des manches d'os.

Les produits qui sortent des usines de Domine sont très réputés, ils sont d'une grande variété ; il y a des couteaux depuis 2 fr. 50 jusqu'à 300 fr. la douzaine.

On y fait la *coutellerie de table* et *toutes les pièces du service de table*, la *coutellerie de cuisine* et *de boucherie* et les *rasoirs*.

Ces articles sont vendus dans toute la France et les colonies, ainsi que dans tous les pays étrangers limitrophes de la France et du bassin de la Méditerranée ; ils sont aussi exportés en grandes quantités dans l'Amérique du Sud.

EXPOSITIONS UNIVERSELLES

Les maisons de Châtellerault ont participé aux diverses Expositions suivantes :

En 1855, à Paris : MM. Mermilliod frères ;
En 1862, à Londres : Mermilliod frères et MM. Pagé frères ;
En 1867, à Paris : Mermilliod frères, Pagé frères et Ad. Pingault ;
En 1878, à Paris : Mermilliod et Jouet, Pagé frères et Ad. Pingault ;
En 1889, à Paris : M. et E. Mermilliod et E. Jouet.

Les produits exposés par chacune de ces maisons étaient ceux qu'ils fabriquaient c'est-à-dire la *coutellerie de table*, la *coutellerie de cuisine* et *de boucherie*, et les *rasoirs*.

Usines de Domine. — ATELIER DE MONTAGE ET D'AFFILAGE DES RASOIRS

D'après une photographie de M. Jules Pagé

Thiers. — ATELIER D'AIGUISAGE.

Thiers. — POLISSEUSES DE COUTEAUX

Thiers. — BLANCHISSAGE DES MANCHES D'OS.

CHAPITRE XVIII

L'INDUSTRIE COUTELIÈRE

A THIERS ET A NOGENT

Thiers. — Forgeage et aiguisage des lames. — Moulage et blanchissage des manches. — Chambre syndicale. Nogent. — Ouvriers isolés. — Ouvriers en fabrique. — Syndicat.

LA FABRICATION DE THIERS

La ville de Thiers n'a pas la physionomie des villes industrielles du Nord avec leurs constructions tristes et régulières qui ressemblent à des casernes; elle est au contraire bâtie très irrégulièrement, les maisons sont plus ou moins accrochées au flanc de la montagne le long de laquelle coule la Durolle qui donne la vie à cette ruche humaine où tant de monde s'occupe de coutellerie. Telle maison qui n'a qu'un étage sur une rue, en a trois ou quatre sur l'autre.

Les ateliers sont généralement installés dans des maisons vieilles de plusieurs siècles et n'offrant aucune des conditions d'hygiène qu'on demande aux ateliers modernes. Tous les coins et recoins sont utilisés.

Au premier étage on affile et on emballe; au second, on brunit des ciseaux; au troisième on fait des moules pour les manches. Au rez-de-chaussée on taille les limes, dans un réduit humide on trie les cornes, plus loin on les dresse; dans un endroit obscur on fait de la teinture pour le bois, dans un autre on fait bouillir les os pour les dégraisser.

A plusieurs kilomètres autour de la ville, chaque village renferme presque autant d'ateliers de coutellerie que de maisons et partout où passe la Durolle on trouve une usine avec ses aiguiseurs.

La production de Thiers embrasse tous les articles de coutellerie que l'on exporte dans le monde entier. On y fabrique le navaja espagnol avec ses garnitures de cuivre, aussi bien que le couteau roumain ; le rasoir turc à 12 francs la grosse, de même que le rasoir poli au rouge avec chasse d'ivoire ; le petit couteau d'office et le grand couteau de cuisine long de 50 centimètres ; les minuscules ciseaux à broder ainsi que les gros ciseaux à tondre ; les sécateurs, les greffoirs, les serpettes pour les jardiniers, les couteaux de table et de dessert et les services à découper, les affiloirs, les couteaux et les couperets de bouchers, les couteaux voiliers pour les marins, les couteaux et sabres d'abatis pour l'Afrique et les saladeros pour l'Amérique du Sud.

Tous ces produits visent à l'effet et au bon marché ; les ouvriers de ce pays se contentent en général d'un maigre salaire ; ils travaillent pour la plupart chez eux à façon avec un aide ou deux.

Les acheteurs en gros, qui se tiennent à Thiers d'une année à l'autre, profitent du grand nombre de petits ouvriers qui sollicitent des commandes pour les faire travailler à des prix dérisoires.

Nous avons donné au chapitre XV [1] divers prix de ces articles.

Malgré cet extrême bon marché, on cherche encore à économiser la main-d'œuvre et chaque jour on emploie de nouveaux procédés mécaniques que nous allons examiner.

Forgeage. — Cette opération s'exécute de deux façons.

D'abord le *forgeage à la main*, qui se fait à l'aide du marteau et de l'enclume, comme nous l'avons décrit dans la IIe Partie [2] ; ce procédé tend à disparaître devant la concurrence qui lui est faite par les machines.

Puis le *forgeage mécanique*, qui se pratique à Thiers depuis 1885, et qui consiste à estamper la lame au moyen d'un *mouton à planche* ou marteau à friction.

Cet instrument se compose d'un énorme bâti en fonte sur lequel sont établis de forts montants de fer, le long desquels glisse une masse de fonte assujettie au bout d'une planche qui se trouve prise entre deux cylindres.

Le mouvement de rotation de ces deux cylindres est combiné de façon à faire remonter la planche et avec elle la masse de fonte que l'on peut faire tomber tout d'un coup sur le bâti, en éloignant les cylindres au moyen d'un levier articulé placé à proximité de la main de l'ouvrier.

---

(1) Voir Tome III, IVe Partie, chapitre XV.
(2) Voir Tome I, IIe Partie, chapitre IX, pages 162 et suivantes.

L'acier est découpé en maquettes ; chacune de celles-ci est portée au rouge cerise et placée à tour de rôle entre deux matrices reposant sur le bâti et reproduisant en creux, chacune exactement, la moitié d'une lame. On laisse retomber le marteau sur ces matrices ; l'acier se trouve refoulé et comprimé entre les deux empreintes dont il prend la forme, et l'on obtient ainsi une lame complètement ébauchée.

Il est curieux de voir d'aussi énormes machines employées pour travailler d'aussi petits morceaux d'acier.

On enlève ensuite, à l'aide d'un découpoir, la partie inutile, puis on passe la lame sous un mouton qui la prend en bout entre deux matrices pour aplatir la petite masse d'acier qui doit former la bascule, que l'on découpe ensuite pour la réduire à la dimension voulue.

Enfin on étire la soie à la main ou au moyen d'un petit marteau pilon à ressort (1).

Les deux usines les mieux installées pour ce travail, sont l'usine Léon Chaput et l'usine Delaire-Bourgeois.

Nous venons de décrire le système employé pour le forgeage des lames de couteaux de table. Les ciseaux sont estampés par le même procédé.

Pour les couteaux fermants, la méthode est encore plus expéditive, car il n'y a même pas besoin d'estampage, un simple découpage suffit pour donner à la barre d'acier ou de fer la forme que l'on désire.

Ebarbage à la meule d'émeri. — Aujourd'hui les meules en émeri remplacent presque complètement les limes. Lorsque les lames ou branches de ciseaux sont découpées, on les ébarbe, ou même on peut dire on les lime au moyen des meules d'émeri.

Aiguisage. — Les lames sont ensuite marquées et trempées.

Nous ne reviendrons pas sur ces différentes opérations, que nous avons décrites dans un chapitre précédent (2), mais nous allons nous arrêter à l'aiguisage, quoique nous en ayons déjà parlé, car nous avons quelques détails à ajouter.

Les meules se trouvent dans des usines ou moulins situés le long du cours de la Durolle, qui les fait mouvoir.

Chaque aiguiseur loue une place, s'y installe à son gré et travaille pour tout fabricant qui veut lui donner de l'ouvrage.

Dans la plupart des pays, l'aiguiseur se tient debout ou assis; à Thiers, il s'allonge à plat ventre sur une planche inclinée, placée au-dessus de la meule et disposée sur un bâti en bois qui permet de la baisser au fur et à mesure de l'usure de celle-ci *(voir planche CLXIV)*.

(1) Procédé imité du système imaginé en 1868 par MM. Pagé frères (voir Tome III, IVe Partie, chapitre IX, page 580).

(2) Voir IVe Partie, chapitre XI, page 631 (Tome III).

Une peau de mouton, qui sert de coussin, est placée sur la planche, que la tête et le haut du corps débordent, laissant les bras de l'ouvrier libres pour venir appuyer la lame sur la meule, qui tourne au-dessous de lui, d'avant en arrière, et qui est arrosée au moyen d'un filet d'eau fourni par la roue du moulin.

Afin d'avoir plus de force pour tenir la lame, les aiguiseurs se servent d'un outil en fer qu'ils appellent *tenaillon*, dans lequel la lame se trouve prise et qui est fixé après un bâton servant à le tenir des deux mains.

Enfin, ce qu'il y a de très curieux, c'est l'habitude prise par les émouleurs de Thiers, d'avoir toujours avec eux un chien dressé à cela, qu'ils appellent au moment de prendre leur travail, et qui vient se coucher sur leurs jarrets.

On comprend facilement que dans cette position le froid gagne l'ouvrier ; ce calorifère d'un nouveau genre entretient une douce chaleur et empêche l'engourdissement de se produire aussi vite, en facilitant la circulation du sang.

Répétons aussi, ce qui paraît assez extraordinaire, que des femmes se livrent à ce travail si dur et si pénible.

Le polissage se fait également dans les moulins de la Durolle et par les procédés que nous avons indiqués dans la IVe Partie (1).

A Thiers on donne le nom d'*émouture* aux travaux d'aiguisage et de polissage réunis.

Moulage des manches. — Nous ne parlerons pas des manches fabriqués mécaniquement, nous nous sommes étendus assez longuement sur cette fabrication en parlant des procédés mécaniques (2), nous nous occuperons seulement du moulage des manches.

On fabrique des manches en bois ou en corne au moyen de moules en creux qui représentent la forme du manche que l'on veut obtenir.

Le bois contient comme on sait des matières résineuses qui, sous l'action de la chaleur entrent en fusion et pénètrent les parties ligneuses qu'elles disposent à prendre les formes qu'on voudra leur donner en les soumettant à une forte pression, formes qu'elles conserveront par suite de leur dessication.

Les morceaux de bois sont d'abord préparés suivant la forme du moule qui se compose de deux parties entre lesquelles on place les susdits morceaux de bois.

Le moule a été préalablement porté à une température de 155 à 175 degrés ; on le soumet alors à une très forte pression.

Lorsque l'on retire le morceau de bois du moule après l'avoir laissé refroidir, il en a pris exactement l'empreinte.

(1) Voir Tome III, chapitre VIII, page 492.
(2) Voir IVe Partie, chapitre IX, page 523 (Tome III).

UNE RUE DE THIERS
(Ouvrière rapportant son travail).

Thiers. — FORGEAGE MÉCANIQUE
(Marteau pilon à friction).

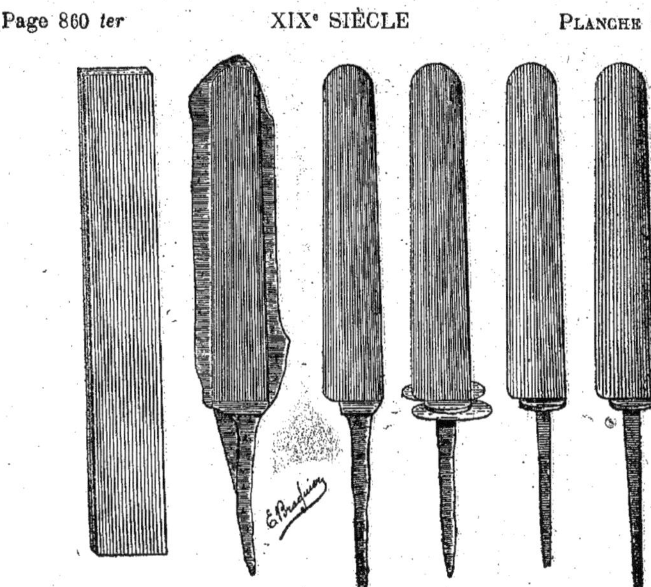

PHASES DE LA FABRICATION DES LAMES
Système Conge.

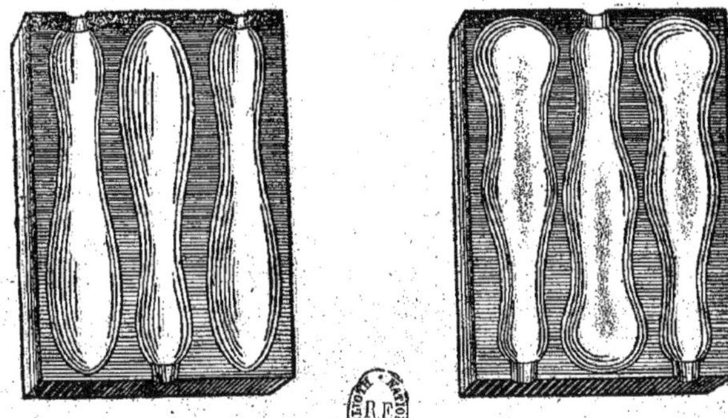

MATRICES POUR LE MOULAGE DES MANCHES

A part la différence de l'outillage, c'est le procédé employé à St-Etienne au XVIIIe siècle et que nous avons décrit dans la IIe partie (1).

Le même phénomène se produit avec la corne et l'on peut même arriver à constituer des manches au moyen de poussière de corne, ce qui produit une grande économie.

On incruste aussi sur les manches de corne, des étoiles ou autres dessins en métal en les plaçant sur les manches encore chauds et faisant retomber le mouton sur la matrice qui les fait entrer dans la corne.

Blanchissage des manches d'os. — A Thiers, tout ce qui regarde la coutellerie prend des proportions considérables.

Lorsque l'on se promène dans les environs de Thiers, on remarque sur les coteaux exposés au soleil, dans les jardins et au milieu des prairies, des carrés blancs qui ressemblent à du linge qu'on aurait étendu au soleil pour le faire sécher.

Ce sont des manches en os que l'on expose aux rayons du soleil pour les faire blanchir. Ils sont alignés sur de petites tringles en bois disposées à une distance suffisante les unes des autres pour supporter les manches placés côte à côte et bout à bout de sorte que de loin, ils paraissent ne former qu'une seule surface.

Des femmes surveillent l'action du soleil, elles tournent et retournent les manches jusqu'à ce qu'ils aient acquis la blancheur de la neige *(voir planche CLXV)*.

Les autres phases de la fabrication de la coutellerie Thiernoise n'offrent pour ainsi dire pas de différence avec celles de la fabrication Châtelleraudaise que nous avons décrite précédemment (2).

Mais il n'existe à Thiers aucune fabrique renfermant comme à Châtellerault tout l'outillage nécessaire pour produire un couteau de table dans son entier. Une grande partie du travail se fait en dehors des fabriques.

Chambre syndicale. — La corporation des *émouleurs et polisseurs en coutellerie* de la ville de Thiers et des environs est représentée par une Chambre syndicale créée en 1883 et chargée de s'occuper des intérêts de la Corporation. Elle comptait 400 adhérents en 1885, elle n'en compte plus que 112 en 1896.

Voici la composition du bureau pour l'année 1896 :

Président. — David Béchon, fabricant de rasoirs, à Château-Gaillard près Thiers;
Vice-Président. — Mure Bernard, émouleur de couteaux de table, au Roc (St-Rémy-s-Durolle) ;
Secrétaire. — Faucher, comptable, rue de la Gare, à Thiers;
Trésorier. — Douris Sabatier, émouleur de couteaux, à Lombard près Thiers.

La Chambre syndicale a son siège chez M. Peligrini, rue du Lac, à Thiers.

(1) Voir IIe Partie, chapitre X, page 212 et Planche XXXIX, page 216 *bis*.
(2) Voir Tome III, IVe Partie, chapitre XI, pages 630 et suivantes.

LA FABRICATION DANS LA HAUTE-MARNE

Nous nous sommes étendu assez longuement sur la coutellerie de la Haute-Marne dans la IIIe partie de cet ouvrage ; malgré cela, nous avons encore quelques détails intéressants à faire connaître.

La coutellerie de Langres et de Nogent a été de tout temps, de la part des rapporteurs des Jurys d'Exposition, l'objet de remarques particulières.

Voici ce que disait M. Le Play dans son rapport à la suite de l'Exposition universelle de 1851 :

« Les deux districts contigus de Langres et de Nogent situés aux sources de la Marne et de « la Meuse, comprennent un nombre considérable de petits ateliers, les uns groupés au chef-« lieu, les autres disséminés dans les campagnes environnantes. L'agglomération des premières « fabriques de coutellerie, remonte à une époque fort reculée : On ne peut guère lui assigner « d'autre cause que la proximité des carrières de meules qu'on exploite encore aujourd'hui et « peut-être le voisinage des forges de Bèze, qui produisaient autrefois des aciers naturels de « qualité commune.

« La houille employée à l'exclusion du combustible végétal, pour le travail de la forge, est « transportée en partie par eau, en partie par charretage, des mines de St-Etienne et de Rive-« de-Gier, dans le département de la Loire.

« L'acier provient en partie des aciéries établies sur les houillères de la Loire ; le reste est im-« porté d'Angleterre ou d'Allemagne.

« Les cours d'eau sont utilisés par des fabriques qui commencent à se multiplier et dans les-« quelles les ouvriers soumis au principe de la division du travail, concourent chacun, pour le « compte du fabricant, à un seul détail de la fabrication d'un article ».

Ce tableau est encore vrai aujourd'hui, la coutellerie de la Haute-Marne est en produite, partie par des ouvriers travaillant isolément, partie par des ouvriers travaillant en fabrique. Nous allons les passer successivement en revue.

Ouvriers travaillant isolément. — Les ouvriers travaillant chez eux, forment ce que l'on appelle des ateliers domestiques, où le chef de la famille travaille avec deux ou trois apprentis, souvent ses enfants.

La femme s'occupe de l'intérieur de la maison, elle vaque aux soins du ménage et du jardin que le chef de la famille cultive à ses moments perdus.

Toutes les manipulations exigées par la fabrication des objets de coutellerie, s'exécutent dans ces ateliers.

Le matériel nécessaire pour le forgeage et le travail à la lime, comprend une petite forge alimentée par un soufflet de cuir mû à bras d'homme, une enclume avec ses étampes, une série de marteaux, un étau et un assortiment de limes.

Il faut ensuite un moteur pour faire mouvoir la meule et la polissoire.

Ce moteur est une grande roue (1) mise en mouvement à bras d'homme, généralement un infirme ou un aveugle, ou à l'aide d'un chien dressé à cet exercice.

(1) Nous en avons donné la description Tome Ier, IIe Partie, chapitre IX, page 175.

Dans ce dernier cas, la roue a la forme d'un énorme tambour dans lequel se place le chien, qui le fait tourner en agitant ses pattes les unes après les autres comme pour marcher. Le plancher du tambour se dérobe sous les pattes de l'animal qui lui fait ainsi accomplir des révolutions successives. La planche CLXIX représente un atelier de ce genre.

Pour l'ajustage des pièces de coutellerie fermante, c'est encore l'étau, la lime et le marteau qui servent.

Pour le façonnage du manche du couteau de table, il suffit d'un tour à percer et d'une quantité de petits outils, limes, râpes, forets, grattoirs, écouennes, brunissoirs ; et pour le montage, on se sert de la forge.

Chaque chef d'atelier exécutant les différentes parties de son travail, en organise les diverses phases de manière qu'elles concourent au même but ; il obtient ainsi des pièces qui sont d'une grande perfection.

Il arrive aussi que, par suite de l'habileté de ces ouvriers, leurs produits sont recherchés et ils en obtiennent un prix plus rémunérateur.

En outre, l'amour propre stimule l'esprit d'invention, et c'est ainsi que se forment les ouvriers qui fabriquent la coutellerie fine à Nogent. Certains d'entre eux peuvent être considérés comme de véritables artistes.

Tous ceux qui se sont occupés de la coutellerie de la Haute-Marne, M. Le Play, M. Amédée Durand, M. de Hennezel, M. G. Marmuse, s'accordent à reconnaître que c'est à cette méthode qu'elle doit sa supériorité, par le soin que ces ouvriers d'élite apportent à l'exécution de leurs travaux.

Il existe encore à Nogent et dans les communes environnantes un certain nombre de ces travailleurs ayant conservé les bons principes et se servant encore des anciens procédés, mais leur nombre diminue chaque jour, parce que les apprentis n'ont plus la patience de passer quatre ou cinq ans à faire un apprentissage sérieux.

Ceux qui font de la coutellerie ordinaire, sont placés dans de plus mauvaises conditions commerciales.

D'abord ils se procurent, à des prix généralement élevés, chez des marchands spéciaux, les matières premières dont ils ont besoin pour leur travail.

Ils portent ensuite leurs produits, le dimanche, aux marchands de Nogent, qui exploitent la concurrence mutuelle que se font les ouvriers et achètent au plus bas prix possible.

Les prix sont très variables ; quand il y a des commandes, les ouvriers les exécutent après avoir débattu leurs prix. Mais quand il n'y en a pas, les marchands profitent de la nécessité de vendre où se trouvent les ouvriers pour avilir les prix, sans se préoccuper s'ils retirent de leur labeur une rémunération suffisante pour vivre.

Ouvriers travaillant en fabrique. — M. G. Marmuse, dans son rapport à l'Exposition de 1889, fait l'exposé suivant :

« Disons tout d'abord qu'il existe peu de centres de production placés aussi défavorablement « que cette petite ville privée de communications, bâtie sur un plateau élevé à une altitude « d'environ 400 mètres, couverte de neige une partie de l'hiver et d'un accès difficile. La ville « basse se relie à la ville haute (partie la plus importante) par une route dont la pente atteint « 0m10 par mètre, route par conséquent peu praticable en cette saison. Enfin, Nogent est « éloigné de treize kilomètres des stations de Foulain et de Rolampont.

« Les matières, d'un poids considérable, lui coûtent très cher de transport ; la houille, qui « arrive en quantité pour les usines et le chauffage, coûte, des stations déjà citées à Nogent, « 45 francs les 10.000 kilogrammes ».

Malgré cela, le nombre des fabriques a beaucoup augmenté et l'emploi des machines fait chaque jour des progrès.

C'est *M. Sommelet* qui, le premier, a cherché à créer un outillage mécanique pour la fabrication des ciseaux par voie d'estampage ; son premier brevet date de 1847. Après diverses transformations, cette fabrication a été transférée à Bologne (Haute-Marne).

Puis vinrent ensuite les machines à façonner les manches, imitées de celles qui avaient été créées à Châtellerault. Ce n'est qu'après l'expiration du brevet Mermillod, en 1853, que *M. Girard* en installa à *l'usine du Vivier*, où l'on fabrique la grosse coutellerie de cuisine et de boucherie.

Il faut aussi citer :

1° L'usine de *MM. Vitry frères* (aujourd'hui usine Fernand Schowb) où tous les perfectionnements d'outillage furent réunis et appliqués à la fabrication de la cisellerie fine et des instruments de chirurgie (*voir Planche CLXX*).

2° L'usine *Tomachot-Thuillier*, qui occupe le premier rang pour la fabrication des gros ciseaux de tailleur et des sécateurs,est connue sous le nom de *Côte-Taillée* (*voir Planche LII*). Elle renferme un outillage mécanique considérable, découpoirs, fraises, raboteuses et, en outre, deux marteaux pilons d'une force de 15.000 kilogrammes.

Aujourd'hui, il existe dans la Haute-Marne 50 fabriques qui utilisent une force motrice de 600 chevaux.

C'est l'organisation de la fabrication moderne avec toutes ses conséquences.

Il faut faire vite, et pour cela on divise le travail, de sorte qu'on ne fait plus des ouvriers, mais des spécialistes qui ne connaissent qu'une partie du travail.

Dès que les enfants sont en âge de rendre des services, les parents les envoient à la fabrique où ils gagnent de suite quelque argent.

Les ouvriers eux-mêmes, qui y trouvent un travail assuré et un gain plus élevé, n'hésitent pas à abandonner leur ancien système de travail pour entrer à la fabrique.

Mais il faut dire adieu à tout esprit d'initiative ; c'est la destruction de l'atelier de famille et de l'apprentissage.

Syndicat. — Il a été créé, en 1894, un *Syndicat du Commerce et de la fabri-*

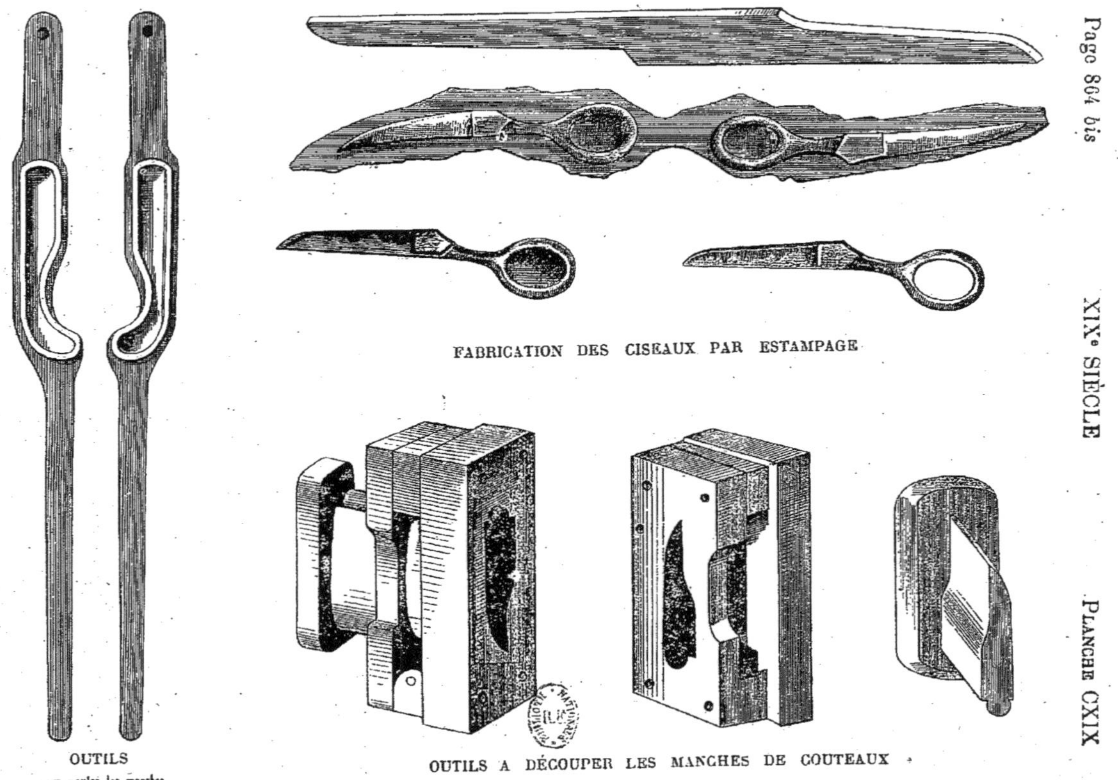

OUTILS
pour mouler les manches

FABRICATION DES CISEAUX PAR ESTAMPAGE

OUTILS A DÉCOUPER LES MANCHES DE COUTEAUX

Mandres. — ATELIER DE COUTELIER AVEC ROUE MUE PAR UN CHIEN
(d'après une photographie).

Nogent. — ESTAMPAGE DES SÉCATEURS
Usine Wichard et Conge (d'après une photographie de M. Ed. Conge).

cation de la Coutellerie de la Haute-Marne, dont le siège est à la mairie de *Nogent en Bassigny* (1)

Voici la composition du bureau de ce Syndicat, qui compte 40 membres :

Président, A. Wichard, *maître de forges à Nogent.*
Vice-Présidents, Henri Beligné, *négociant en coutellerie à Langres.*
Tomachot, *fabricant de coutellerie à Nogent.*
Secrétaire général, H. Serbource, *fabricant de coutellerie à Nogent.*
Secrétaire, Perray, *fabricant de coutellerie à Nogent.*
Trésorier, Georget, *négociant en coutellerie à Nogent.*

LES SÉCATEURS

Nous avons déjà parlé du sécateur en nous occupant des instruments de jardinage (2) mais nous croyons utile d'y revenir pour donner quelques détails supplémentaires, car aujourd'hui les sécateurs forment une branche importante de la coutellerie et leur fabrication a pris un développement considérable dans la Haute-Marne.

Chaque pays, pour ainsi dire, a adopté un type différent, aussi il y a une grande variété de sécateurs ; nous allons énumérer les principales sortes :

1° Les *coupe-fleurs,* petits sécateurs à anneaux ;
2° Les *pince-sève,* employés pour le greffage de la vigne ;
3° Les *sécateurs* en acier poli pour dames ;
4° Les *coupe-raisins,* ou sécateurs de vendangeurs ;
5° Les *sécateurs ordinaires,* à manche de buis ;
6° Les *sécateurs tout acier,* à branches creuses et ressort à boudin ;
7° Les *sécateurs modèle de Picardie,* avec ressort à glissiere ;
8° Les *sécateurs à branches creuses,* avec lames rapportées et ressort comtois ;
9° Les *sécateurs tout acier poli,* modèle Vitry ;
10° Les *sécateurs modèle Vigier,* avec ressort à pincettes ;
11° Les *sécateurs modèle de Bordeaux* ;

(1) La ville de Nogent (Haute-Marne) a été autorisée, en 1889, à ajouter à son nom cette désignation pour la distinguer des autres villes portant le même nom ; voici à ce sujet quelques détails que nous devons à l'obligeance de M Pingenet fils, de Langres :

« Au XIIe siècle, Nogent (Haute-Marne) s'appelait *Nogent* en *Bassigny* (Nogentum in Bassiniano) à cause de sa situation dans le comté de ce nom, qui comprenait : Chaumont, Andelot, « Nogent, Choiseul et Coiffy.

« Le comté de Bassigny étant passé, après le mariage de la comtesse Jeanne de Champagne « avec Philippe-le-Bel, dans le domaine du roi de France, Nogent fut nommé *Nogent-le-Roy* « jusqu'à la Révolution.

« Après la division de la France en départements, Nogent devint *Nogent (Haute-Marne),* nom « qui lui est resté jusqu'en 1889, époque à laquelle, sur l'initiative de M. Geoffroy, maire, et « dans le but d'économiser un mot dans les dépêches, le Gouvernement rendit à Nogent son « nom primitif : *Nogent-en-Bassigny* ».

(2) Voir IVe Partie, chapitre XIII, page 678.

12° Les *sécateurs modèle de Toulouse*, garnis de corne ;
13° Les *sécateurs modèle comtois*, avec ressort spirale cuivre ;
14° Les *sécateurs à serpe*, modèle de la Champagne ;
15° Les *sécateurs à serpe*, modèle de Saumur ;
16° Les *sécateurs à serpe*, modèle de Bordeaux ;
17° Les *sécateurs à hache*, modèle de Bordeaux ;
18° Les *sécateurs à deux mains*, dits de Montpellier ;
19° Les *sécateurs à deux mains*, avec manches, dits de Béziers ;
20° Les *sécateurs à deux mains*, avec manches dits de Provence.

Les sécateurs désignés sous les numéros 5, 6, 7, 8, 10, 11 et 13, se font avec un *coupe fil de fer*, espèce d'entaille qui se trouve en dehors des lames, à leur entre-croisement, près des branches.

Sécateurs à serpe et à hache. — *Les sécateurs à serpe et les sécateurs à hache*, sont de forts sécateurs de 8 à 10 pouces, employés pour la taille de la vigne et dont le dos de la lame est disposé en forme de serpe ou de hache afin de pouvoir couper les branches trop fortes pour être abattues avec le sécateur.

Sécateurs à deux mains. — *Les sécateurs à deux mains* sont particulièrement employés dans le Midi.

Ce sont de très forts sécateurs de 13 à 15 pouces dont les branches sont très longues, ce qui les fait ressembler à des cisailles. On s'en sert pour tailler la vigne et on les manœuvre à deux mains.

L'une des branches est quelquefois terminée par une partie coupante en forme de ciseau qui sert à couper les grosses branches et les nœuds.

Voici les prix de ces deux sortes de sécateurs :

Sécateurs à serpe modèle comtois,	la douzaine,	25 fr. à 31 fr.
Sécateurs à serpe modèle champenois,	id.	26 fr.
Sécateurs à serpe modèle de Saumur,	id.	28 fr. à 30 fr.
Sécateurs à hache modèle de Bordeaux,	id.	30 fr. à 39 fr.
Sécateurs à deux mains dits de Montpellier,	id.	45 fr. à 51 fr.
Sécateurs à deux mains avec manches dits de Béziers,	id.	45 fr. à 51 fr.

CHAPITRE XIX

LA TAILLANDERIE

Origine de la taillanderie. — Le travail du taillandier. — Description de quelques objets de taillanderie.

Nous avons eu plusieurs fois l'occasion de parler des objets de taillanderie qui se rattachent à la coutellerie, mais nous ne sommes entré dans aucun détail sur leur fabrication afin de ne pas interrompre notre travail.

Comme la coutellerie, la *taillanderie* (1) date de l'origine du monde et parmi les premiers instruments tranchants, les haches figurent à côté des couteaux.

Au début, la rareté des métaux et la difficulté de les travailler, obligèrent les premiers ouvriers à s'occuper de la production d'outils et d'armes et ce n'est que plus tard, avec les progrès de la civilisation, que l'industrie des instruments tranchants s'est divisée en trois branches :

Les *armes blanches*, la *coutellerie* et la *taillanderie*.

Les armes blanches ont été étudiées par des maitres autorisés ; nous avons donné dans cet ouvrage une étude aussi complète que possible de la coutellerie ; nous allons esquisser à grands traits l'art de la taillanderie.

Les forgerons ont eu de tout temps le privilège d'échapper aux critiques que la malice populaire s'est plu à prodiguer à la plupart des autres métiers. Ces hommes qui semblaient jouer avec le feu et le faire obéir à leurs caprices, en imposaient surtout à une époque où la force physique régnait en souveraine maitresse.

M. Paul Sébillot raconte dans son ouvrage : *Légendes et curiosités des métiers*,

---

(1) *Taillanderie*, du latin *talea*, branche coupée qui avait donné, dans la langue rustique *taliatura*, taille des arbres. — LITTRÉ.

la légende suivante qui a été conservée pendant longtemps parmi les forgerons de Sussex :

« Au temps jadis, le dix-sept mars, le bon roi Alfred réunit tous les métiers, au nombre de « sept, et déclara qu'il ferait roi des métiers celui dont l'ouvrage pourrait se passer de l'aide des « autres pendant la plus longue période de temps. Il annonça qu'il donnerait un banquet auquel « il invita un représentant de chaque profession et il mit comme condition que chacun d'eux « montrerait un spécimen de son ouvrage et les outils dont il s'était servi pour le faire. Le « forgeron apporta son marteau et un fer à cheval, le tailleur ses ciseaux et un vêtement neuf, « le boulanger son pelleron et un pain, le cordonnier son alène et une paire de souliers neufs, le « charpentier sa scie et un tronc équarri, le boucher son couperet et un gros morceau de viande, « le maçon son ciseau et une pierre d'angle.

« Après examen, les convives proclamèrent unanimement que l'ouvrage du tailleur était supé- « rieur à celui des autres, et il fut installé comme roi des métiers. Le forgeron fut courroucé de « cette décision et, déclarant que tant que le tailleur serait roi il ne travaillerait pas, il ferma sa « boutique et s'en alla on ne sait où. Mais on ne tarda pas à regretter son départ. Le roi fut le « premier à avoir besoin des services du forgeron, son cheval s'étant déferré ; l'un après l'autre « les six compagnons brisèrent leurs outils ; ce fut le tailleur qui put travailler le plus longtemps ; « mais le 23 novembre de la même année il lui fut impossible de continuer. Le roi et les ouvriers « se déterminèrent à ouvrir la forge et à essayer de faire eux-mêmes l'ouvrage : le cheval du roi « le frappa, le tailleur se brûla les doigts, à chacun il arriva de pareilles mésaventures ; tous se « mirent à se quereller et à se frapper, et, dans la dispute, l'enclume fut heurtée et renversée « avec fracas.

« Alors arriva Saint-Clément, donnant le bras au forgeron. Le roi fit un humble salut à Saint- « Clément et au forgeron et leur dit : J'ai commis une grande erreur en me laissant séduire par « le drap brillant et la savante coupe du tailleur ; en bonne justice le forgeron, sans l'aide « duquel les autres ne peuvent rien faire, doit être proclamé roi. Tous les ouvriers, sauf le « tailleur, le prièrent de leur refaire des outils ; il y consentit et il forgea même pour le tailleur « une paire de ciseaux neufs. Le roi réunit de nouveau les métiers et proclama roi le joyeux « forgeron, auquel tous souhaitèrent bonne santé et longue vie. Le roi demanda à chacun de « chanter une chanson et le forgeron commença par celle du *Joyeux Forgeron*, qui est restée « populaire, et que l'on chante encore aux fêtes du métier en Angleterre ».

On peut dire que jusqu'au XVe siècle, les couteliers furent plutôt des taillandiers car l'usage des couteaux était encore peu répandu, c'est pourquoi sans doute on ne voit pas de corporations de taillandiers à cette époque, comme il s'en était formé dans les autres industries.

Au moyen âge on désignait les taillandiers sous le nom de *grossiers*, parce qu'ils forgeaient les gros ouvrages ; ils étaient compris dans la corporation des serruriers et maréchaux.

Au XVe siècle, à Toulouse, les taillandiers étaient compris dans la corporation des couteliers, on trouve dans les archives les noms suivants :

1464	Jacobus Simonis,	*talhandierus.*
1465	Petrus Ebrard,	*id.*
1466	Jacmes Marro,	*id.*
1466	Johannes de Moret,	*id.*

Les archives d'Amiens nous donnent aussi les noms suivants :

1469 Colin Sauwale, *taillandier.* — Chef-d'œuvre : *une doloire.*

Nogent. — ATELIER D'AIGUISAGE ET DE POLISSAGE

Usine Schwob (Vitry).

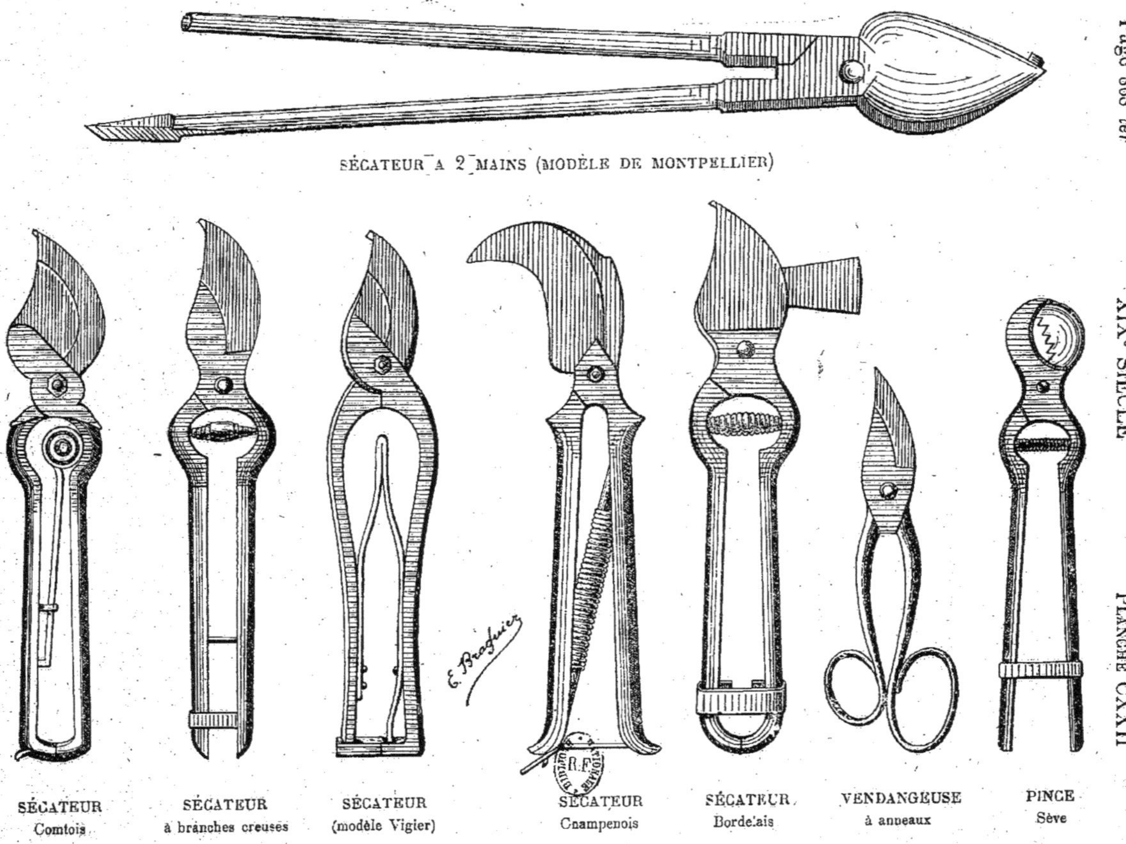
SÉCATEUR A 2 MAINS (MODÈLE DE MONTPELLIER)
SÉCATEUR Comtois
SÉCATEUR à branches creuses
SÉCATEUR (modèle Vigier)
SÉCATEUR Champenois
SÉCATEUR Bordelais
VENDANGEUSE à anneaux
PINCE Sève
E. Bragier

1471	Wagrée,	*taillandier*	
1475	François Rogeraut,	*id.*	
1475	Joannin Hérouart,	*id.*	Chef-d'œuvre : *une cuignie à large taillant.*
1476	Simon Doichy,	*id.*	Chef-d'œuvre : *une cuignie grande*
1480	Drouet Lemaire,	*id.*	
1480	Massin-Desorel,	*id.*	

Les taillandiers avaient fini par obtenir une réglementation spéciale, car les *Registres aux Chartes* de la ville d'Amiens, nous fournissent un règlement établi le 4 octobre 1852 entre les *serruriers* et les *ferroniers*, les *taillandiers* et les *maréchaux*, pour fixer les travaux que chacun de ces artisans devait avoir dans ses attributions, afin d'éviter les difficultés qui pourraient naître de l'empiétement de ces métiers les uns sur les autres au sujet de leurs ouvrages.

Voici la partie qui regarde les taillandiers :

« Et que ausdictz taillandiers, privativement à tous autres desdicts mestiers, appartiendra de « faire les outilz dont se servent :

« Les *charrons en leur mestier*, assavoir : grandes et petites cougnées, aissettes, pleunes, « gouges carrez et rondz, fermoirs, scizeaulx, sies et tarelles ;

« Pour les *charpentiers* : cougnées grandes et petites, besagunes, fermoirs, scizeaulx, sies et « tarelles ;

« Pour les *menuisiers* : scizeaulx plats, fermoirs, haches, herminettes et tous autres outils de « taille, fers de warloppe, de rabotz, de guillaume et tous autres fers à faire moulures, sies, « tarelles ;

« Pour les *tonneliers:* doloires, aissettes, jeux de colombe, pleunes demyes rondes et plat tes, « vires, grattoirs et tarelles ;

« Pour les *cordonniers* et *savetiers* : les couteaux à pié et tranchats ;

« Pour les *chaielliers* et *tourneurs de bois* : haches, pleunes, scizeaulx, gouges à tourner, « coustres et tarelles ;

« Pour les *potiers d'estain* : crochetz, enclumeaulx et toutes scizailles coppans à froid et à « chault ;

« Pour les *couvreurs de thuilles et ardoises* : haches et hoyaux, enclumeaulx et marteaulx à « ardoises ;

« Pour les *hortillons et jardiniers :* scizeaulx, louchetz, besche à casse acérée et eschatte « pluoirs ;

« Pour les *batteliers* : cougnées, sies, fermoirs, scizeaulx ;

« Pour les *orfèvres, armuriers, chauderonniers* et *espingliers :* scizailles grandes et petites ;

« Pour les *bouchers* et *cuisiniers* : grands et petits cousteaux et pelles à four blanchies ;

« Pour les *maçons :* marteaulx trenchans acérez et trouelles blanchies ;

« Pour les *poilloleurs :* haches, trouelles et liteaux blanchies ;

« Pour les *scelliers :* haches, aisseaulx et scizeaulx ;

« Pour les *thanneurs* et *couroieurs* : grands cousteaux et cousteaux à escarler, taillons, sarpes « grandes et petites ;

« Pour les *gantiers* : forches grandes et petites, lunettes tranchantes et cousteaux ;

« Pour les *mareschaux* : forches et boutoirs ;

« Pour les *bergiers* : houlettes et hocquetz ;

« Pour les *faucheurs* : dardz et fauchilles ;

« Pour les *bocquillons* et *vignerons :* cougnées, sarpes, sarpettes, sarpillons, louchetz et besche « à casse acérée ;

« Pour les *laboureurs :* scizeaux, fermoirs et tarelles ;

« Pour les *musniers* : sarpes, les fers de lances, de picques et d'espieux ;

« Pour les pics à trenche, lesdits taillandiers dient à eux seuls appartenir et généralement « tous autres outils taillans.

« Pour les marteaux et enclumes servans à battre dardz pour les faucheurs et les trouelles et

« liteaux de pailloleurs, maçons et couvreurs, n'estant blanchies que les taillandiers maintiennent « devoir être faites par eulx seulz comme les blanchies. »

A la suite d'une discussion survenue entre les *maîtres taillandiers d'ouvrages noirs passant par la lime* et les *maîtres taillandiers d'ouvrages blancs passant par la meule*, de la ville de Reims, intervint une transaction sanctionnée par l'adoption des Statuts suivants qui réunissaient en un seul corps de métier les taillandiers d'ouvrages blancs et ceux d'ouvrages noirs comme cela était pratiqué à Paris.

Articles du règlement du mestier de taillandier et féronier en cette ville de Reims, suivant la réformation faite en exécution de l'arrest de Nosseigneurs de la cour de parlement à Paris, du douzième avril mil six cent unze.

PREMIER

Que doresnavant nul ouvrier dudit mestier de taillandier et ferronnier ne pourra faire grandes ni petites coignées, tant à bocherons que charpentiers, bezagües (fermoirs) becdasnes, scizeau (tarrières), gouges rondes et carrées (*alias* : gonds ronds et carrés), ni autres outils servant au mestier de charpentier, que l'assier qui y sera mis ne soit couroié bien et deument et ainsi qu'il appartient ; et si aucun se trouve faisant le contraire, il sera condamné en amende de six sols parisis, à applicquer moitié à Monseigneur le révérendissime archevesque duc de Reims et l'autre moitié aux frais dudit mestier.

II

Et s'il se trouve aucune pièce de gros ouvrage qui soit cassé par l'assemblement, ou qu'elle soit cassé à tramper en l'eau, en façon qu'on ne s'en puisse servir et soit la dite cassure domagable à la pièce, laditte pièce de gros ouvrage sera tenu l'ouvrier l'amender.

III

Et est à entendre à ce que dit est que la pièce sera amendé que si la faute s'est trouvé au taillant, l'ouvrier la poura amender ainsi qu'il sera advisé par les jurez dudit mestier ; mais si la faute s'est trouvé en la teste par faute de l'assemblement, elle sera dépiéc sans que jamais elle serve de rien, et, en ce cas, l'ouvrier sera tenu de l'amende de dix sols parisis à appliquer comme dessus.

IV

Item, que si aucun fait serpe à bois, serpette à tailler vignes et il y a faute d'assier au taillant, elles seront rompues et l'amendera l'ouvrier de quatre sols parisis à appliquer comme dessus.

V

Que doresnavant toutes grosses pièces dudit mestier, tant doloires, tailles-fondz, coignés larges, coignés à charon et autres pièces qui se assient à la planche, ne soient polies ou reglacés, sous peine de dix sols parisis d'amende contre celui qui sera trouvé à faire le contraire à appliquer comme dessus.

VI

Item, que nul ouvrier dudit mestier ne pourra faire tarières grandes et petites, amoyores (*alias* armorsoires ?), boufouneries (bousonnières), forests à barer, s'ils ne sont bien et deument (asserez) façonnés, sous peine pour chacune faute de deux sols parisis d'amende appliquable comme dessus.

VII

Que s'il est trouvé ausdits tarrières, grandes et petites, ansoyoneries et forestz à barer aucune fourchure, ou cassure préjudiciable à la pièce d'ouvrage, l'ouvrier qui l'aura fait l'amendera de cinq sols parisis à appliquer comme dessus.

VIII

Item, que nul ouvrier dudit mestier ne poura faire ne faire faire scies, fœuillerettes grandes ou petites, de quelque volume (valeur) que ce soit, tire fonds clouts (cloués), forés (fers) de jarloires et forests de toute sorte qui s'amanchent de bois, qui soient de fer nœuf; aias seront tenus de les faire de fer vieil, deument couré ainsi qu'il appartiendra, sous peine de deux sols parisis d'amende pour chacune faute à appliquer comme dessus.

IX

Et s'il se trouve qu'il y ait fourchure ou cassure préjudiciable ausdites scies, feuillerets, tire fonds, forests de fer de jarloires, l'ouvrier qui l'aura fait, l'amendera de deux sols parisis à appliquer comme dit est.

X

Item, que nul ouvrier d'iceluy mestier ne poura faire houlettes à berger et crochets y servans, doloires, taille fondz, hozaux (cizeaux) à roigner grande ou petite, holetz, foretz à barer, fer de coulombres et de rabots, plaines droits ou creusés, rafflettes, esses à parer cuve ou cuveaux, mouches de forests à taster vin, rainestes à marquer vin, qui ne soit bien et deument afferé (*alias* : asséré), sur les peines que dessus ; et où il y aura fourchurre ou cassure, l'ouvrier l'amendera de cinq sols parisis par chacune fois qu'il sera pris à appliquer comme dessus.

XI

Que nul ouvrier d'iceluy mestier ne poura faire villettes servans aux mestiers de charpentiers et couvreur ni vuilberquins, grands et petits, qu'ils ne soient bien et deument afferrés (assérés) sous les peines que dessus.

XII

Item, que nul ouvrier ne fasse houlx, hoyaux, picques, besches, seacles de quelque volume que ce soit, faucilles de touttes sortes, s'il ne sont bien et deument afférés (assérés), sur peine de cinq sols parisis d'amende, à appliquer comme dessus.

XIII

Que si aucune houlx, hoiaux, picques, besches ou sacle est trouvé cassé à la teste ou au corps, et que la ditte cassure soit préjudiciable à la pièce d'ouvrage, l'ouvrier qui l'aura fait l'amendera de cinq sols parisis d'amende, appliquable comme dessus.

XIV

Que nul ouvrier ne pourra faire sizailles à teste et à trancher meules d'assier, fillures (*fillières*), à tirer fil de leston, marteaux à fraper, boutoire à parer les pieds des cheveaux et à feuiller, enclumes *(émelinnes)*, enclumeaux *(émelinaires)*, poinseons à feuilles *(fouillets)*, poinssons à fraper, boutreaux, limes soiettes *(limes, sarettes)*, servantes au mestier d'esplainguier et autres mestiers, qu'ils ne soient bien et deument forgés et afféré; et où il y aura faute, l'ouvrier l'amendera, pour chacune pièce où il y aura faute, de deux sols parisis à appliquer comme dessus.

XV

Ne pourra aussi aucun dudit mestier faire et tailler limes, tant grosses que petite, limes douces, bastardes et austres, qu'elles ne soient bien et deument taillés et trampez, souls peine de deux sols parisis d'amendes, paiable comme dessus.

XVI

Que nu! dudit mestier ne pourra faire traits ni dairds, buzes à entonner vin, qu'ils ne soient bien et deument façonnés et forgés, lousses *(liasses)*, tant grandes que petites, qu'eles ne soient bien et deument assérés, soub peine de quatre sols parisis d'amende, appliquable comme dessus.

XVII

Que nul ne pourra faire tricoises *(alias* trucoises), pincettes *(ruissettes)* à cordonniers grandes et petites, fusils à faire feu, qu'ils ne soient bien et deument afferré, sous même peine que dessus.

XVIII

Item, que nul ne pourra faire cheminons, cramolies *(écramettes)*, cramaillons, poiles à feu, tenailles à feu, peincettes, molettes ou cotte pots, gril, garde feu, lumiaires *(luminers)* de fer, chaînes à puit, chaîne à levrier, collier de levrier, ferrure de ceinture, ferrure de saille et de quartels, estrillés, loyeures de chaudrons, croizets de classeniers, fourches grandes et petites, rolets *(pollets)*, pièces et avaloirs servans à cheppeliers, et toute autre sorte de ferrure provenans de la forge, tant pour le mestier de chaudroniers que autres, qu'ils ne soient bien et deument forgés et de bon fer, sous peine de deux sols parisis pour chacune faute, à appliquer comme dessus.

XIX

Item, que nul ne poura faire aucune hache à charon, hoiaulx, plannes, gouges rondes ou carrés, sixeaux, becdasnes, terrières à vuider roues et autres outils servans au mestier de charon, qu'ils ne soient bien et deument afferrés et fournies d'assier, bien couroié, à peine de dix sols parisis d'amende, appliquable comme dessus.

XX

Et où il se trouvera ausdits oultis servans à charon aucune fourchure, ou qu'il y ait faute d'assier sur le taillant ou cassure qui soit préjudiciable ausdites pièces d'ouvrages, et que l'ouvrier ne puisse amender, elle sera cassé, et celui en la pocession duquel elle sera trouvé amendera de cinq sols parisis, appliquables comme dessus.

XXI

Item, que nul ouvrier dudit mestier de taillandier, ne faira aucunne herminette, grands ciseaux à planches, fermoirs, becdasnes, fer de vualoppes (varlope), fer de rabots, hachettes (sarriettes) outils servans au mestier de menuisier, qu'il ne soient bien et deument afferrés et l'assier bien couroié, en peine de cinq sols parisis d'amende appliquable comme dessus.

XXII

Que nul ouvrier dudit mestier ne faira hachettes, marteaux, hollets servans au mestier de cou-

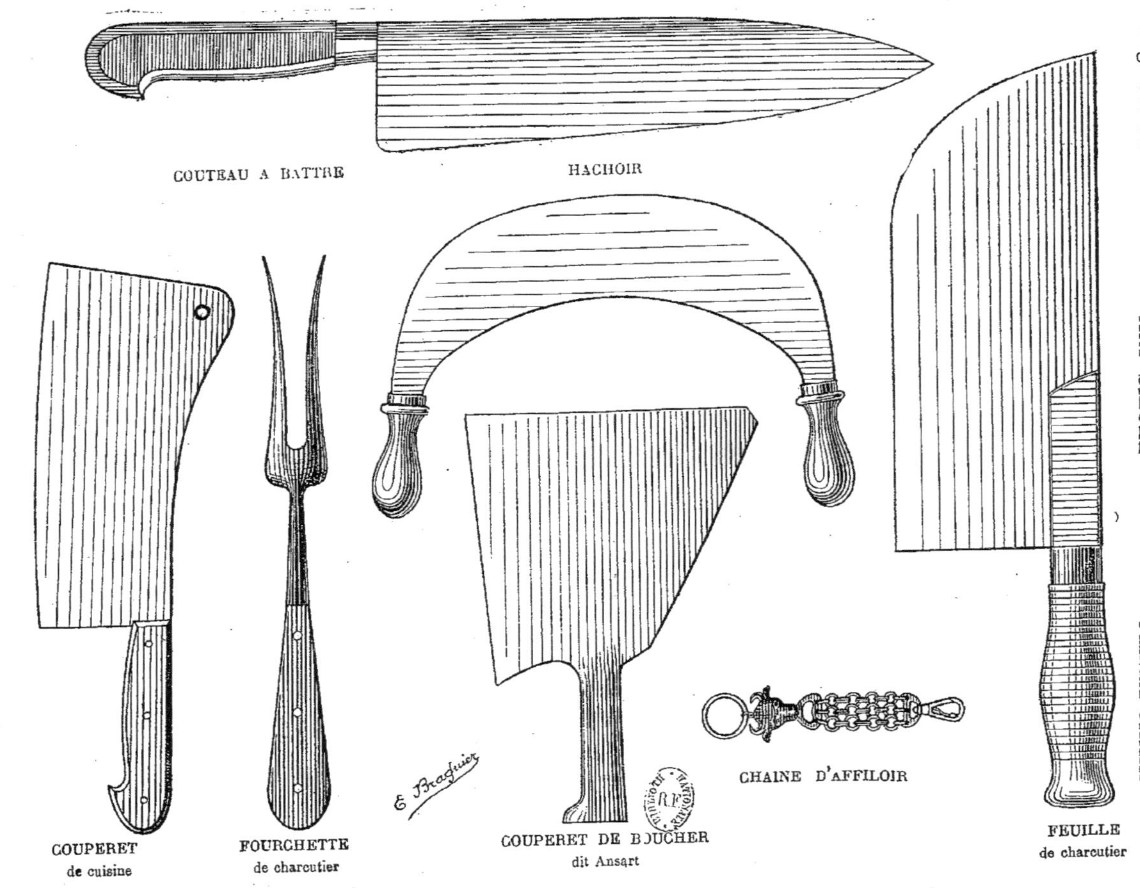
COUTEAU A BATTRE
HACHOIR
COUPERET
de cuisine
FOURCHETTE
de charcutier
É. Braquier
COUPERET DE BOUCHER
dit Ansart
CHAINE D'AFFILOIR
FEUILLE
de charcutier

vreur, qu'ils ne soient pareillement bien et deument afferrés et l'assier bien couroié, et aucunes teuelles (truelles) dudit mestier qu'eles ne soient de bon fer bien couroié, soubs les mêmes peines que dessus ; et s'il se trouvait ausdits ouvrages aucunes fourches préjudiciables, la pièce sera amendé si faire se peût; sinon rompue et l'ouvrier condamné en pareille amende de quatre so!s parisis.

XXIII

Item, que nul ne fera aucuns marteaux à tailler pierre, testus (*alias* testier) dessintion, truelles raffloires et autres outils servans à massóns et tailleurs de pierre, qu ils ne soient pareillement bien et deument afférrés, et l'assier bien couroyé, excepté la truelle, qui sera de bon fer bien et dument forgé, en peine de cinq sols parisis d'amende à appliquer comme dessus.

XXIV

Et où il se trouvera aucune fourchure et cassure ausdits outils à massons et tailleurs de pierre, ou aucuns d'iceux qui soit préjudiciable à la pièce d'ouvrage et que l'ouvrier ne la puisse amender, elle sera cassé et l'ouvrier condamné en cinq sols parisis d'amende à appliquer comme dessus.

XXV

Item. que nul ouvrier dudit mestier ne fera aucun battant de cloches, fer de molins tant en eaue que à vent, tourillion (tenaillons) crestes, paeslettes, essais (esses), marteaux de brahes (de bioches) servans aux meules de moulins, qu'ils ne soient bien et deument forgés, en peine de cinq sols parisis d'amende, à appliquer comme dessus.

XXVI

Et où il se trouvera ausdits battans, tant de cloches et ferrailles de molins aucune cassure ou rompure qui y soit préjudiciable et que l'ouvrier ne la puisse amender, sera condamné à estre rompue et ledit ouvrier amendable de dix sols parisis, applicables comme dessus.

XXVII

Item, que nul ne poura faire ni forger scizeaux, scizailles pour coupper, forces tant grandes que petites, qu'ils ne soient bien et deument forgé et afferré, et où il s'i trouvera faute, l'ouvrier l'amendera de cinq sols parisis, à appliquer comme dessus.

XXVIII

Que nul mestre dudit mestier ne poura avoir ni tenir que deux apprentis et ne les poura avoir à moindre temps que de 3 ans et si ne poura avoir que l'un jusqu'à ce qu'il l'ait servi deux ans et lesdits deux ans passés, poura prendre l'autre; sous peine au contrevenant de soixante sols parisis d'amende, à appliquer comme dit est.

XXIX

Que ledit apprenti, après avoir fait ledit apprentissage de trois ans, ne poura parvenir à la maitrise qu'il n'ait encore servi les maistres dudit mestier l'espace de deux ans, gagnans argent; en peine contre celuy qui y contreviendroit de soixante sols parisis ou autre amende arbitraire à appliquer comme dessus.

XXX

Que l'apprenti dans le premier mois de son apprentissage sera tenu païer seize sols parisis pour appliquer aux frais de torches et affaires dudit mestier.

XXXI

Que nul ouvrier ne poura doresnavant tenir ouvoir (ouvroir) et boutique ouverte, ni travailler d'icelluy mestier ès ville et fauxbourgs dudit Reims, sans avoir premièrement fait chef-d'œuvre de deux ou trois pièces d'ouvrages dudit mestier, celles qui leur seront advisés et prescrites par les jurez dudit mestier, entre lesquels ne pouront estre compris une coignée large à réparer, une besogue (*besagüe*) et une grande force à tondre des draps, qu'ils ne pouront estre baillés pour chef d'œuvres, et sans qu'ils puissent estre chargés d'en faire davantage, en quoy sont excptés les fils de maistre, qui seront seulement tenus faire expérience de quelque légère pièce qui leur sera prescrite par leur père ou maistre d'apprentissage en présence des maistres jurés, pour faire paroistre leur capacité, d'un certificat (*en notifiant*) toutefois par deux et chacun d'eux qu'ils auront travaillé et servit leur père ou austres maistres continuellement par l'espace de quatre ans.

XXXII

Se fera le chef-d'œuvre et expériance par devant les jurés qui seront en service, sans qu'il soit besoin appeler autres maistres pour y assister.

XXXIII

Seront tenus lesdits maistres jurés dudit mestier, aussitôt ledit chef-d'œuvre fait, ou que les dits fils de maistres seront par eux trouvés capables de tenir bouticque, les faire comparoir par devant nous ou nostre lieutenant. en la prochaine audiance et la suivante d'après laditte réception, pour prester le serment au cas accoustumé, sous peine de soixante sols parisis contre chacun d'eux, appliquable comme dessus.

XXXIV

Seront tenus ceux qui auront fait chef-d'œuvre ou expériance dudit mestier, aussitôt qu'ils seront reçeus et auront presté le serment de garder le présent règlement, payer, sçavoir, ceux qui auront fait apprantissage audit Reims, seize sols parisis, et ceux qui n'auront fait apprantissage audit Reims, vingt-quatre sols parisis, pour estre emploiés au frais de la cire, service et autres négoces et affaires dudit mestier ; et paier à chacun maistre dudit mestier, pour leurs vacations, sçavoir, par le fils de maistre, seize sols parisis, et par les autres non fils de maître vingt-quatre sols parisis, et sans qu'ils soient tenus faire autres frais ni aucun banquet.

XXXV

Item, si aucun s'ingèra ou s'efforce de tenir ouvrir (*ouvroir*) à Reims ou en fauxbourgs, avant avoir fait chef d'œuvre et estre reçeu maistre dudit mestier, il amendra de six livres parisis à appliquer comme devant est dit et si seront les ultis et ouvrages que l'on trouvera en sa pocession confisqués à mondit seigneur.

XXXVI

Item, que chacun maistre dudit mestier, aura une marque particulière dont il sera tenu marquer toutes et chacunes ouvrages afferrés qu'il fera, sous peine de douze sols parisis d'amende, à appliquer comme dessus, et, pour y avoir recours, graveront leurs dittes marques sur une table de plomb qui demeurera au greffe de céant, auxquels maistres sont faites deffences, sur peine de faux, d'user d'autre marque que de celle empreinte et gravé sur ladite table de plomb.

XXXVII

Que audit mestier et pour la garde d'iceluy seront prépcsés deux maistres jurés par chacun an, dont en sera changé un au bout de l'an et un autre mis en son lieu, suivant l'ordre de réception, selon l'ordonnance ; et à ces fins en sera dressé un rolle par lesdits maistres pour estre mis au greffe ; et seront tenus lesdits maistres prester le serment par devant nous ou nostre lieutenant, en la prochaine audience suivante le jour saint Eloy, qui eschoira le premier jour de décembre de chacun an, auquel jour sera enjoint d'aller visiter par chacun mois, ou plus souvent s'il y eschet, les ouvrages d'entre ceux dudit mestier qui seront trouvés en cette ville et faux bourgs et des contraventions faire rapport par devant nous incontinent après la saisie faite de l'ouvrage vitieu, sans qu'ils puissent prendre ne exiger aucunes amendes des contraventions au présent règlement qu'elles ne soient jugées, sous peine de seize sols parisis d'amende, à appliquer comme dessus.

XXXVIII

Item, que doresnavant aucun marchand et ouvriers forains dudit mestier aportés de dehors en cette ville et faux bourgs de Reims jusqu'à ce qu'ils aient esté visités par les maistres jurés dudit mestier, sous peine de vingt sols parisis d'amende, à appliquer comme dit est ; et pour laditte visitation sera par eux paiés ausdits jurés quatre sols parisis.

XXXIX

Item, faisons et sont fais deffences et inhibitions à toute personne, de quelque estat et condition qu'els soient, de faire et forger en laditte ville et faux bourgs de Reims aucunes choses de ce que dessus et autres ouvrages dudit mestier de taillandier et ferronnier, en peine de confiscation des pièces qui se trouveront avoir esté faites par autres que par lesdits maistres taillandiers et ferronniers, en peine de dix livres parisis d'amende, à appliquer comme dessus.

XL

Et est déclaré néantmoins, suivant l'advis des experts par nous sur ce ouïs ci devant, qu'il est indifferand que les outils à faire feu, pour estre loyaux, soient passé par la meulle, la lime ou non, si bon ne semble à l'ouvrier ; et que les mareschaux et serruriers, peuvent, si bon leur semble, forger les ferrures et battants de cloches, enclumes, enclumeaux, bigogues, bigogneaux, fer et ferrailles servans aux moulins.

XLI

Item, que doresnavant, lesdits maistres taillandiers et ferronniers seront tenus faire faire et porter par chacun an aux frais dudit mestier en la procession du jour et feste du Saint-Sacrement de l'hautel, pour la reverance d'iceluy, une torche ardente de poid de dix-huit ou vingt livres de cire neufe ; et que quand ils seront mandés et invittés en quelque assemblée pour les affaires dudit mestier en enterrement des maistres dudit mestier ou leurs veufe, et au service qui ce célèbrent aux dépens desdits maistres, eux s'y trouver, s'ils n'ont excuse légitime d'absence ou de maladie, sous peine chacun défaillant de quatre sols parisis, qu'il paiera sans déport, pour estre emploié aux frais des torches et services d'icelluy mestier.

Tout ce que dessus néantmoins sans préjudice au règlement des autres mestiers que desdits taillandiers et ferronniers. Ainsi signé :

Bourgeois, Delaval, Jean Savoie, Pierre Savoie, Pierre Page, Jesson-Guerrin, Oudart-Paulon, Jacques Galloteau, Simon Bouton, et marque de *Jacques Boutton*.

(Extrait des Documents inédits sur l'histoire de France. — Archives législatives de la ville de Reims).

En 1728, les maréchaux blanchevriers de Caen ayant présenté des statuts à l'approbation du Conseil du Roi, les couteliers prétendirent que dans ces statuts étaient compris plusieurs ouvrages dépendant de leur profession et firent des réclamations.

Une transaction intervint entre les *maréchaux blanchevriers*, les *taillandiers serruriers*, et les *couteliers* de Caen au sujet des ouvrages concernant ces trois professions, en voici le texte copié aux archives du Calvados :

« Les gardes en charge des maréchaux blanchevriers, dûment autorisés par le commun de « leur profession, ont volontairement consenti qu'en interprétant l'article desdits statuts comprenant le travail du fer et de l'acier à l'exclusion de tous autres, ils n'entendent pas entreprendre « sur la profession de coutelier ; pourquoi ces termes seront retranchés ; que sous l'article où ils « comprennent les *ciseaux à jardinier*, ils n'entendent autre chose que les grands ciseaux à man- « ches pour tondre les arbres et que dans l'article où ils emploient tous outils, ils n'entendent « comprendre ce qui est de la profession de coutelier, que pour les *couteaux à raser*, ils n'enten- « dent que ceux à l'usage des tanneurs et mégissiers ; que pour les *ciseaux*, ils n'entendent que « ceux à maillet et à cartier à manches ; que sous le nom de *couteaux à libraires*, ils ne réclament « que les grands couteaux à deux manches ; que sous celui de *couteaux à pâtissier*, ils entendent « seulement les couteaux à hacher et que par les *forces à tondre les étoffes*, ils n'entendent com- « prendre les forces à tondre les moutons et bestiaux

« Au moyen de laquelle explication, les gardes couteliers, maréchaux blanchevriers et taillan- « diers promettent tenir et entretenir les dits articles ».

Les taillandiers font encore aujourd'hui les ouvrages que nous avons détaillés plus haut. Le taillandier diffère du coutelier en ce que ce dernier ne s'occupe que des tranchants délicats en acier fin, tandis que le premier ne fait que des outils en fer aciéré ou en acier ordinaire.

La taillanderie comprend la fabrication de gros ouvrages et celle d'instruments tranchants.

Les ouvrages de forge sont :

Les *fourches*, les *pics*, les *pioches*, les *pelles*, les *bêches*, les *houes*, les *sarcloirs*, les *râteaux*, les *coutres*, *socs* et *versoirs* de charrue, les outils de *tailleurs de pierres* et *maçons*, les *truelles de plâtriers*, les *marteaux* de toutes sortes, les *tenailles*, les *compas*, les *coins* pour fendre le bois, les *limes*, etc.

Les instruments tranchants sont :

Les *couperets* et les *scies* de boucher, les *hachoirs* de charcutier, les *rogne-pieds* de maréchaux, les *haches*, les *cognées*, les *herminettes*, les *doloires*, les *bisaiguës*, les *faux*, les *faucilles*, les *serpes*, les *cisailles à haies*, les *ciseaux* de menuisier, les fers de *rabots*, de *verlopes* et de *bouvets*, les *gouges*, les *scies*, les *mèches*, les *vrilles*, les *tarières*, les *planes*, les *fers de colombe*, etc.

Nous ne nous occuperons dans cette étude que des instruments tranchants.

Travail du Taillandier

La plupart des objets de taillanderie sont en fer avec une mise d'acier à l'endroit du tranchant.

Le talent du taillandier consiste dans la manière de marier le fer à l'acier et de lui donner une trempe convenable.

Forgeage. — Le *forgeage* fondé sur la malléabilité du fer chauffé au-dessus de la chaleur rouge, se fait presque exclusivement au *marteau*, c'est-à-dire par choc d'un bloc métallique sur l'objet placé sur une *enclume*.

« Quand il s'agit de pièces de petite dimension, dit M Gautier (1), le forgeage se fait à la main « au moyen de marteaux mus à bras d'homme.

« Le *feu de forge* qui sert de base à ce travail est un foyer soufflé.

« La petite forge se compose d'une aire en briques surmontée d'une hotte en tôle pour l'éva- « cuation des produits de la combustion.

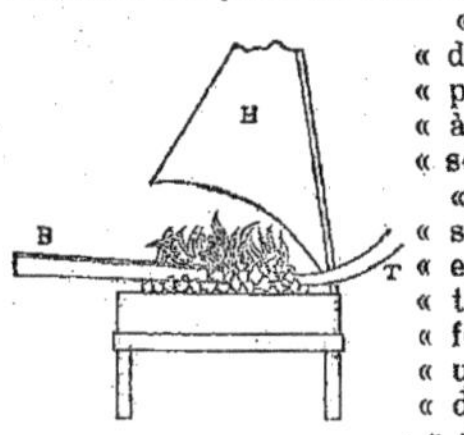

« Comme le montre la figure ci-contre, à l'extrémité de cette aire, « du côté où s'élève la hotte H, en O se trouve une buse ou tuyère T « par laquelle pénètre le vent. Ce vent est donné soit par un soufflet « à contre-poids, soit au moyen d'un ventilateur quand plusieurs feux « sont réunis dans le même atelier.

« Généralement, on maintient au milieu du foyer un conduit, en tas- « sant de la houille menue et mouillée sur un mandrin que l'on retire « ensuite. On empêche ainsi la concentration du foyer trop près de la « tuyère, le conduit ainsi formé se carbonisant quand on allume du « feu à son extrémité et permettant à un moment donné d'avoir « un plus grand volume de foyer. Le foyer est alors recouvert « de charbon mouillé pendant le travail et c'est alors que se « place l'objet à chauffer B que l'on recouvre de charbon humide. « Le combustible étant en contact direct avec la pièce de fer que l'on chauffe, il faut éviter qu'il « renferme du soufre, autrement celui-ci pourrait influencer la qualité du fer.

« Lorsqu'on a de grosses pièces à manier, on emploie un feu de forge ayant une forme circu- « laire, plus commode pour l'accès de tous les côtés et qui n'a généralement pas de hotte. Il « faut alors un atelier plus aéré, avec une lanterne ouverte à la partie supérieure du toit pour « faciliter l'écoulement des produits de la combustion qui autrement incommoderait les ouvriers.

« Généralement à côté de chaque feu de forge, se trouve une ou plusieurs *grues* servant à « faciliter le maniement des pièces.

« Pour le chauffage des petits objets, comme les rivets, les chevillettes et qui a lieu générale- « ment en plein air, on se sert de *forges portatives*. Ce sont des caisses cylindriques ou prisma- « tiques en tôle. Dans la partie inférieure est le soufflet, mû par un levier à mouvement alter- « natif ou par un petit volant que l'on manœuvre d'une main. Dans la partie supérieure est la « plate-forme de chauffe et la buse qui amène le vent.

« La *grosse forge* qui agit sur des blocs quelque fois considérable a un matériel tout différent. « Le chauffage se fait dans des fours à reverbère, souvent de dimensions très grandes. Les « blocs sont transportés par des grues puissantes sous un *marteau pilon* généralement disposé de « manière à laisser libre l'accès tout autour de la pièce ».

Soudage. — Souder c'est joindre ensemble, d'une manière durable, les extrémités de deux pièces de métal, soit en les amenant d'abord à une demi fusion par l'action de la chaleur et les martelant ensuite l'une sur l'autre, soit en employant la soudure.

Manière de souder deux morceaux de fer. (2) — « Pour que le fer se soude sur lui-même, il faut :

« 1° Que le contact des parties à souder soit aussi parfait que possible ; il est donc nécessaire « d'éviter ou de détruire l'oxydation qui se produit inévitablement pendant le chauffage et dans « ce but, on projette du sable qui forme avec l'oxyde un silicate fusible ;

---

(1) *E.-O. Lami.* — Dictionnaire de l'Industrie et des Arts Industriels.

(2) *E.-O. Lami.* — Dictionnaire de l'Industrie et des Arts Industriels.

« 2° Que la température à laquelle on chauffe les deux pièces soit suffisante pour produire leur « ramollissement;

« 3° Que les pièces soient pressées énergiquement l'une contre l'autre pour assurer le contact « et pour exprimer le silicate interposé.

« Le fer un peu carburé, l'*acier* par exemple, se soude moins bien que le fer; il faut certaines « précautions, l'oxydation ayant lieu d'une manière intense avant que la température soit suffi- « samment élevée pour amener l'adhérence. On y arrive en empâtant les surfaces à souder avec « de l'argile ou des compositions plus ou moins complexes où entrent principalement du borax « et de la résine.

« Pour les grosses barres de fer, la soudure se réalise facilement, sans interposition de ma- « tières étrangères, par simple rapprochement des parties à réunir coupées seulement en biseau « avec surépaisseur du métal, lorsqu'on veut amener celles-ci à la température du rouge vif, et « les soumettre à un véritable travail de forge. Cette soudure s'opère en martelant à la main ou « mécaniquement, suivant la grosseur des pièces. Elle s'applique plutôt aux petites en raison de « la rapidité avec laquelle la chaleur se perd par rayonnement, ce qui abaisse la température au- « dessous du point de soudure; elle réussit particulièrement bien avec le fer puddlé.

Manière de souder le fer avec l'acier. — « Il existe, dit M. de Valicourt (1) différentes manières « de souder le fer avec l'acier suivant l'usage auxquels sont destinés les outils dont ils doivent « faire partie.

« S'il s'agit par exemple, de fabriquer une tranche, un fermoir ou tout autre outil dont le « taillant doit être au milieu de l'épaisseur, l'acier doit être *soudé entre deux lames de fer*. On « prend, à cet effet, une barre de fer méplat que l'on étire en lui donnant la moitié de l'épais- « seur que doit avoir l'outil lorsqu'il sera terminé. On plie alors cette barre de fer en forme de « pincette et on introduit entre les deux branches un morceau d'acier d'égale largeur et de lon- « gueur suffisante; on rapproche ensuite les deux branches à l'aide du marteau, de manière à « ce que l'acier soit bien assujetti entre elles. La pièce est mise au feu et pendant qu'elle « chauffe, on la retourne souvent et on y saupoudre du grès pilé. Aussitôt qu'elle est parvenue à « la couleur rouge blanc et légèrement étincelante, on la porte promptement sur l'enclume et on « frappe vivement et à petits coups. Si la pièce est trop longue pour que la soudure puisse être « opérée d'un seul coup, on recommence l'opération, et, lorsque la soudure est parfaite, on re- « met la pièce au feu jusqu'à ce qu'elle devienne d'un rouge vif et on achève de l'étirer et de « lui donner la forme et le calibre qu'elle doit avoir en dernier lieu.

« Si l'acier doit être *soudé sur le bout* ou *sur le côté* d'un outil, on prépare un morceau d'acier « que l'on nomme une *mise*; on lui donne la forme convenable, et avec un ciseau, on soulève « quelques ergots sur les angles de la face qui doit être soudée, puis on trempe légèrement ce « morceau d'acier en le plongeant dans l'eau. On fait alors chauffer au rouge très vif le morceau « de fer auquel l'acier doit être soudé, puis mettant le morceau d'acier sur l'enclume, les ergots « placés en dessus, on applique le fer rouge sur ce morceau d'acier et on l'assujettit au moyen « de quelques coups de marteau assez forts pour faire pénétrer les ergots dans le fer. On remet « le tout à la forge et quand la pièce est suffisamment chaude, on opère la soudure comme à « l'ordinaire et on termine le tout comme il a été dit ci-dessus.

« Toutes les fois que l'on soude de l'acier avec du fer, ce dernier doit à l'avance avoir été « chauffé avant de le mettre en contact avec l'acier; de cette manière ils parviennent tous les « deux en même temps à la température de soudure qui est moins élevée pour l'acier que pour « le fer.

Manière de souder deux morceaux d'acier. — « Pour souder l'acier avec lui-même, on se con- « formera exactement à tout ce qui a été dit plus haut; il faut seulement redoubler de soin et « d'attention pour ne pas brûler la pièce et ne l'amener juste qu'à la chaleur suffisante pour la « soudure. On la saupoudre souvent de grès ou de verre pilé pour éviter l'oxydation produite par « une trop forte chaleur et qui déterminerait dans la masse de l'acier des gerçures irréparables.

Manière de souder l'acier fondu avec le fer et avec lui-même. — « Ce que nous venons de dire se « rapporte à l'acier naturel et à l'acier cémenté, mais on parvient très difficilement à souder l'acier « fondu parce que cette opération ne peut avoir lieu qu'à une température où cet acier se trouve pro-

(1). *E. de Valicourt.* — Manuel complet du tourneur.

« fondément altéré ; c'est du reste une question de savoir si l'acier fondu ainsi soudé n'a pas « assez perdu de sa qualité pour cesser d'être préférable à un bon acier soudable qu'on aurait « employé pour le même ouvrage.

« M. Camus indique dans l'*Art de tremper les fers et les aciers*, la formule et la préparation « d'une espèce de flux qui permet d'opérer la soudure de l'acier fondu à la chaleur rouge cerise « et par conséquent sans nuire à ses qualités.

« On prend :

« Borax en morceaux,	95 grammes,
« Sel ammoniac bien pulvérisé,	1 gramme.
« Alcool,	50 gouttes.

« On met le borax dans un creuset de 10 centimètres de hauteur, on saupoudre ensuite de sel « ammoniac, puis on arrose avec l'alcool.

« On prépare alors un feu de forge bien couvert, et lorsqu'il est allumé, on y plonge entière- « ment le creuset que l'on recouvre avec un couvercle en tôle pour éviter qu'il ne s'y introduise « des corps étrangers. On chauffe d'une manière douce mais soutenue, pendant 4 à 5 minutes, « au bout desquelles le borax se trouve renflé ; on le refoule au fond du creuset avec une petite « baguette de fer et on replace promptement le couvercle. On continue à chauffer pendant 5 à 6 « minutes et on verra bientôt la masse se liquéfier et entrer en ébullition sous l'apparence de « vin blanc roux. On retire alors vivement le creuset et on verse son contenu sur une feuille de « tôle bien propre ; puis aussitôt que le mélange a pris de la consistance, et sans attendre qu'il « soit tout à fait refroidi, on le casse en petits morceaux. Si l'opération a été bien conduite, ce « mélange doit avoir une belle couleur de sucre candi ; au reste quelle que soit sa couleur, on « pourra toujours l'employer avec succès.

« Supposons d'abord qu'on veut souder à un morceau de fer une mise d'acier fondu, pour en « former un outil tranchant. On commence par préparer le barreau de fer ; on l'ouvre par un de « ses bouts, on dispose avec soin les amorces et on y ajuste la mise d'acier fondu. On la retire « ensuite puis on remet le fer au feu et l'on chauffe jusqu'au rouge blanc. On le sort alors vive- « ment et avec l'extrémité d'une lime, on nettoie promptement les parties qui doivent être sou- « dées ; on y promène ensuite un petit morceau de la préparation qui s'étend immédiatement et « coule comme de la cire. On remet la mise d'acier à sa place, on replace le tout au feu et on « surveille la pièce avec attention.

« Aussitôt qu'elle est parvenue au *rouge cerise vif*, le flux commence à entrer en ébullition. On « saisit ce moment pour porter promptement la pièce sur l'enclume où on la frappe à petits « coups très précipités ; si l'on a bien opéré, la soudure devra être parfaite. Cependant on ne « doit pas s'attendre à réussir du premier coup ; il faut ici comme en toutes choses, de l'habitude « et un peu d'adresse.

« Pour souder l'acier fondu avec lui-même, on procède absolument de la même manière, seu- « lement on ne doit jamais chauffer au-delà du *rouge cerise* les pièces qui doivent être réunies « ensemble ».

Trempe. — Il s'agit ensuite de tremper la mise d'acier ; nous avons donné au chapitre V de la IIIe Partie, tous les renseignements relatifs à la trempe de l'acier, nous n'y reviendrons point.

Cependant nous croyons devoir donner quelques procédés particuliers aux taillandiers que nous trouvons dans l'ouvrage de MM. G. Delmas et L. Sotte [1] :

Chauffage. — « La *chauffe de la trempe*, disent-ils, est l'opération préparatoire que les « outils doivent subir pour les exposer au refroidissement. Cette opération a ses règles et ses « principes comme le refroidissement a les siens.

« Ces outils sont chauffés *nus* ou *habillés*.

« On les chauffe :

---

[1] *G. Delmas et L. Sotte.* — Guide pratique du forgeron, taillandier, serrurier, coutelier.

« 1° Soit dans une forge ordinaire ;

« 2° Soit dans des caisses en terre réfractaire ou en tôle, ou dans des fourneaux de forme « spéciale. »

Chauffe dans une forge. — « Il faut que le feu soit préparé convenablement et préféra- « rablement avec du coke et du charbon de bois. Dans certains cas on le dispose en construisant « une voûte avec de la houille ; au fur et à mesure que cette voûte s'abaisse, on y introduit « intérieurement du coke ou du charbon de bois. »

Chauffe dans des caisses en terre réfractaire ou en tôle. — « Ces caisses, doivent « être elles-mêmes chauffées dans des fourneaux construits spécialement de la forme « exigée par l'opération. Pour la chauffe dans un fourneau, ce dernier doit être aussi de forme « spéciale. C'est surtout pour chauffer de fortes pièces, telles que *enclumes, matrices,* etc., dont « la totalité doit être chauffée et durcie également : on dispose ces pièces sur une grille à vingt « centimètres au-dessus de la houille et on les chauffe bien régulièrement ».

Chauffe habillée. — « L'habillement des outils pour la chauffe à la trempe, s'entend d'une « couverture sèche ou liquide sous laquelle ces outils sont enveloppés d'une sorte de fourreau. « Il y a des compositions qui exercent une certaine influence sur la constitution des aciers.

« On peut faire un composé avec des cendres et de l'argile visqueuse, sans sable et sans « grumeau, délayée dans de l'eau. Il faut que les cendres soient en plus grande quantité que « l'argile ; cela forme une pâte que l'on applique au pinceau sur les surfaces du tranchant de « l'outil.

« Sous cette enveloppe, l'acier est chauffé moins vite que s'il était nu, mais il est chauffé plus « régulièrement, et l'on n'a pas à redouter qu'il y ait de dégradations occasionnées à la surface « des pièces blanchies, par la formation d'une couche d'oxyde.

« Mais quand l'on prend des substances végétales ou animales, l'action de l'habillement change « de propriété. On entend par substances animales ou végétales tous les ingrédients qu'on « emploie pour la trempe, tels que les *cuirs brûlés*, la *corne calcinée*, la *suie*, la *lie de vin*, la « *levure de bière*, etc. Ces ingrédients contiennent en quantité du carbone, et en les chauffant « avec l'acier, ils se carbonisent. Si on les met en contact avec l'acier, ils agissent selon leur « nature et lui donnent une grande dureté.

« Ces ingrédients sont mélangés avec des sels pour que ceux-ci forment un fondant, et pour « éviter que le carbone ne se combine à la surface des aciers, ce qui les rendrait très durs et « tellement crasseux que l'on aurait de la peine à les blanchir.

« La combinaison des sels et du carbone a pour effet de donner à l'acier une couleur de blanc « d'argent ; il arrive alors qu'à la trempe, les enduits n'ayant aucune adhérence, l'acier se « dépouille et prend la couleur que lui ont donnée les sels et le carbone ».

Chauffe nue. — « Toutes les pièces qui ne sont pas forgées et recuites et qui doivent « être aiguisées, peuvent être chauffées sans que les surfaces soient préservées par aucune « préparation.

« Plus l'acier est vif, plus la chauffe doit être rapide, plus il sortira propre et dépouillé de « toute couche d'oxyde.

« La chauffe nue consiste à prendre l'acier dans l'état où il est au sortir de la forge pour le « soumettre à l'action du calorique avant de le refroidir ».

Refroidissement. — « L'eau pure est l'un des meilleurs liquides où l'on puisse refroidir « l'acier. Bien des essais ont été faits sur un grand nombre de procédés, mais un bon ouvrier « ne supprime jamais l'eau, si ce n'est pour des pièces impossibles à tremper à l'eau.

« Voici quelques procédés pour la trempe des outils tranchants :

Trempe pour tranchets, rogne-pieds. — « Prenez :

« Acide sulfurique,	1 litre ;
« Urine,	2 litres ;
« Eau,	10 litres ;

« Savonnez légèrement ce mélange, chauffez ensuite les tranchets et rogne-pieds au rouge « cerise et trempez-les dans ce mélange. Réchauffez-les jusqu'à ce qu'on puisse les tenir avec « une main gantée ; trempez-les à l'huile et faites-les réchauffer jusqu'à ce que la flamme ait « absorbé l'huile ; mettez les tranchets dans de l'eau claire et les rogne-pieds dans de la sciure « de bois. »

HACHOIR A 2 MAINS

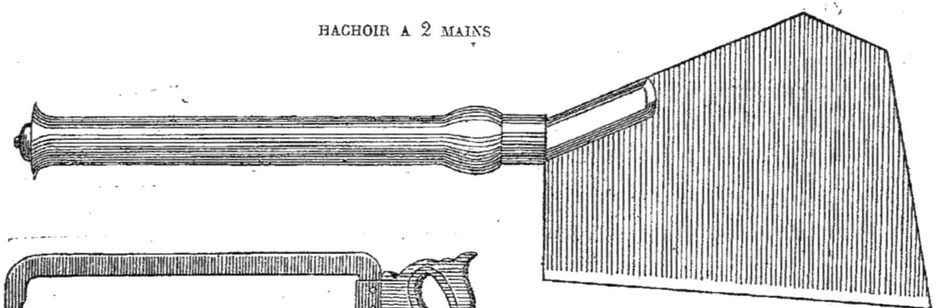

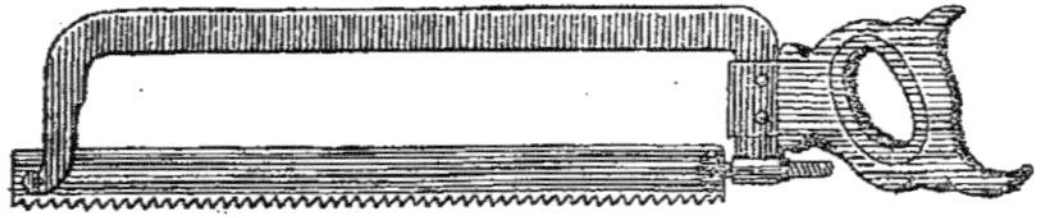

SCIE DE BOUCHER

COUTEAU A PELER

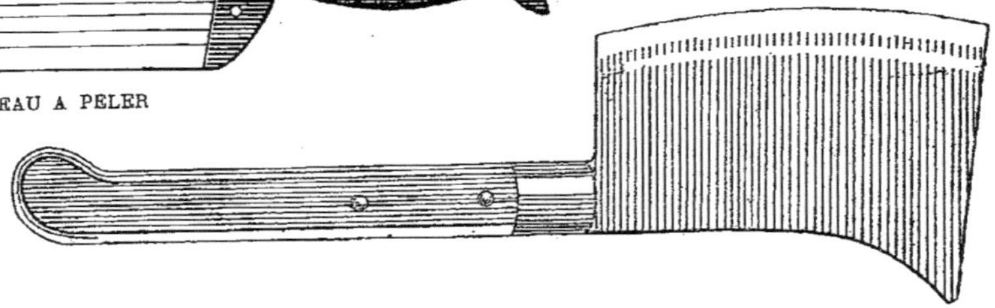

CASSOIR

Trempe pour faux et faucilles. — « Pour tremper ces outils, un fourneau de chauffe est néces-
« saire afin qu'ils soient chauffés bien uniformément au *rouge brun*.

« On les trempe dans de l'eau bien savonnée et tiède à laquelle on joint vingt grammes de « prussiate de potasse par vingt litres d'eau. On peut tremper ainsi sans recuit.

« La trempe à l'eau légèrement tiède est la meilleure pour la faux. Après cette trempe, on en « place une vingtaine dans une caisse en tôle munie d'un thermomètre. On la met dans un « fourneau de forme spéciale où on la chauffe peu à peu et bien également de tous les côtés. « Quand le thermomètre marque 265 à 270 degrés, on sort la caisse qu'on laisse refroidir peu « à peu ».

Trempe pour bisagües, gouges, ciseaux, fers de rabot. — « Prenez :

« Suif de bœuf,	1 kilog. ;
« Huile de noix,	1 litre ;
« Sel de cuisine,	100 grammes ;
« Prussiate de potasse,	100 grammes.

« Faites bouillir le tout pendant une demi-heure dans un pot bien fermé, chauffez les outils au « *rouge cerise*, trempez-les dans ce mélange sans recuit, ce procédé est un des meilleurs ».

Trempe pour planes, hachoirs, grands couteaux. — « Il faut que ces taillants soient trempés à « l'eau légèrement tiède. Ils sont chauffés au rouge cerise. On les recuit jusqu'au jaune paille « ou 240 degrés, puis on les laisse refroidir lentement dans la sciure de bois ».

Trempes pour serpes. — « Cette trempe se fait comme celle des autres tranchants, avec la « différence qu'il faut plonger la serpe entièrement dans l'eau et tourner le tranchant en l'air, « parce qu'étant plus mince il est plutôt froid. En le refroidissant trop promptement, les molé- « cules de la partie mince se contractent plus vite que les autres, ce qui provoque des cassures « ou des fentes en travers des taillants ».

Trempe pour ressorts. — « Mettez dans quatre litres d'eau, un litre d'acide sulfurique; tenez « le mélange tiède; chauffez les ressorts au *rouge cerise*, et faites-les refroidir dans le mélange « Sitôt refroidis, on les sort du bain, on les mouille dans l'huile de noix et on les fait recuire « jusqu'à ce que l'huile soit en flamme ; une fois la flamme complètement absorbée par le feu, « on les met dans de la sciure de bois.

Trempe pour mèches, vrilles, tarières. — « Mettez dans un pot bien couvert :

« Suif de mouton,	1 kilogr.
« Suif de bœuf,	1 —
« Huile de noix,	1 litre.

« Faites dissoudre le tout jusqu'à complète dissolution du suif et laissez refroidir.

« Chauffez les pièces au rouge cerise et trempez-les dans le mélange sans recuit.

Trempe pour scies — « Les scies doivent être trempées en paquets, c'est-à-dire qu'on en chauffe « cinq ou six ensemble dans une caisse ou un fourneau d'une forme spéciale. Elles doivent re- « poser sur toute leur longueur pour qu'elles ne dégauchissent pas. On leur donne une chaleur « bien uniforme *rouge cerise*, puis on les trempe dans de l'eau salée, additionnée d'un peu d'ami- « don et chauffée de 70 à 80 degrés, où on les laisse refroidir. On recuit dans une caisse en tôle « munie d'un thermomètre.

« Les grandes scies doivent avoir un recuit de 280 à 290 degrés. Quand le thermomètre mar- « que ces degrés de chaleur, on sort les pièces et on les laisse refroidir dans la sciure de bois.

Trempe en paquet. — « On appelle trempe en paquet, dit M. de Valicourt (1), une espèce de « cémentation partielle que l'on fait subir à certains ouvrages en fer qui se trouvent ainsi super- « ficiellement recouverts d'une couche d'acier susceptible de recevoir la trempe, tandis que les « parties centrales conservent leurs conditions de fer doux et malléable.

« Bien que la trempe en paquet ne soit pas d'une grande utilité pour la confection des outils « puisque la couche d'acier ainsi obtenue ne présente ni la qualité, ni l'épaisseur nécessaires « pour constituer un bon tranchant, nous en dirons cependant quelques mots en faveur des per- « sonnes qui désireraient expérimenter ce procédé.

(1) *E. de Valicourt.* — Manuel complet du tourneur.

« Les pièces que l'on veut tremper sont renfermées dans une boîte en tôle que l'on remplit « d'un mélange de suie grasse, d'os, de sabots, de cornes et de cuirs d'animaux carbonisés. On « a soin que les pièces ne se touchent pas entre elles et que tous les intervalles soient exacte- « ment remplis par le charbon animal. La boite est ensuite exactement fermée avec son couver- « cle que l'on maintiendra en place par un lien de fil de fer et qui sera en outre bien luté avec « de l'argile.

« On fait ensuite avec des briques sous la hotte de la forge, une espèce de fourneau, on place « la boîte au milieu, sur des barres de fer qui forment une grille et on l'entoure de toutes parts « de charbon de bois On allume le charbon et on soutient le feu à une température la plus égale « possible ayant soin de remplacer le combustible à mesure qu'il se consume; au bout de 3 ou « 4 heures pendant lesquelles il s'exhale de la boîte une odeur assez désagréable, on peut re- « garder l'opération comme terminée; on écarte alors les charbons, on enlève la boîte avec des « tenailles, on l'ouvre vivement et l'on renverse tout son contenu dans un seau d'eau froide. « Cette dernière opération doit être faite avec toute la promptitude possible ».

Trempe au prussiate de potasse. — « La longueur et l'embarras des opérations de la trempe en « paquet, ont fait rechercher d'autres méthodes plus expéditives pour arriver au même but.

« Plusieurs substances mises en contact avec le fer incandescent, possèdent la singulière pro- « priété de le durcir, du moins à la superfice, et quoique la cémentation ainsi produite ne pénè- « tre pas à la même profondeur que celle qui résulte d'une trempe en paquet, bien conduite, « on ne laisse pas que d'employer ce procédé lorsque l'on veut gagner de temps.

« Après avoir fait chauffer le fer jusqu'au *rouge vif*, on le gratte avec du *prussiate de potasse* « (ferro cyanure de potassium), on le remet ensuite au feu quelques instants, puis on l'en retire « pour le plonger dans l'eau où il acquiert une dureté analogue à celle de l'acier trempé ».

Recuit. — Presque tous les outils trempés par les moyens que nous venons de décrire, même ceux qui ont été plongés dans le suif ou dans l'huile, présenteraient une dureté excessive et une trop grande facilité à s'égrener si on les employait dans l'état où ils sont restés en sortant du bain d'immersion. Il n'y a que les limes et les outils destinés à tourner le fer et l'acier, de même que les outils en fer cémenté par les procédés que nous venons d'indiquer, que l'on puisse employer sans les soumettre à une autre opération.

Quand aux autres outils, pour assurer la vivacité et surtout la durée de leur tranchant, il est nécessaire de leur faire subir un *recuit* pour atténuer dans certaines proportions l'excès de dureté qui leur a été communiqué par la trempe.

Nous avons étudié cette opération au chapitre V de la IIIe Partie, nous y renvoyons nos lecteurs.

Aiguisage et polissage. — Enfin il faut *aiguiser* les outils et les *polir*.

Ces deux opérations ne présentent rien de particulier; nous avons indiqué au Chapitre IX de la IIe Partie et au chapitre VIII de la IVe Partie les différents procédés employés, nous n'avons rien à y ajouter.

Qualité des objets de taillanderie. — Pour reconnaître si les outils tranchants sont bien confectionnés, il faut les faire *sonner*; en les tenant en équilibre d'une main et en frappant dessus avec un corps dur de l'autre. S'ils rendent un son clair et prolongé, c'est un indice qu'il n'existe ni paille ni gerce et que les soudures ont été bien faites.

Quant à la *mise d'acier*, on la reconnait à son aspect plus luisant dans les outils qui n'ont qu'un biseau ou sur les champs lorqu'elle est soudée entre deux fers ; on juge par cette inspection combien il y a d'acier.

Pour reconnaître la qualité de cet acier, on se sert d'un tiers point. Avec le bout de cette lime, on *tâte* l'acier dans divers endroits. C'est-à-dire qu'on essaye de faire mordre la lime sur le métal. On juge la dureté par la facilité plus ou moins grande qu'on éprouve à entamer l'acier.

Les outils de taillanderin ne doivent pas être trop durs parce qu'ils s'égrèneraient facilement à l'usage et qu'il serait difficile dans ces conditions d'entretenir un bon tranchant.

Fabrication de la taillanderie. — Les nouveaux procédés de production de l'acier, tendent à faire fabriquer des outils entièrement confectionnés avec ce métal.

Les maîtres de forge ont accaparé les pièces qui peuvent être produites mécaniquement par laminage, découpage, emboutissage, tels que pelles, bêches, pioches, marteaux, socs de charrues, en un mot tous les articles de taillanderie brute.

Aujourd'hui la taillanderie se fabrique dans différentes usines spéciales outillées mécaniquement; les principales se trouvent dans les Ardennes, les Vosges, le Doubs, l'Ariège, la Loire et l'Alsace. L'Angleterre, l'Allemagne, l'Autriche et les Etats-Unis fabriquent une grande quantité d'outils tranchants qui sont exportés dans les cinq parties du monde.

Instruments tranchants

Haches. — L'origine de la *hache* (1) remonte aux époques préhistoriques de l'Age de pierre; elle fut d'abord en silex et emmanchée dans un bois ou un ossement de renne; plus tard, les peuplades primitives de la Gaule la remplacèrent par la hache de bronze dont la forme différait peu de celles qui se font de nos jours.

Actuellement, la *hache* est un instrument en fer fixé à un manche en bois par son côté le plus étroit et dont le tranchant aciéré est large, de forme droite ou en arc de cercle.

La hache varie de forme suivant les services qu'on en attend; on distingue :

La *hache* proprement dite, la *cognée*, la *doloire*, l'*herminette*, la *hache à main* ou *hachereau*.

Faux. — La *Faux* (2) est un instrument connu depuis un temps immémorial et dont on se sert pour couper les fourrages et les céréales.

« La forme de la faux, disent MM. Privat-Deschanel et Focillon, varie suivant les diverses « contrées agricoles et suivant les produits à l'exploitation desquels elle est employée. En « général, elle se compose d'une lame mince en acier, légèrement arquée, se relevant doucement « vers la pointe et un peu convexe à sa face supérieure. Elle est longue d'environ un mètre,

(1) *Hache*, de l'allemand *hacke*, instrument à trancher.

(2) *Faux*, du latin *falx*, d'où vient qu'on écrivait autrefois *faulx*.

« large de 0^m12 à 0^m15 vers son talon et diminue insensiblement de largeur jusqu'à l'autre « extrémité, qui se termine en pointe aigue ; tranchante sur son bord, concave dans toute son « étendue, elle présente sur le bord convexe une arête solide, épaisse d'environ 0^m01, qui « contribue à la maintenir fermement dans sa forme primitive.

« Cette lame présente à son talon une espèce de poignée en forme de crampon, terminée « par un bouton recourbé, et qui est fixée à l'extrémité par une forte virole a l'aise, permettant, « au moyen d'un coin de fer et d'un ou deux morceaux de cuir, de faire varier au gré du faucheur « l'ouverture de l'angle que forme la lame avec le manche.

« Celui-ci est en bois, long de deux mètres, généralement droit, et porte vers son milieu une « poignée, quelquefois une autre à son extrémité. Plus l'angle que forme l'articulation de la faux « avec le manche est ouvert, plus le fauchage exige de force, mais aussi plus le champ parcouru « par la faux est grand et plus chaque coup fait de travail. Ce qui fait que lorsque l'herbe est « forte, il faut diminuer l'ouverture de cet angle.

« Pour les céréales, le manche de la faux est armé d'une baguette recourbée appelée *ployon*, « terminée par une traverse assez forte d'où partent quatre ou cinq baguettes parallèles à la « lame de la faux et pointues à leur extrémité ; cet appareil se nomme *râteau*.

« Pendant l'opération du fauchage, les tiges renversées par les mouvements de la faux se « couchent sur le râteau, une légère secousse de l'ouvrier les dépose en *andains*.

« L'emploi de la faux nécessite un outillage destiné à battre et à aiguiser la faux, qui se « compose d'une ceinture, d'un cornet en bois, en corne ou en fer blanc, d'une pierre à aiguiser, « d'une petite enclume et d'un marteau. Lorsque le tranchant de la faux est trop émoussé et qu'il « ne peut plus être ravivé par la pierre à aiguiser, l'ouvrier est obligé de la battre. Pour cela, il « la démanche, plante son enclume en terre et, tenant la faux de la main gauche, il passe « successivement toutes les parties du tranchant sur l'enclume, pendant que de la droite il « frappe doucement avec le marteau, jusqu'à ce qu'il ait obtenu l'amincissement désiré ».

Dans la fabrication des faux, on distingue deux types principaux : la fabrication de Styrie et la fabrication d'Angleterre.

Les faux styriennes sont produites par l'étirage au martinet d'un bidon d'acier naturel.

Les faux anglaises sont formées d'une lame d'acier fondu très dur, assemblée au moyen de rivets à un dos en fer.

« La faux styrienne, dit M. Le Play (1), jouit des qualités distinctives de l'acier naturel, la « *malléabilité à froid*, il en résulte que l'outil ne se brise pas par le choc des corps durs qui « peuvent se rencontrer sur les surfaces fauchées ; en second lieu, que le tranchant, ébréché par « de tels chocs ou émoussé par l'usage, peut être rétabli par un martelage que l'ouvrier fau- « cheur exécute lui-même au moyen d'un marteau à main et d'une enclume portative.

« La faux anglaise, en raison de son extrême dureté, est trop fragile pour qu'on puisse « amincir le tranchant au marteau ; le tranchant s'y rétablit donc exclusivement par l'aiguisage. « Le tranchant des lames en acier fondu faites en Angleterre résiste trois ou quatre fois plus « longtemps que celui des faux styriennes ».

L'inconvénient de la faux anglaise est de se briser ou de s'ébrécher assez facilement par le choc contre les corps durs, les pierres, etc. Le faucheur peut donc se trouver arrêté au milieu de son travail ; c'est ce qui fait qu'en France on se sert peu du système anglais.

---

(1) *Exposition universelle de 1851*. — Travaux de la Commission Française sur l'Industrie des Nations. — XXIe Jury. — Coutellerie et outils d'acier, par M. F. Le Play, Ingénieur en chef des Mines, né à La Rivière, près Honfleur, en 1806, mort à Paris en 1880.

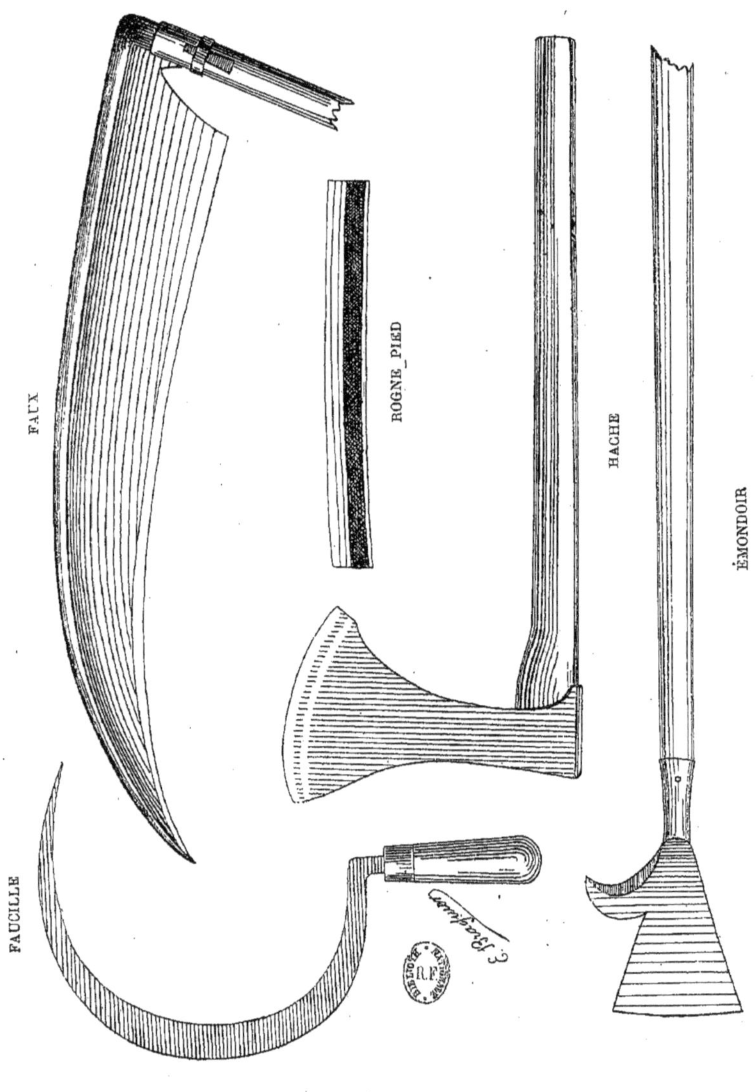
FAUX
ROGNE_PIED
HACHE
ÉMONDOIR
FAUCILLE

XIXe SIÈCLE

PLANCHE CXXVI

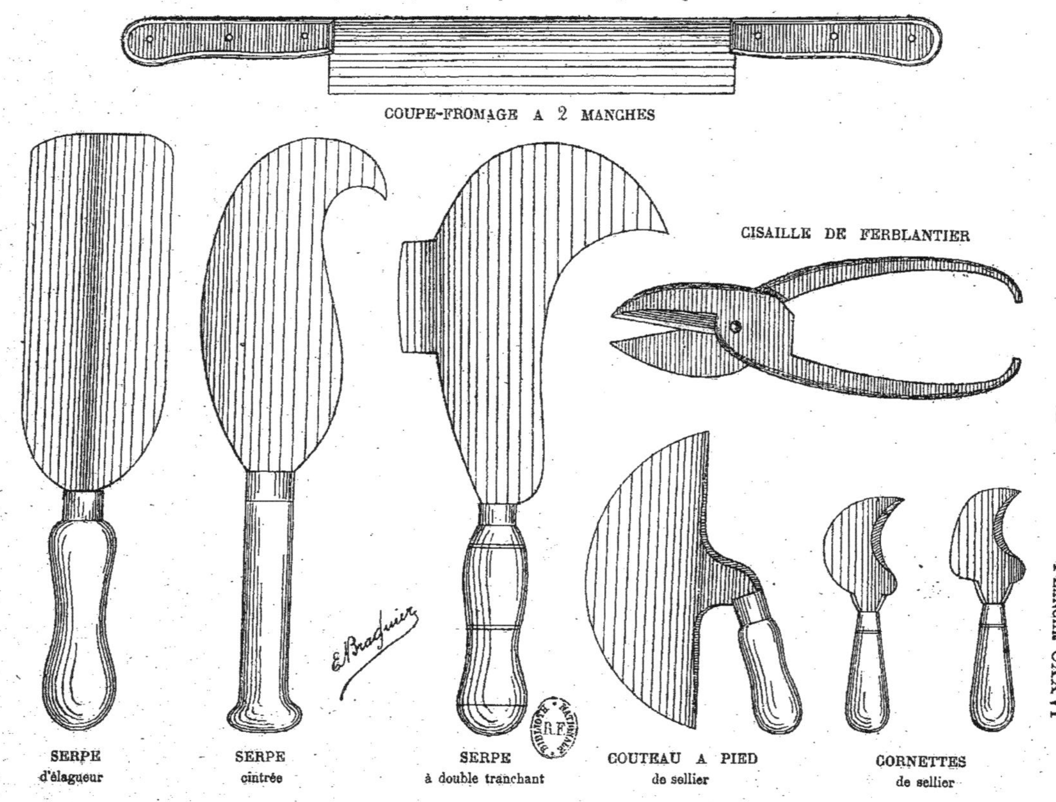

Les faux françaises, ont comme celles de Styrie le tranchant non aiguisé et une trempe douce qui permet de les affuter en les battant au marteau. Elles sont d'une qualité très bonne et très égale et ne le cèdent en rien aux meilleures faux de Styrie.

Faucille. — La *faucille* (diminutif de *faux)* se compose d'un manche en bois ou *manette,* long de 0m15 environ et d'un fer recourbé en forme de C, tranchant ou dentelé sur son bord concave ; on s'en sert pour couper les céréales.

L'usage de la faucille tend à disparaître de jour en jour devant celui de la faux ; sans doute à cause du travail pénible qu'elle occasionne.

Son emploi ne convient guère aujourd'hui que pour la récolte des terrains d'un accès difficile et pour couper les seigles et les blés dont on veut conserver la paille intacte pour être utilisée à certains travaux.

Serpes. — La *serpe* (1) est un instrument indispensable pour l'élagage des arbres fruitiers et forestiers et dont les jardiniers ne peuvent se passer.

Il se compose d'une lame en fer aciéré, longue de 0m25 à 0m35, large de 0m08 à 0m09, dont une des extrémités est fixée à un manche assez gros, pour être saisi à pleine main et long de 0m12 à 0m15, l'autre extrémité est plus ou moins recourbée en dedans suivant les pays et l'usage auquel l'instrument est destiné.

La serpe d'élagueur se fait droite et le milieu de la lame est renflé de manière qu'elle est en tranchant des deux côtés.

Dans le Poitou, on se sert d'une serpe ayant sur le dos une espèce de hachette qui permet de s'en servir dans les endroits où la longueur de la serpe gêne. Cette serpe a beaucoup de ressemblance avec la *serpette de vigneron* romain que nous avons décrite dans la IIe Partie, page 45, *(Voir Planche XV).*

Cisailles de ferblantier. — Les *cisailles de ferblantier* sont de forts ciseaux dont on se sert pour couper la tôle, le ferblanc, le zinc et tous les métaux qui sont en feuilles.

Il s'en fait de toutes les forces et grandeurs; les unes se manœuvrent d'une seule main; pour se servir des autres, on fixe l'une des branches dans un étau afin d'avoir plus de force.

Rogne pieds. — Le *rogne pieds* est un outil que les maréchaux utilisent pour couper les clous lorsqu'ils veulent déferrer les chevaux et pour couper et égaliser la corne autour du sabot du cheval lorsque le fer est posé.

On a employé pendant longtemps et l'on emploie encore pour cet usage, des sabres réformés qui se vendent à vil prix et dont la qualité est bonne.

Pour les utiliser, on casse la pointe et le talon de manière à ne conserver que le tronçon du milieu. On appuie le tranchant sur la corne du pied et à l'aide d'un

(1) *Serpe,* du latin *sarpere,* émonder, nettoyer.

marteau on frappe sur le dos de la lame pour tailler le sabot du cheval ou couper les clous.

Cette habitude de se servir des lames de sabres, a fait donner à cet outil la forme d'un tronçon de lame, d'environ 0m30 de longueur ; légèrement cintré et coupé à angle droit à ses deux extrémités. En outre, de chaque côté de la partie plate, se trouve une large gouttière plus rapprochée du dos que du tranchant.

Les *rogne pieds* se vendent de 6 à 7 fr. la douzaine.

Outils de tanneur. — Les tanneurs se servent de différents outils tranchants dont voici la description ; ce sont :

Le *couteau de rivière* qui sert pour écharner les peaux. La lame a le fil très rabattu, elle a environ 27 à 30 centimètres de long sur 14 à 16 de large.

Ce couteau a deux tranchants et est muni de deux manches; pour se servir de ces deux tranchants, on en rabat un en dessus au moyen d'un fusil.

Le *couteau rond* dont le tranchant est arrondi; il est employé pour le dépilage ou enlèvement du poil.

Le *couteau à dos* qui ne coupe qu'à la partie concave; le chamoiseur et le mégissier s'en servent pour ravaler les peaux sortant du confit.

Couteau de relieur. — Lorsque le relieur veut rogner les feuilles des livres, il les serre fortement dans une presse, de manière à ne laisser dépasser que ce qu'il veut couper; puis il fait glisser le long de cet instrument un couteau qui coupe les feuilles d'une façon uniforme.

Ce couteau est une sorte de tranchet droit et plat; il est emmanché dans un guide muni de deux poignées afin de donner plus de force à l'ouvrier.

Dans les grandes imprimeries, on se sert pour rogner le papier de machines qui font manœuvrer de grandes règles plates en acier, qui sont en tranchant sur un de leurs côtés et remplissent l'office de cisailles.

Couperets de boucher. — Les bouchers se servent de différentes sortes de couperets qu'on appelle : *ansarts, fendoirs, cassoirs, bat-cotelettes.*

Ansarts. — Cet instrument est une espèce de hache en fer aciéré, pesant de 2 à 3 kilogr. Avec le tranchant on coupe la viande et les os ; on s'en sert ensuite comme d'un battoir pour aplatir la viande.

Fendoirs. — Le fendoir est une large feuille de tôle d'acier de 1 millimètre et demi d'épaisseur et de 25 à 30 centimètres de longueur sur 15 à 18 centimètres de largeur, rivée sur une chape en fer qui sert à l'emmancher. Les bouchers l'emploient pour séparer en deux la colonne vertébrale des animaux.

Cassoirs. — Comme son nom l'indique, cet instrument est destiné à casser les os. C'est un fort couperet en fer aciéré, muni d'un long manche en bois dont on se sert à deux mains.

Bat-côtelettes.— Cet instrument, en fer aciéré, est utilisé pour façonner les côtelettes; moins lourd que l'ansart, il est rectangulaire avec deux tranchants; le dessous est plat et le dessus convexe. Il ressemble beaucoup à un battoir de blanchisseuse.

Hachoirs de charcutiers. — On donne ce nom à des feuilles de tôle d'acier de grande dimension, rivées sur une chape en fer et montées sur un long manche en bois.

On s'en sert à deux mains pour hacher la viande.

Scies de bouchers. — Les bouchers, pour couper les os, se servent de scies à main de différentes dimensions.

Ces scies se composent d'un arbre formé d'une tige droite en fer, ayant à chacune de ses extrémités une partie coudée à laquelle la feuille de la scie est attachée de manière à être maintenue parallèlement à la tige.

L'une de ces parties coudées porte un écrou qui permet de tendre la scie ; l'autre est munie d'une poignée.

Fabricants d'outils tranchants

Certaines maisons qu'on peut assimiler à des fabriques de grosse coutellerie se sont adonnées spécialement à la fabrication des outils tranchants ; nous allons donner la lisie de celles qui ont figuré à diverses expositions.

1823

Perrenet et Monget, à Pontarlier (Doubs),
Ciseaux de menuisier et autres outils ;
Ruffié, à Foix (Ariège),
Faux et ciseaux propres à la ciselure des métaux ;
Dessoye, à Brévannes (Haute-Marne),
Burins ;
Hamelin-Bergeron, rue de la Barillerie, n° 15, à Paris,
Outils de tourneur ;
Arnheiter et Petit, rue des Boucheries-Saint-Germain, n° 30, à Paris,
Outils de jardinage ;
Durand, rue de Bussy, n° 19, à Paris,
Outils de jardinage.

1827

Garrigou, Massenet et Cie, à Toulouse,
Faux d'une excellente exécution ;
Coulaux aîné et Cie, à Molsheim (Bas-Rhin),
Faux en acier fondu ;
Bobillière, à la Grand'Combe (Gard),
Faux fabriquées avec des aciers de Styrie ;
Nicod, à Fin des Gras (Doubs),
Faux fabriquées avec des aciers de Styrie.

1839

Arneither, 18, rue Childebert, à Paris,
Instruments d'agriculture et de jardinage ;
Delarue et Gautier, 6, rue du Monceau-Saint-Gervais, à Paris,
Outils divers ;

Blanchard, 37, rue des Gravilliers, à Paris,
Outils de sellerie ;
Vve Bathelot Jne, à Blamont (Meurthe),
Outils destinés au travail du bois ;
Bresquignan, 29, rue des Gravilliers, à Paris,
Outils de selliers.
Derosselle, 1, rue Planche-Mibray, à Paris,
Outils de bouchers.

1851

Arneither, rue Saint-Germain-des-Prés, à Paris,
Outils de jardinage ;
*Talabot et Cie*, à Touloese (Haute-Garonne),
Faux en acier fondu.

1855

Goldenberg, à Zornhoff, près Saverne (Bas-Rhin),
Outils divers ;
Peugeot frères, à Hérimoncourt (Doubs),
Outils divers ;
Jackson frères et Gérin, à Saint-Etienne,
Faux ;
Croulon, à Paris,
Instruments de jardinage ;
Garde, à Paris,
Instruments de jardinage ;
Simonin Blanchard, à Paris,
Outils de selliers ;
Dorian Holtzer, à Vilbenoite, près Saint Etienne,
Faux;
*Lasigues et Cie*, à Touille (Haute Garonne),
Faux;
Allard père et fils, à Paris,
Outils de cordonniers ;
Berger, à Paris,
Couteaux de peintres ;
Boisset, à Paris,
Outils de cordonniers ;
Descreux, à Saint-Etienne,
Outils de cordonniers;
Dormoy, à Nogent (Haute-Marne),
Haches ;
Moreau, à Paris,
Outils de cordonniers;
Javelier et Clément, à Corravillers (Haute-Saône),
Faux ;
Nicod père et fils, à Maison du Bois (Doubs),
Faux ;

FIN DU TOME III

TABLEAU A

Budget de la famille d'un ouvrier coutelier de Thiers (Puy-de-Dôme).

COMPOSITION DE LA FAMILLE :		
	Mari.	35 ans ;
	Femme. . . .	30 ans ;
	2 Enfants	un de 7 ans ;
		un de 8 ans.

Le mari est *ciselier* ;
La femme est *polisseuse de lames*.
Tous deux travaillent en fabrique.

Gain moyen du mari : 3 fr. 25 par jour ;
Gain moyen de la femme : 2 fr. 20 par jour.

Budget de la famille d'un ouvrier coutelier de Thiers

RECETTES DE L'ANNÉE 1897				Francs	Centimes
Salaire du Mari :	25 journées de 10 à 12 heures à la tâche, ayant produit 81 fr. 25 par mois	975 fr.	»		
A déduire :	20 demi-journées du lundi passées au cabaret . .	32	50	942	50
Salaire de la femme :	25 journées de 10 à 12 heures à la tâche, ayant produit 55 francs par mois	660	»		
A déduire :	12 journées de maladie, ou passées à soigner ses enfants malades, et 18 journées pour le blanchissage du linge	66	»	594	»
	TOTAL des Recettes. . . .			1 536	50

Budget de la famille d'un ouvrier coutelier de Thiers.

DÉPENSES DE L'ANNÉE 1897		Par Semaine		Totaux annuels Francs	Totaux annuels Centimes
Nourriture	*Pain* acheté chez le boulanger, 2 kilogr. par jour à 0 f. 35	4 f.	90	254	80
	Vin, un litre par jour à 0 fr. 50	3	50	182	»
	Viande de boucherie, 1 kilogr. par semaine	1	50	78	»
	Un porc			100	»
	Lapins, 10 à 2 fr. 50			25	»
	Poulets, 6 à 2 francs			12	»
	Œufs, une douzaine par semaine	»	90	46	80
	Pommes de terre, 20 doubles décalitres à 0 fr. 75			15	»
	Haricots secs, un double décalitre			3	50
	Fruits et légumes			15	»
	Beurre, un 1/2 kilogr. par semaine, à 2 fr.	1	»	52	»
	Fromage, par semaine	»	50	26	»
	Lait, 2 litres par semaine à 0 fr. 20	»	40	20	80
	Café, 1/4 de kilogr. par semaine, à 5 fr.	1	25	65	»
	Sucre, 1/2 kilogr. par semaine, à 1 fr. 20	»	60	31	20
	Huile, 1/2 kilogr. par semaine, à 1 fr. 50	»	75	39	»
	Sel, poivre, vinaigre			8	»
Logement :	*Loyer*, par an			150	»
Chauffage :	*Bois*			20	»
	Charbon de bois			8	»
	Charbon de terre			45	»
Eclairage :	*Pétrole*			25	»
Vêtements et linge :	Achat et entretien			125	»
Dépenses diverses :	*Savon* pour le blanchissage	»	40	20	80
	Cotisation pour la Société de secours			12	»
	Impôts			8	»
	Assurance contre l'incendie			2	»
	Dépenses au cabaret			45	»
	Tabac, 0 fr. 05 par jour			18	25
	Divers			23	35
	TOTAL des Dépenses			1 476	50
	Epargne de l'année			60	»
	TOTAL balançant les Recettes			1 536	50

THIERS

Les ouvriers de Thiers travaillent généralement à la tâche ; la moyenne des salaires est de 15 à 21 francs par semaine. Les aiguiseurs et estampeurs font exception, ils gagnent de 25 à 30 francs par semaine.

La journée commence à sept heures du matin et finit à huit heures du soir.

Les repas ont lieu de la manière suivante :

1° A huit heures, ils mangent la soupe qu'ils portent à l'atelier ;

2° A midi, c'est le repas principal qu'ils vont prendre chez eux ;

3° A quatre heures et demie, ils font un goûter à l'usine ;

4° Ils soupent chez eux en rentrant de l'atelier.

Les femmes sont principalement occupées au polissage des lames et des manches de couteaux, canifs, etc. Elles gagnent en moyenne de 10 à 15 francs par semaine.

Les ouvriers de Thiers ne possèdent ni jardin ni basse-cour et s'approvisionnent au marché.

Ils fêtent assez fréquemment la *Saint-Lundi*.

Ils comptent sur leurs enfants, qui vont à l'école, pour apporter un peu d'aisance dans le ménage lorsqu'ils seront sortis de l'école et qu'ils travailleront.

TABLEAU B

Budget de la famille d'un ouvrier coutelier de Nogent-en-Bassigny (Haute-Marne)

COMPOSITION DE LA FAMILLE :
- Mari. . . . . 38 ans ;
- Femme. . . . 32 ans ;
- 2 Enfants : un de 4 ans ; un de 10 ans.

Le mari fabrique des *ongliers* ;
La femme fait des *travaux de couture*.
Tous deux travaillent chez eux.

Gain moyen du mari : 4 fr. 50 par jour ;
Gain moyen de la femme : 0 fr. 75 par jour.

Budget de la famille d'un ouvrier coutelier de Nogent-en-Bassigny

RECETTES DE L'ANNÉE 1897			Francs	Centimes
Salaire du mari :	25 journées de 12 heures environ à la tâche, ayant produit par mois.	112 fr.50	1 350	»
Salaire de la femme :	Travaux de couture ayant produit par mois une moyenne de	18 75	225	»
Produits du jardin :	Fruits et légumes, environ		25	»
Elevage de lapins :	Ayant produit environ		12	»
	TOTAL des Recettes. . . .		1 612	»

Budget de la famille d'un ouvrier coutelier de Nogent-en-Bassigny

	DÉPENSES DE L'ANNÉE 1897	Par semaine	Totaux annuels Francs	Totaux annuels Centimes
Nourriture	*Pain* acheté chez le boulanger, 2 kilogr. par jour à 0 fr. 325	4 fr. 55	236	60
	Vin, un litre par jour à 0 fr. 35.	2 45	127	40
	Viande de boucherie, 2 kilogr. à 1 fr. 50 par semaine .	3 »	156	»
	Lapins, 12 à 2 francs		24	»
	Poulets, 10 à 2 fr. 25.		22	50
	Charcuterie, par semaine	2 50	130	»
	Poisson, par semaine	» 50	26	»
	Fruits et légumes		25	»
	Œufs, une douzaine par semaine, à	» 60	31	20
	Pommes de terre, 15 doubles décalitres à 1 fr. . .		15	»
	Haricots secs, deux doubles décalitres à 3 fr 25 . .		6	50
	Beurre, un 1/2 kilogr. par semaine à 2 fr. 30 . .	1 15	59	80
	Fromage, par semaine.	» 50	26	»
	Saindoux et *huile*, par semaine.	» 50	26	»
	Lait, 3 litres par semaine à 0 fr. 20	» 60	31	20
	Café et *sucre*, par semaine.	1 10	57	20
	Sel, poivre, vinaigre.		8	»
Logement :	*Loyer*, par an		140	»
Chauffage :	*Bois* et *charbon*.		60	»
Eclairage :	*Pétrole*, un litre à 0 fr. 35 par semaine . . .	» 35	18	20
Vêtements et linge :	Achat et entretien		150	»
Dépenses diverses:	*Savon* pour le blanchissage	» 30	15	60
	Graines et *plants* pour le jardin.		2	50
	Fournitures classiques pour l'aîné des enfants . .		8	»
	Cotisation pour la Société de secours		12	»
	Impôts		6	»
	Dépenses au cabaret		15	»
	Tabac, 0 fr. 10 par jour	» 70	36	40
	Divers		29	90
	TOTAL des Dépenses		1 502	»
	Epargne de l'année		110	»
	TOTAL balançant les Recettes . .		1 612	»

NOGENT-EN-BASSIGNY

A Nogent, les ouvriers se divisent en deux catégories : ceux qui travaillent en fabrique, tels que les émouleurs, polisseurs, martineurs et estampeurs, et les ouvriers travaillant chez eux et qui fabriquent la coutellerie fine, couteaux fermants, ongliers, canifs, ciseaux, etc.

Les ouvriers de fabrique ont un gain journalier de 5 francs environ ; les autres gagnent de 3 à 6 francs, suivant leur habileté. Dans le nombre on en trouve qui gagnent 8 et même 10 francs et plus, mais ce sont des exceptions.

Le travail des fabriques est de 10 à 11 heures par jour ; celui des ouvriers qui travaillent chez eux varie de 12 à 14 heures, suivant que les commandes pressent plus ou moins.

Quelques-uns ont un petit jardin qui occupe une partie de leurs loisirs, le dimanche, et leur permet de récolter des fruits et des légumes et d'élever des lapins.

La nourriture de la semaine se compose en majeure partie de la *potée,* mets local fait avec des choux, des pommes de terre et du lard.

Le dimanche on met le pot au feu et l'on fait cuire une volaille ou un lapin.

A Nogent, beaucoup d'ouvriers font une boisson de prunelles que les femmes vont cueillir. Cette boisson dure trois ou quatre mois.

L'ouvrier Nogentais est généralement sobre, son salaire lui suffit pour vivre.

TABLEAU C

Budget de la famille d'un ouvrier coutelier de Sens (Yonne).

COMPOSITION DE LA FAMILLE :

- Mari. . . . . 36 ans ;
- Femme. . . . 31 ans ;
- 4 Enfants
  - un de 2 ans ;
  - un de 4 ans ;
  - un de 6 ans 1/2
  - un de 8 ans.

Le mari est *ouvrier en rasoirs*.
Il travaille en fabrique.

Gain moyen du mari : 6 fr. par jour.

Budget de la famille d'un ouvrier coutelier de Sens (Yonne)

RECETTES DE L'ANNÉE 1897			Francs	Centimes
Salaire :	A la tâche, 300 journées de 10 heures, ayant produit par jour	6 fr. »	1 800	»
A déduire :	10 journées de maladie causée par un accident, 60 fr. Prime de la Compagnie d'assurances . . 30		30	»
	TOTAL des Recettes. . . .		1 770	»

Budget de la famille d'un ouvrier coutelier de Sens (Yonne)

	DÉPENSES DE L'ANNÉE 1897	Par Semaine		Totaux annuels Francs	Totaux annuels Centimes
Nourriture	*Pain*, 2 kilogr. 500 par jour, à 0 fr. 325	5 f.	70	296	40
	Vin, 1 litre 1/2 par jour, à 0 fr. 40	4	20	218	40
	Viande de boucherie, par semaine	2	50	130	»
	Légumes, par semaine	1	»	52	»
	Œufs, une douzaine par semaine	1	»	52	»
	Pommes de terre, deux litres par semaine	»	25	13	»
	Haricots secs, 1 litre 1/2 par semaine	»	75	39	»
	Beurre, un 1/2 kilogr. par semaine	»	70	36	40
	Fromage, par semaine	1	»	52	»
	Saindoux, 1/2 kilogr. par semaine	»	40	20	80
	Lait, 2 litres par semaine	1	40	72	80
	Café, 1/8 de kilogr. par semaine	»	70	36	40
	Sucre, un kilogr. par semaine	1	10	57	20
	Huile, 1/8 kilogr. par semaine	»	50	26	»
	Sel, poivre, vinaigre, par semaine	»	20	10	40
Logement :	*Loyer*, par an			200	»
Chauffage :	*Bois*, 4 stères à 12 francs l'un			48	»
	Charbon de bois, 6 sacs à 6 francs l'un			36	»
Eclairage :	*Pétrole*, 40 litres à 0 fr. 40 l'un			16	»
Vêtements et linge :	Achat et entretien			170	»
Dépenses diverses :	*Savon* pour le blanchissage	»	60	31	20
	Assurance contre les accidents			7	20
	Assurance contre l'incendie			8	60
	Impôts			12	60
	Dépenses au cabaret			20	»
	Tabac, 0 fr. 15 par jour	1	05	54	20
	Journal	»	35	18	20
	Divers			20	20
	TOTAL des Dépenses			1 750	»
	Epargne de l'année			20	»
	TOTAL balançant les Recettes			1 770	»

SENS

Les ouvriers couteliers de Sens sont occupés dans deux fabriques de rasoirs ; c'est le seul article de coutellerie qui s'y confectionne.

La journée de travail commence à 6 heures 1/2 du matin pour finir à 6 heures du soir. Il n'y a qu'un repas, de 11 heures à midi 1/2, qui se fait chez l'ouvrier.

Ils gagnent en moyenne 0 fr. 60 à l'heure, mais la vie est chère. Ils n'ont ni jardin ni basse-cour.

La plupart d'entre eux font partie d'une société coopérative qui leur fournit certains objets de consommation à meilleur compte ; sans cela, dans le cas particulier que nous avons choisi, le père de quatre enfants ne pourrait pas arriver à élever sa famille.

L'ouvrier est généralement assuré contre les accidents à une Compagnie à laquelle il paye 0 fr. 40 par 100 francs de salaire lorsqu'un accident le met dans l'impossibilité de travailler.

La femme, occupée des soins à donner au ménage et à ses enfants, ne peut faire aucun travail.

Les ouvriers font toujours quelques dépenses au cabaret ; l'exemple que nous avons pris est un minimum.

TABLEAU D

Budget de la famille d'un ouvrier coutelier de Paris

COMPOSITION DE LA FAMILLE : { Mari. . . 32 ans
Femme. . 29 ans ;
Un enfant de 5 ans.

Le mari est *monteur façonnier de couteaux* ;
La femme fait de la *passementerie*.
Tous deux travaillent chez eux.

Gain moyen du mari : 6 fr. » par jour ;
Gain moyen de la femme : 2 fr. 40 par jour.

Budget de la famille d'un ouvrier coutelier de Paris

RECETTES DE L'ANNÉE 1897			Francs	Centimes
Salaire du mari :	300 journées de 10 à 12 heures, à la tâche, à 0 fr. 60 l'heure ; en moyenne	6 fr. »	1 800	»
Salaire de la femme :	250 journées de 8 heures environ, à la tâche, à 0 fr. 30 l'heure ; en moyenne	2 40	600	»
	TOTAL des Recettes. . . .		2 400	»

Budget de la famille d'un ouvrier coutelier de Paris

DÉPENSES DE L'ANNÉE 1897		Par semaine		Totaux annuels Francs	Totaux annuels Centimes
Nourriture	*Pain*, 1 kilogr. 500 par jour à 0 fr. 40.	4 fr.	20	218	40
	Vin, un litre 1/4 par jour à 0 fr. 60	5	25	273	»
	Viande et *bouillon* chez le boucher	7	»	364	»
	Charcuterie, par semaine	2	»	104	»
	Fromage, par semaine	1	»	52	»
	Œufs, beurre, graisse, par semaine	1	»	52	»
	Fruits et légumes, par semaine	2	»	104	»
	Lait, par jour, 0 fr. 30	2	10	109	»
	Sucre, 1 kilogr. par semaine	1	20	62	40
	Café, un 1/4 kilogr. par semaine à 5 fr. 60.	1	40	72	80
	Cognac, 1/4 de litre par semaine à 3 fr.	»	75	39	»
	Epicerie, huile, etc. par semaine	»	50	26	»
	Cantine à l'école pour l'enfant	1	50	78	»
Logement :	*Loyer*, par an			250	»
Chauffage :	*Charbon de bois*.			20	»
	Charbon de terre et *coke*			50	»
Eclairage :	*Pétrole*			60	»
Vêtements et linge :	Achat par abonnement, par semaine	3	50	202	»
Dépenses diverses :	*Blanchissage*, par semaine.	2	»	104	»
	Tabac, 0 fr. 10 par jour	»	70	36	40
	Journal, 0 fr. 05 par jour	»	35	18	20
	Assurance contre l'incendie.			2	50
	Dépenses du dimanche et autres.			60	»
	Divers			17	80
	TOTAL des Dépenses			2 375	»
	Epargne de l'année			25	»
	TOTAL balançant les Recettes			2 400	»

PARIS

L'ouvrier de Paris gagne de bonnes journées, surtout lorsque la femme travaille, mais il ne fait pas d'économies.

Les enfants coûtent peu ; on les reçoit dans les crèches, salles d'asile ou écoles, à partir de 8 heures du matin jusqu'à 7 heures du soir. Le déjeuner, composé de viande, légumes, pain et eau, coûte avec le goûter 0 fr. 25 par jour. On obtient facilement de payer demi cantine et même d'avoir la cantine gratuite. On fait aussi des distributions de vêtements.

Les repas sont vite préparés ; le boucher vend du bouillon, le fruitier vend des légumes cuits ; il y a en outre le restaurateur et le charcutier qui vendent des mets tout accomodés, de sorte que la femme peut travailler la majeure partie de la journée.

Quant à ce qui regarde les vêtements et le linge, l'ouvrier parisien les achète la plupart du temps à crédit, par abonnement, et il paye une somme fixe par semaine.

Le dimanche, il va à la campagne avec sa famille ; il dîne sur l'herbe ou dans les restaurants de la banlieue de Paris.

TABLE DES PLANCHES DU TOME III

QUATRIÈME PARTIE

LA FABRICATION DE LA COUTELLERIE

ERRATA DU TOME III

Page 489, ligne 13,	*au lieu de* : lire :	n'atteint que les parties, *n'atteint pas les parties.*
Page 491, ligne 13,	*au lieu de* : lire :	sur la carmelure, *sur la cannelure.*
Même page, ligne 16,	*au lieu de* : lire :	et maintient, *et il maintient.*
Même page, ligne 27,	supprimer les mots :	*et les instruments de chirurgie.*
Page 497, lignes 7 et 8,	*supprimer les mots* : et les remplacer par :	qui se trouvent en même temps polies, *que l'on polit ensuite.*
Page 514, tableau, colonne 2, nombre de tours,	*au lieu de* : lire :	2100 à 2000, *2100 à 3000.*
Page 516, ligne 20,	*au lieu de* : lire :	rasoir, *racloir.*
Page 584, ligne 12,	*au lieu de* : lire :	P, *D.*
Page 607, premier renvoi,	*au lieu de* : lire :	Voir IIIe partie, *Voir IVe partie.*
Page 615, dernière ligne,	ajouter :	*Remy, ciselier.*
Page 616, ligne 4,	*au lieu de* : lire :	façonneurs, *façonniers.*
Page 617, lignes 22 et 27,	*au lieu de* : lire :	façonneurs, *façonniers.*
Page 618, avant-dernière ligne,	ajouter :	*il s'est établi en* 1876.
Page 619, ligne 10,	*au lieu de* : lire :	façonneurs, *façonniers.*
Page 620, ligne 25,	*au lieu de* : lire :	1853, 1843.
Page 631, 1er et 2e renvois,	*au lieu de* : lire :	Voir IIIe partie, *Voir IVe partie.*
Page 859, dernière ligne,	*au lieu de* : lire :	Planche CLXIV, *Planche CXV.*
Page 861, ligne 19,	*au lieu de* : lire :	Planche CLXV, *Planche CXVI.*
Page 864, ligne 23,	*au lieu de* : lire :	Planche CLXX, *Planche CXXI.*
Page 864 bis, planche CXIX,	*au lieu de* : lire :	Outils à découper les manches, *Outils à découper les lames.*

Page 868, ligne 43,	*au lieu de* : Jacmes Marro, lire : *Jacmes Marra*.
Page 869, ligne 9,	*au lieu de* : 1852, lire : 1582.
Page 883, ligne 7,	*au lieu de* : taillanderiu, lire : *taillanderie*.
Page 888, ligne 12,	*au lieu de* : Touloese, lire : *Toulouse*.
Même page, ligne 29,	*au lieu de* : Lasignes, lire : *Lasvignes*.

TABLE DES MATIÈRES DU TOME III

QUATRIÈME PARTIE

LA FABRICATION DE LA COUTELLERIE

CHAPITRE XVIII (1)

L'INDUSTRIE COUTELIÈRE A THIERS ET A NOGENT

CHAPITRE XIX

LA TAILLANDERIE

(1) Les deux chapitres XVIII et XIX avaient été placés par erreur à la fin du Tome IV ; c'est pourquoi la pagination ne suit pas. Mais les pages 641 et suivantes se trouvent au Tome IV.

www.ingramcontent.com/pod-product-compliance
Ingram Content Group UK Ltd.
Pitfield, Milton Keynes, MK11 3LW, UK
UKHW020159250726
13967UKWH00003B/1161

9 782012 890787